图说鲸类百科

[美] 安娜丽莎·贝尔塔 著

李松海 薛天飞 译

北 京 出 版 集 团
北京美术摄影出版社

Original Title：WHALES, DOLPHINS & PORPOISES
Copyright © The Ivy Press Limited 2015
This edition first published in China in 2022 by BPG Artmedia (Beijing) Co., Ltd
Beijing
Simplified Chinese edition © 2022 BPG Artmedia (Beijing) Co., Ltd

图书在版编目（CIP）数据

图说鲸类百科 /（美）安娜丽莎·贝尔塔著；李松
海，薛天飞译. — 北京：北京美术摄影出版社，2022.8
　书名原文：WHALES, DOLPHINS & PORPOISES
　ISBN 978-7-5592-0491-2

　Ⅰ. ①图… Ⅱ. ①安… ②李… ③薛… Ⅲ. ①鲸—普
及读物 Ⅳ. ①Q959.841-49

中国版本图书馆CIP数据核字(2022)第043642号

北京市版权局著作权合同登记号：01-2021-7292

责任编辑：耿苏萌
执行编辑：魏梓伦
书籍装帧：北京予亦广告工作室
责任印制：彭军芳

图说鲸类百科

TUSHUO JINGLEI BAIKE

[美] 安娜丽莎·贝尔塔　著
李松海　薛天飞　译

出　版　北京出版集团
　　　　北京美术摄影出版社
地　址　北京北三环中路6号
邮　编　100120
网　址　www.bph.com.cn
总发行　北京出版集团
发　行　京版北美（北京）文化艺术传媒有限公司
经　销　新华书店
印　刷　广东省博罗县园洲勤达印务有限公司
版印次　2022年8月第1版第1次印刷
开　本　635毫米×965毫米　1 / 16
印　张　18
字　数　230千
书　号　ISBN 978-7-5592-0491-2
审图号　GS（2020）4931号
定　价　228.00元

如有印装质量问题，由本社负责调换
质量监督电话　010-58572393
订购　电话　010-58572196 18611210188

封面图片

Nature Picture Library/Martin Camm (WAC): Andrews' beaked
whale, Arnoux's beaked whale, Atlantic humpback dolphin, Atlantic
spotted dolphin, Atlantic white-sided dolphin, Baird's beaked whale,
beluga, blue whale, bowhead whale, Bryde's whale, clymene dolphin,
common bottlenose dolphin, common minke whale, dusky dolphin,
dwarf sperm whale, false killer whale, fin whale, Fraser's dolphin,
Ganges River dolphin, Gray whale, harbor porpoise, hourglass dolphin,
Hubbs' beaked whale, humpback whale, Indo-Pacific bottlenose dol-
phin, Irrawaddy dolphin, long-finned pilot whale, Longman's beaked
whale, melon-headed whale, narwhal, North Atlantic right whale,
North Pacific right whale, northern bottlenose whale, northern right
whale dolphin, pantropical spotted dolphin, Peale's dolphin, pygmy kil-
ler whale, pygmy right whale, pygmy sperm whale,
Risso's dolphin, sei whale, short-beaked common
dolphin, short-finned pilot whale, southern bott-
lenose whale, southern right whale, southern right
whale dolphin, spectacled porpoise, sperm whale,
straptoothed whale, striped dolphin.
Nature Picture Librar/Rebecca Robinson: Aus-
tralian humpback dolphin, Australian snubfin
dolphin, Deraniyagala's beaked whale, Guiana dol-
phin, Omura's whale, spade-toothed beaked
whale.
Sandra Pond: Commerson's dolphin.

目录

阅读指南

　　鲸、海豚和鼠海豚被称为鲸类，其中包括目前公认的90个现存物种。尽管一些鲸类物种正处在灭绝的边缘，但也有让人兴奋的新物种被发现。本书旨在向读者介绍如何识别这些壮丽且独具魅力的鲸类哺乳动物。

　　第一部分介绍了鲸类动物生物学信息。"系统发生与演化史"部分着重突出了鲸类的起源、它们如何进化以及从热带到极地水域的多样性。"解剖学与生理学特征"部分描述鲸类完全适应水中生活所必需的特性，包括头部、身体以及附肢（背鳍、鳍肢以及尾鳍）——强调一些新奇的适应性，例如部分鲸类的高频发声以及接收等。这些适应性改变为了解这些哺乳动物的生存提供了一个历史框架，并对我们在鲸类保护工作方面起着指导性作用。"行为"部分强调了鲸类的社会组织，从单独物种到一些齿鲸共存的高度复杂的群体。鲸类已经演化到以多样化的猎物为食。鲸类的食物囊括了从平均不到2毫米的浮游动物的群集到长达3米甚至更长的巨型乌贼。

　　"食物与觅食"部分阐述了鲸类如何利用技术定位并捕获猎物，从追逐个体鱼类到吞食大量浮游生物。"生活史"部分介绍了鲸类的生长、繁殖以及生存，包括测定鲸类年龄的技术。鲸类的繁殖生物学揭示了许多物种并不会每年产崽，这也是指导我们的保护工作的一个关键因素。"分布范围"和"栖息地"部分揭示了如何利用新技术，例如使用数字设备和卫星遥测来跟踪鲸类的位置、运动模式，进而了解其分布范围。"保育

群集
瓶鼻海豚经常成群结队地一起游弋嬉戏。

与管理"部分将讨论一些濒危物种的现状、主要威胁和效果显著的鲸类动物保护策略。

　　本书的第二部分包括识别工具和地图，它提供了可用于识别鲸、海豚和鼠海豚的关键的身体特性（例如体形大小、体色、标记、尾鳍和鳍肢的形状）。目前有多种赏鲸的途径，包括空中、陆地和海上。在"海表行为"部分描述了许多例如跃水等可以辅助辨识的独特表面行为。另一部分则描述了可以使人们近距离接触鲸类的赏鲸行为，并列举了赏鲸工具以及部分世界范围内的最佳观鲸地点。清单提供了不同鲸类物种在世界的不同地区的聚集地。

　　第三部分物种名录是本指南的主要部分（参见第63—275页）。随后附录部分包括鲸目动物分类、术语表等。我们希望读者能乐于去寻找、辨别以及观赏鲸、海豚和鼠海豚。它们的（最终也是我们自己的）未来将由我们保护世界海洋及海洋中居民的能力与努力来决定。

跃身击浪

这张图片显示了一头大翅鲸正在展示典型的"跃身击浪行为"，即鲸、海豚以及部分鼠海豚跃出水面的行为。对这种跃身击浪行为的原因有许多推测，包括传递信息、显示支配权或警告其他鲸类危险的存在。

生物学

系统发生与演化史

海洋哺乳动物大部分均属于鲸目，包括鲸、海豚以及鼠海豚。鲸（Cetacea）这个名字来源于希腊语kētŏs，意思是海怪。鲸类大体分为两种——齿鲸和须鲸。相比须鲸，齿鲸更多样化，有10个科、34个属以及76个物种（其中一个物种极有可能已灭绝），而须鲸只有4个科、6个属和14个物种。其中，齿鲸包括抹香鲸、远洋性鲸类、淡水豚、一角鲸科动物（白鲸和一角鲸）、海洋性海豚以及鼠海豚。须鲸则包括露脊鲸、小露脊鲸、灰鲸、蓝鲸、长须鲸、鳁鲸、布氏鲸、大翅鲸、小须鲸和南极小须鲸以及最近发现的大村鲸。

鲸类的演化关系

鲸类是由陆地哺乳动物逐步演化而来，而且存在有力的证据显示鲸类与偶蹄动物（趾数为偶数）亲缘关系最为相近，包括牛、山羊、骆驼和河马。因为鲸类和偶蹄类之间存在亲缘关系，它们曾被共同归类为鲸偶蹄类。在所有鲸种中，不同科之间的关系仍存在争议。无论从分子组成还是结构上分析，齿鲸不同科的演化史大体显示一样的结果。基础的齿鲸物种是抹香鲸科动物（抹香鲸属和小抹香鲸属）。接下来的分支依次是亚洲河豚（恒河豚科）、喙鲸（喙鲸科）、白鱀豚（白鱀豚科）、南美江豚（亚河豚科和拉河豚科），还有最新独立出来的分支：一角鲸与白鲸（一角鲸科）、鼠海豚（鼠海豚科）和海洋性海豚（海豚科）。

与齿鲸不同，须鲸依据分子组成（例如DNA序列）和解剖学结构进行分类的结果之间存在差异。依据分子结构数据，露脊鲸和北极鲸（露脊鲸科）被认为是须鲸亚目的基础物种，然而解剖数据的分析结果将小露脊鲸（小露脊鲸科）与露脊鲸放在并列的位置上，紧接的分支是一众须鲸物种：鳁鲸（须鲸科）和灰鲸（灰鲸科）。此外，灰鲸的地位也仍存在争议。解剖学数据将灰鲸科和须鲸科归为存在极近的亲缘关系，而分子组成数据则将灰鲸归为须鲸的一种。

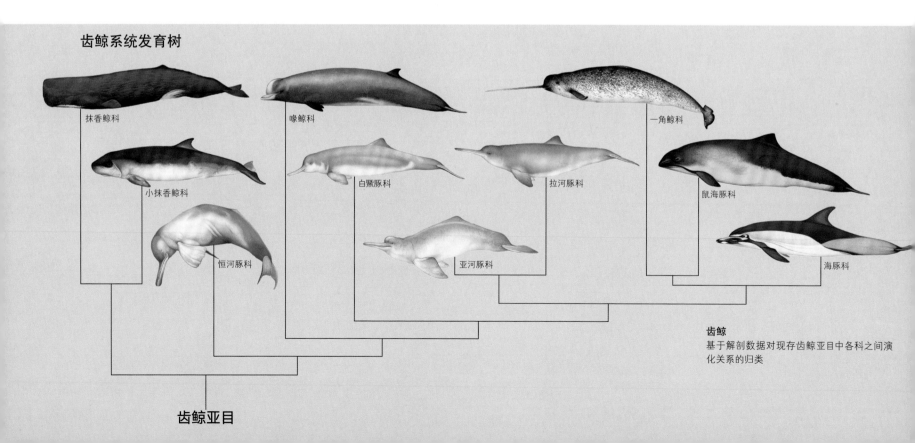

齿鲸系统发育树

抹香鲸科

喙鲸科

一角鲸科

小抹香鲸科

白鱀豚科

拉河豚科

鼠海豚科

恒河豚科

亚河豚科

海豚科

齿鲸
基于解剖数据对现存齿鲸亚目中各科之间演化关系的归类

齿鲸亚目

鲸类的起源

　　从化石来看，鲸类动物最早出现在距今5250万年前的始新世早期，化石发现于现今的印度和巴基斯坦地区。最近于巴基斯坦和南印度的发现显示，已灭绝的偶蹄类劳氏兽科（Raoellidae）动物，例如印多霍斯兽（*Indohyus*），是已灭绝的物种中与鲸类亲缘关系最近的。印多霍斯兽体形大小与猫相近，有较长的鼻子、尾巴以及细长的四肢。四肢的末端为约有4—5个趾的蹄，与鹿相似。劳氏兽科动物为了适应周围环境浮力的需求，四肢的骨头密度较大。此外，劳氏兽科动物大部分水生，这表明，在鲸类演化以前，水生的生活方式就已经兴起。

鲸类亲属

须鲸系统发育树

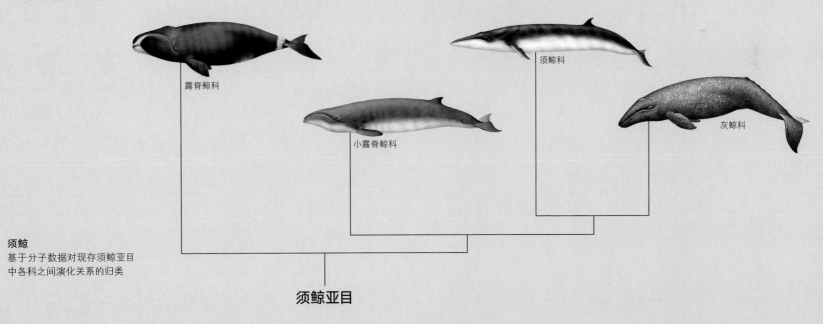

露脊鲸科

须鲸科

小露脊鲸科

灰鲸科

须鲸
基于分子数据对现存须鲸亚目
中各科之间演化关系的归类

须鲸亚目

早期的鲸类有腿

　　最早期的古鲸——如巴基鲸科（例如巴基鲸）、陆行鲸科（例如陆行鲸）以及雷明顿鲸科（例如库奇鲸）——均出现自始新世的早中期（距今5000万年前），位于现今的印度和巴基斯坦地区。它们均被认为是半水生的，可以同时生活在陆地和水中。这些古鲸有发育良好的前肢和后肢。牙齿的演化已适应鱼类的进食习惯。后期演化鲸种（如亚洲、欧洲以及北美洲的原鲸科动物罗德侯鲸）的出现说明鲸类在距今4900万—4200万年前已分布世界各地。与其他的早期鲸种不同，它们有大眼睛，呼吸孔逐渐往颅顶演化。龙王鲸科（例如矛齿鲸）——与现代鲸类亲缘关系最近——生活在距今4100万—3500万年前并广泛分布。最为人熟知的是龙王鲸，体形与蛇相似，最大体长可达17米。在埃及中北部的始新世中期的鲸谷曾发现几百个该物种的骨骸。

远古鲸类
该图表为部分古鲸及现代鲸类家族的时间分布。

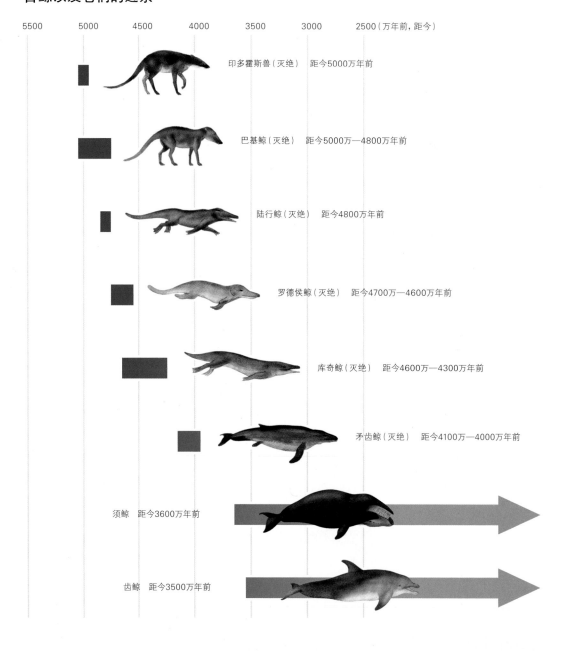

古鲸以及它们的近亲

5500　　　5000　　　4500　　　4000　　　3500　　　3000　　　2500（万年前，距今）

印多霍斯兽（灭绝）　距今5000万年前

巴基鲸（灭绝）　距今5000万—4800万年前

陆行鲸（灭绝）　距今4800万年前

罗德侯鲸（灭绝）　距今4700万—4600万年前

库奇鲸（灭绝）　距今4600万—4300万年前

矛齿鲸（灭绝）　距今4100万—4000万年前

须鲸　距今3600万年前

齿鲸　距今3500万年前

现代鲸类

现代鲸种起源于古代鲸类（例如龙王鲸），大约出现在距今3370万年前的渐新世时期。现代鲸种的多样化与南部大陆分裂以及海洋环流的变化有关（较高的氧同位素水平显示），这导致食物生产力提高（例如硅藻，一种微小的藻类）以及营养盐丰富的水流上升。

现代鲸类有套叠的头骨。套叠的喙部骨骼向后扩张，鼻孔演化到头顶并逐渐形成呼吸孔（详见第16页）。

齿鲸和须鲸的主要区别在于是否有牙齿。齿鲸具备回声定位能力，这使得它们可以发出高频的声音并从周围物体反射回来——它们利用声音的反射追赶猎物。须鲸则获得了一种新奇的进食机制，利用嘴中的鲸须过滤大量的食物。

虽然现今大部分的鲸类生活在海洋，但早期的化石种，例如巴基鲸科，基于它们牙齿和骨骼中的碳氧同位素水平分析，极有可能只在淡水中进食。

鲸类多样性

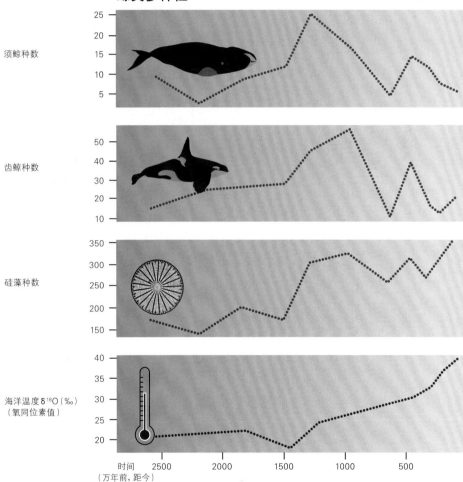

多样性、食物以及海温

鲸类多样性与由于气候变化（例如海温）而引起的生产力增加相关。氧同位素值的差异揭示了不同地质年代的温度变化。

最早被命名的齿鲸起源于北大西洋（北美洲）。在一个新发现的古鲸中发现了高密度骨骼和气窦，这种特质的发现更加支持了之前鲸类的回声定位始于距今3500万—3200万年前的理论。冠齿鲸或现代科的分类早在第三纪中新世（距今约2600万—2300万年前）就已经形成。现存的须鲸和齿鲸亚目均是出现在距今约160万年前的更新世。对江豚的形态学以及演化关系的分析结果验证了海洋性齿鲸曾在不同情况下入侵河流系统的假设。一些鲸种，其现今的栖息地和分布已与过去大不相同。举例来说，南美的拉河豚的远亲在过去曾经有着非常广泛的分布，甚至包括南加利福尼亚。化石证据也显示白鲸曾有着类似的分布扩张：白鲸现今分布在北极地区，但在第三纪中新世时曾栖息在南至加利福尼亚半岛的温带水域。

几个齿鲸的化石样本显示出其独特的进食适应性。一角鲸科（一角鲸和白鲸）一个今已灭绝的"亲戚"——海牛鲸（*Odobenocetops*）在上新世早期曾经生活在秘鲁水域。该物种有獠牙，由此推测其主要通过吸食的方式进食软体动物，与海象的进食方式相似（基于生态学上的推断而非亲缘关系）。最新的化石研究显示，上新世加利福尼亚地区的滤食性鼠海豚（*Semirostrum ceruttii*）利用下颌探测并捕获猎物，在海底以滤食的方式进食，其下颌长于上颌的程度超过目前已知所有哺乳动物。

海牛鲸

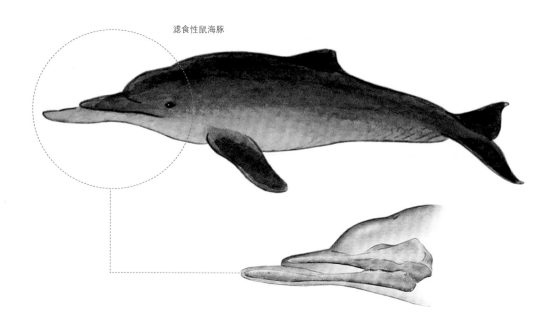

滤食性鼠海豚

专食性
一个已经灭绝的与白鲸和一角鲸亲缘关系很近的远古鲸类——海牛鲸科动物（右上图），拥有巨大的头部、向后的长牙以及圆钝的鼻子。在喙部前端有强壮的肌肉群痕迹，上颌拱起，无牙。该特征显示它们会通过吸食的方式进食底栖软体动物。已灭绝的滤食性鼠海豚（右下图）下颌细长，远超于喙部。它们会利用喙部沿着海底探测或过滤食物。

艾什欧鲸

哈柏须鲸

远古须鲸

生存在距今2800万—2200万年前的古
鲸——艾什欧鲸（*Aetiocetus Weltoni*）
可能是最早的滤食者，在猎食的过程中
既会用到牙齿，也会用到鲸须。源于加利
福尼亚南部的远古鲸种——莫氏哈柏须
鲸（*Herpetocetus morrowi*）是体形最
小的须鲸之一，体长只有4.75米。

　　最早被命名的须鲸来自南太平洋（澳大利亚、新西
兰海域）。这些古须鲸部分体形较大（5—12米），例如拉
诺鲸属动物拥有发育良好的牙齿，且牙齿上有多个拥有
附属功能的尖锐凸起，极有可能捕食个体猎物。其他化
石类群，例如艾什欧鲸体形较小，拥有牙齿和鲸须，并
同现代鲸类一样以滤食的方式进食。

　　最早已知的且最早分化为无齿的始弓鲸科体形
相对较大，体长约为10米，头骨狭长。它们出现于渐
新世的南北太平洋，与一些有齿茎古须鲸处于同一时
代。虽然演化后的须鲸的原始进食方式还有争议，上

新世晚期（距今350万—250万年前）莫氏哈柏须鲸的
功能分析显示其采用侧向吸食方式，与现今灰鲸的进
食方式相似，但二者独立演化而成。与齿鲸的情况一
样，须鲸的分支在第三纪中新世经历了爆炸性演化。
鲸种多样性在中新世晚期（距今1400万年前）达到
鼎盛之后物种数量有所下降，这使得使现代鲸种的
多样性远小于过去。

解剖学与生理学特征

　　鲸类在体形大小上极其多变，其中包括一些较大的须鲸物种，如地球上最大的生物——蓝鲸，体长可达33米，体重达150 000千克。齿鲸的体形大小变化范围相较须鲸则更大，从与一些须鲸同等大小的抹香鲸到只有约1.4米长、42千克重的加湾鼠海豚。与须鲸中雌鲸体形略大于雄性的特点相反，在齿鲸亚目或齿鲸中，雄性通常体形更大。大部分须鲸是通过储存体脂以维持自身新陈代谢需求的，特别是在冬季远离进食区时，额外的重量对于它们的生存极其重要，可极大提高其繁殖的成功率，并且辅助母鲸哺乳它们的后代。

适应性

　　鲸作为一种水生动物展示出极大的适应性。鲸类通过呼吸孔进行呼吸，呼吸孔经过长时间的演化逐渐转移到头部的上方。须鲸具有两个呼吸孔，但与之相对的齿鲸只有一个呼吸孔。须鲸的头部占比非常大，可达体长的1/3。

　　鲸类无盆骨带，其脊椎不含骶骨，外部后肢已极度退化甚至消失，前肢逐渐演化为不可弯曲的鳍肢，主要用于转向。部分须鲸（例如露脊鲸和北极鲸）具有宽厚的鳍肢以辅助其缓慢地掉转方向。其中大翅鲸的鳍肢格外长，除了能保留流体动力效能，此外，它们也会在进食和社交活动中挥舞它们的鳍肢。大部分齿鲸的鳍肢在追赶猎物高速游动时可以辅助进行转弯。至于分布在有浮冰的海域或河流中的齿鲸，例如白鲸或江豚，它们的鳍肢形状使得它们可以在浮冰海域或河流中敏捷地调整游弋的角度。

鲸类体形大小比较

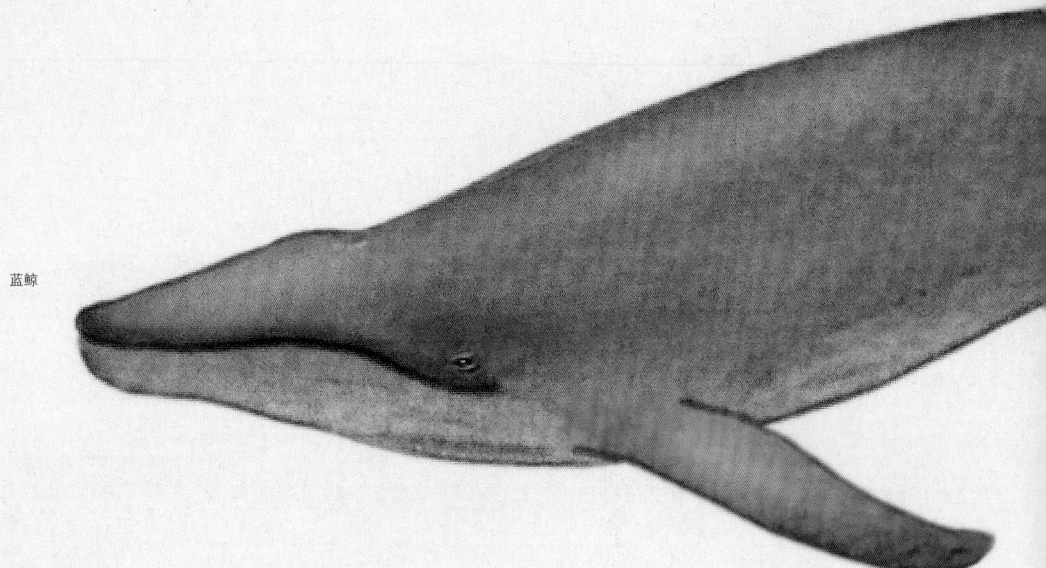

蓝鲸

体形大小

　　不同鲸种之间在体形上存在很大的差异。与人类相比，它们的体形大小可分为以下几类：小型，体长最长达3米；中型，体长3—10米；大型，体长超过10米。其中，大部分物种（47种）可归类为小型鲸类，31种为中型鲸类，只有11个鲸种体长超过10米被归为大型鲸类（详见第50—55页）。

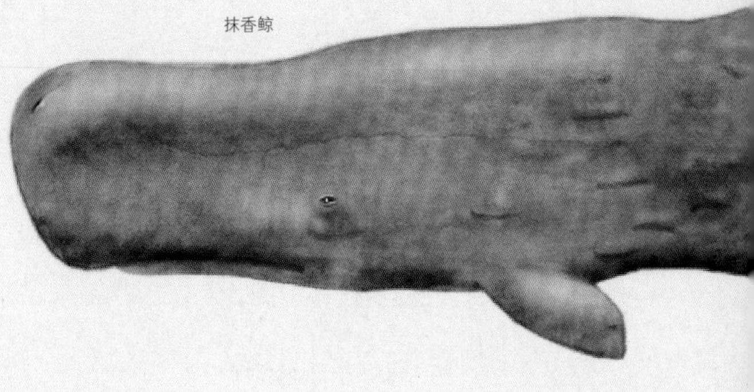

抹香鲸

潜水员

加湾鼠海豚

大翅鲸

约15.24米

须鲸和齿鲸的解剖学结构

　　鲸的骨骼结构表明它们为了适应水生生活做出了大量改变。前肢萎缩变平，形成桨状鳍肢。附在鳍肢之中的肘关节大部分时间用于控制转向而逐渐演化以致无法弯曲。为了增加鳍肢的表面积，鲸类原本的趾骨加长，以便拥有更多的骨节。其后肢逐渐退化，残骨嵌在肌肉里。脊椎骨变大，为了固定用以提供推力的强有力的尾部肌肉。其部分甚至全部的脊椎骨（可见于北极鲸或露脊鲸）都融合在一起，这种演变抑制了它们颈部的活动能力，但对于维持其水动力效率是十分重要的。背鳍（下图的海豚示意图中可见）类似于尾鳍，缺少用以支撑连接机体组织的骨骼结构及结缔组织。

须鲸（北极鲸）

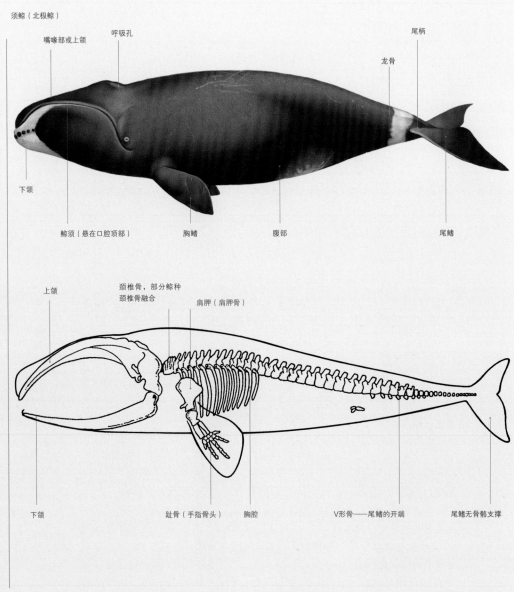

嘴喙部或上颌
呼吸孔
尾柄
龙骨
下颌
鲸须（悬在口腔顶部）
胸鳍
腹部
尾鳍
上颌
颈椎骨，部分鲸种颈椎骨融合
肩胛（肩胛骨）
下颌
趾骨（手指骨头）
胸腔
V形骨——尾鳍的开端
尾鳍无骨骼支撑

齿鲸（瓶鼻海豚）

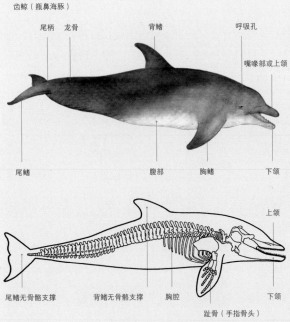

尾柄
龙骨
背鳍
呼吸孔
嘴喙部或上颌
尾鳍
腹部
胸鳍
下颌
上颌
下颌
尾鳍无骨骼支撑
背鳍无骨骼支撑
胸腔
下颌
趾骨（手指骨头）

海豚头部通解

声信号的发射和接收

海豚的发声和听觉系统在经历了大量的适应性改变之后使得它们可以在水下感知和理解声信号。声音的产生是通过"发声唇"间空气的振动产生。发声唇的开关可以打破气流并发出脉冲声或滴答声。额隆可以作为一个声学棱镜将声音汇集后在水中传播。其外部的耳朵逐渐消失并逐步演化出一种新的内耳接收声音的方式，包括下颌的脂肪槽。

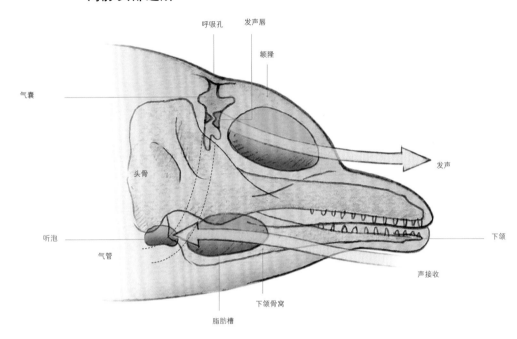

呼吸孔　发声唇
额隆
气囊
头骨
发声
听泡
气管
下颌
声接收
下颌骨窝
脂肪槽

强健的水平尾鳍或尾叶由坚硬的纤维结缔组织构成，缺少骨骼的支撑。尾鳍为垂直游动提供助力。不同鲸种尾叶的形状有所差异，但大部分都是用以提高高速游动时的效率（详见辨识部分）。为了减少在水中游动时的阻力，许多小型齿鲸例如海豚会在水面高速游弋或跃出水面滑行（纵向跃出水面）。大部分鲸种具有背鳍（详见辨识部分）以保持平衡、增强稳定性。

鲸类的背鳍、鳍肢以及尾鳍有动脉与静脉，血管交互相连，可以作为散热器（逆流交换）控制身体的热量平衡。鲸类通常皮肤光滑，摸起来有橡胶质感。除部分鲸种头部有稀疏的须毛（触须）外，身体无其他毛发。大型须鲸的鲸脂层极厚，一是可以增强其身体的流线型减小阻力，二是绝缘绝热并且可以储存能量。

成年须鲸无牙齿，演化出了独特的进食结构——鲸须板。鲸须板由角蛋白组成（与构成哺乳动物毛发、爪子以及指甲的材质相同），自上颌垂下，拉紧以滤出大量的食物，例如磷虾。须鲸，以长须鲸为

例，可以一次吞入超过自身体重的水。曾有研究指出长须鲸平均每一大口可以吞入包含10千克磷虾的7万升水。口喉部下表面的褶沟或纵沟促进了口喉部容量的增加。大部分齿鲸，特别是主要以鱼群为食的鲸类会充分利用它们的牙齿以捕获食物。齿鲸是积极的捕食者，会利用回声定位追捕猎物，其中高频声音从近呼吸孔的"发声唇"中发出。声音在额隆（头顶部多脂肪的结构）汇集，返回的声音通过下颌的脂肪体传入耳朵中。

喙鲸和抹香鲸为深潜者，拥有非常少量的牙齿或没有牙齿，主要以乌贼为食。柯氏喙鲸目前仍是下潜纪录的保持者，也是脊椎动物中下潜时间最长、深度最深的动物，单次下潜时间可长达137分钟，深度可达2992米。深潜的鲸类会有各种各样循环系统和呼吸系统的调整，包括高血容量、柔韧的肋骨以及对于肺部完全萎缩的容忍性。相比于人类的肺部，它们体内的氧气更多地储存在肌肉和血液中。

对于一些鲸种的大脑而言，其显著的特点就是其较大的尺寸，特别是前脑，大脑前端部分负责运动以及心智相关功能。齿鲸的大脑与体形大小相对比例较大。与其他体形相似的生物相比，大部分齿鲸大脑的尺寸可为其他生物的5—6倍。只有人类的大脑按比例相较更大。以海豚和虎鲸为例，它们复杂的社交结构以及行为活动可以部分归因于齿鲸拥有较高的大脑/身体大小比例。

行为

　　"行为"是指生物对其他个体以及外界环境条件的响应方式。同其他哺乳动物一样，鲸类的行为主要由获取食物、避免被捕食、交配以及繁衍后代的需求所驱使。然而，鲸类与其他哺乳动物的不同之处在于这一系列的活动都是在水下进行，但又受限于不得不到海面呼吸。这也因此导致了它们形成了一些独特的适应特性，特别是觅食行为（详见第26—31页）。想要了解大部分时间都生活在水下的动物是很难的，但是通过长期持续的研究以及先进的技术，我们对于鲸类纷繁复杂的行为已有较为清晰的了解。

群体行为

　　鲸类为群居动物，因此了解它们与其他个体的交互行为十分重要。从相对独居到极高的群集性，不同鲸种的群集度都不同。以一些远洋性海豚（如条纹海豚和真海豚）为例，群体可聚集几百甚至上千头。总体来说，齿鲸相对于须鲸群集性更高。这种现象部分是因为须鲸的体形相对较大，其被捕食的风险相对较小，而且群集性低也会减少对食物的竞争。然而，凡事都有例外，大翅鲸群集性就很高，而淡水豚理论上应该是群集性很高的物种，却有可能相对不合群。有些鲸种（例如蓝鲸）可能通常被认为是独居的，但实际上它们会通过低频发声进行远距离交流。

反捕食行为

　　最主要的防御捕食者的行为是集群。在广阔的海洋中，被捕食者无处可藏，但个体间却可以集结为一个群体，并在数量上占优势。群体成员可以积极地防御捕食者，例如围攻捕食者或彼此分工协作形成一个防御阵式。

玛格丽特阵形

成年抹香鲸会利用玛格丽特阵形保护容易受攻击的幼崽。雌鲸将幼崽包围在中心位置，尾鳍朝外。在必要时，雌鲸会用尾鳍拍打水面以防御捕食者（例如虎鲸）。

群居生活的优缺点

　　许多海豚的种群通过流动性的群体生活方式，即随时改变群体中个体数量和成员组成以解决和平衡群居生活存在的问题。在这种具有流动性的群体中，个体依据不同的情况选择加入或离开群体。例如，在有大型食物集群的情况下，个体间可能会彼此协作形成环阵，并慢慢向上移动，将猎物逼至海面（详见第28—31页）。当被捕食风险很高时，群体中的个体数量就会增加。相反，当食物较少或被捕食风险较低时，群体中的个体数量就会减少。群体生活可能会受栖息地影响，较大的群体通常出现在开阔大洋水域，而较小的群体通常出现在封闭的海湾或河流水域。

缺点

- 增加对食物的竞争
- 增加求偶交配时的竞争
- 攻击性提高
- 增加疾病和寄生虫传播的风险
- 更容易暴露于捕食者的视线之下

优点

- 减少被捕食的概率（"在数量上占优势"）
- 可以集体协作找寻并锁定食物
- 在抚育幼崽时可以彼此帮忙
- 方便后代间交流
- 可以接触到更多的异性
- 亲缘选择（详见第23页）

集群模式

不同的海豚物种在白天和夜里具有不同的集群模式。生活在科纳离岸水域的夏威夷长吻飞旋海豚会在夜间进食时集群200—400头个体。白天，它们在近岸海湾中休憩时会分裂成由20—100头个体组成的较小群体。

交配行为

　　大部分鲸种都采取多配偶交配政策，即雄性和雌性在繁育季都会同时有多个性伴侣。雌鲸通常不会过多显露出攻击性或有竞争行为，但它们会诱使雄性间追逐或竞争以争夺跟自己交配的机会。这使得雌鲸有机会比较和判断每头雄鲸的健康状况。相反，雄性彼此间经常有直接或间接的较量。大翅鲸采取炫耀求偶的行为以占取最靠近可交配雌性的位置。雄性会通过令人惊叹的跃身击浪、用鳍肢拍水以及用尾叶拍水等行为（详见第58—59页）阻碍其他雄性靠近雌性。某些鲸种存在精子竞争，雄性展示它们相较于体形来说大得不成比例的睾丸，例如露脊鲸。这使得雄性可以利用其遗传能力"迷惑"雌性伴侣以提高繁衍后代的概率。虽然许多配偶交配策略都不可避免地包含雄性间的竞争，但也有部分鲸种雄性间会彼此协作。举一个例子，雄性瓶鼻海豚会共同合作，形成一个稳定的同盟以更好地接近可交配的雌鲸。在雌性种群分布较为分散的种群中，例如抹香鲸，雄性会在不同雌性群体间游走交配。

求偶竞逐

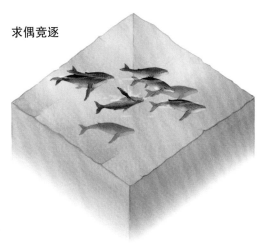

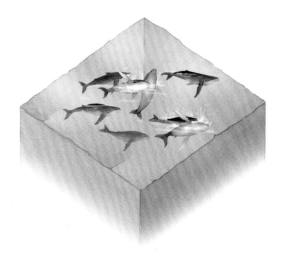

1.竞争型群体
求偶竞逐发生在雄性大翅鲸彼此间竞争试图赢得与具有生殖力的雌性的交配权的过程中。它们以此争夺更靠近雌性的有利位置。

2.活动行为加剧
雌鲸通常游在雄鲸前面。部分雄性会通过翻滚以及跃水的方式试图阻止其他雄性靠近雌鲸。

大翅鲸的求偶竞逐
在"求偶竞逐"过程中，雄性大翅鲸会为了与雌性交配而彼此竞争。它们为了赢得雌性注意，在求偶竞逐的过程中变得十分好斗。

3.气泡流
整个群体共同下潜。雄性会从呼吸孔发射气泡流以示侵略性。

4.撞击
雄性间会彼此用身体和头部撞击对方。在求偶竞逐的最后，通常由一头雄鲸获得与雌鲸的交配权。大翅鲸的具体交配行为非常少见，但据推断会在雄鲸赢得交配权与雌鲸游走后交配。

抚育行为

　　鲸类幼崽较为早熟，或者可以说鲸类在出生时就发育得很好。它们从出生起就可以呼吸以及自由地活动，但哺育时间的长短主要取决于母鲸，可从不到1年（大部分须鲸）到长达3年（如领航鲸），更有甚者长达13年（如抹香鲸）。通常母鲸会单独哺育幼崽。断奶后，大部分的幼崽会离开它们出生所在的群体以及出生地。然而，领航鲸以及定居的虎鲸对出生的环境有极强的归属感，无论雌鲸或雄鲸都不会离开其出生时所在的群体。在这种母系社会群体中，个体彼此间联系较为紧密，并且它们会通过与其他群体交配而避免近亲繁殖。值得注意的是，在这类社会结构中，

亲缘选择可能会影响个体的行为。例如，一头雌性虎鲸可能会在它的幼崽捕食时从旁协助以确保幼崽的安全，并因此增加其基因延续的可能性。

　　一些鲸种中的雌鲸会形成一个哺育的群体以抚养彼此的后代。这种现象被称为异母抚育，这种现象常见于瓶鼻海豚、抹香鲸以及领航鲸。如果这些雌鲸彼此间具有亲缘关系，亲缘选择则极有可能发生。一头雌鲸在有"保姆"的情况下，可以长时间离开其幼崽，并尽可能地深潜以找寻猎物，而不善潜水的幼鲸则会和其他成员一起待在表层。这种哺育群体也十分有利于后代间的社交，有利于幼崽们学习到生存必需的技能，融入整个群体社交，并更有利于幼崽长成一个成功的捕猎者以及在

成年后更好地哺育后代。

母鲸-幼鲸型组合

上图据推测为两对母鲸-幼鲸组合的条纹海豚活动在希腊科林斯湾海面。两头幼鲸都处于幼年阶段，位于母鲸的后侧方。在这片海域，在较大的雌雄混合群体中有可能会形成母鲸-幼鲸组合的亚群体。

觅食行为

　　因为受限于不得不到海表呼吸，鲸类的觅食行为为了克服进食过程中下潜深度的限制逐渐演化。除了为克服呼吸限制而演化出的大量解剖学和生理学适应性（详见第16—19页），一些鲸种会与团队其他成员合作来共同搜寻并锁定猎物。目前有充分证据显示部分鲸种会通过协同合作共同捕食，例如虎鲸、大翅鲸（详见第26—29页）、暗色斑纹海豚以及瓶鼻海豚。个体间协作包括通过更详细的分工搜寻猎物，当它们找到猎物时会利用声音或通过视觉上的表现通知同伴。它们也会合作锁定猎物，比如，暗色斑纹海豚和真海豚会围着鱼群游动，把鱼群逼成一个猎物球；再如，将猎物驱赶到气泡幕、泥柱或泥滩等障碍上。

学习行为

　　动物行为学是一门研究行为的学科，对于鲸类行为学来说，这是一门既有挑战性又能收获颇丰的学问。研究鲸类行为学需要有耐心，长时间在海上考察，并且经常需要用到一些复杂的仪器。用于收集鲸类行为数据的方法技术主要取决于数据的用途（详见下页）。不论使用什么收集技巧，所有行为学研究最基本的要素就是对于行为的详述（详见下页）。

合作捕食

右图为栖息在南非夸祖鲁那塔尔省圣约翰港离岸水域的长吻真海豚合作围捕沙丁鱼，将其逼困为一个紧密的猎物球并逐步上逼至海面。海豚个体分工明确，轮流进食猎物球、围困猎物以及到海表呼吸。这种行为策略帮助解决了在呼吸空气的同时不能猎食的难题。其他的捕食者，例如短尾真鲨、灰真鲨以及南非鲣鸟也会被这些大猎物球所吸引。

收集行为数据

举例说明有关鲸类行为的问题以及解决这些问题所对应的方法。

问题	方法
在群体中个体是否会更倾向于与其他个体互动?	利用船进行行为观察,通过笔纸记录或电子数据表以及照片辨识等方法(见下图)
母鲸和幼鲸之间的距离如何随幼鲸的年龄而变化?	基于陆地上的行为观察主要利用双筒望远镜、观测镜以及经纬仪(一种测量仪器)
雌鲸如何选择配偶?	在潜水时进行水下录像
鲸类的下潜行为如何随年龄和性别而变化?	利用带有时间-深度记录仪的短时(小于24小时)附着信标进行记录

行为详述:暗色斑纹海豚的行为模式

行为详述提供了一个系统的辨识以及记录行为的方法。它包含了行为模式(广义上的长期行为)以及事件(狭义上的短时行为)。

觅食	寻找或进食猎物,通常被定义为长时间的深潜,伴随着响亮的、强有力的呼气声("汽鸣声")以及无方向地移动找寻过程——可能包括协调性的"爆发性游动(快速的爆发性增速)","平静"无声的头部先入水的跳跃、协调利索的跃起以及用尾叶拍打水面。
休息	少许游动,通常游速小于三节。
社交	彼此间或与静物互动——通常为无方向的游动,或还包括身体和鳍肢的摩擦、翻滚、仰泳、出水观察(头部露出水面的行为),在海面溅起水花、追逐、跳跃、交配以及玩弄海草。
游弋	缓慢的无方向游弋,靠近海面时游速小于三节,活动性较低——通常包括缓慢的海表游弋以及浮在海面。

瓶鼻海豚

虎鲸

大翅鲸

抹香鲸

照片识别技术

照片识别是一种基于自然独特的标识并利用照相技术捕捉以及验证个体的方法。瓶鼻海豚可通过背鳍后缘的裂纹以及槽口进行辨识,虎鲸可通过背鳍后缘的裂纹以及槽口、鞍状斑块标识进行辨识,抹香鲸则通过尾鳍的外轮廓辨识,大翅鲸是通过尾鳍下侧独特的黑白图案辨识。

食物与觅食

鲸类的食物包括从小型浮游动物到大型的乌贼。作为暖血的哺乳动物且是最大型的捕食者，鲸类需要大量的能量，也因此它们不得不频繁地进食聚集在一起的猎物。为了在动态的海洋环境中定位并捕获猎物，鲸类衍生出了许多的觅食行为。相较于齿鲸和海豚通常以单独的猎物个体为食，大型的须鲸通常批量进食小型浮游动物。

侦察和捕获猎物

须鲸为了适应环境进食而做出的最有趣改变就是鲸须。这种角质基的结构，作用类似于梳子或筛子，可以滤出大量的小型食物。须鲸的嘴部巨大，有厚重的舌头以及可扩张的喉部褶沟（由有弹性的鲸脂与肌肉构成），须鲸可以有效地进食大量的鱼群和浮游动物。举例来说，一头蓝鲸可以一口吞入其体重1.5倍的海水。为了捕获密集的猎物群，须鲸（蓝鲸、长须鲸、鳁鲸、布氏鲸、大村鲸、大翅鲸以及小须鲸）要耗费大量能量猛地冲出水面。在这种策略中，鲸加速后张开它的大嘴。当它张开嘴时，其动作与打开降落伞相似：鲸的口中装满水然后速度降到几乎完全停止。在这之后，它们必须将嘴闭上，利用其巨大的舌头将含有食物的海水滤过鲸须板后排出，然后吞下过滤在嘴里的食物。虽然须鲸这种大量进食的策略非常消耗能量，但很明显这种策略是有利可图的，因为它使得须鲸成为地球上存活的最大生物。

吞食（左图）
一头大翅鲸在海表吞食玉筋鱼后张着嘴露出海面。鲸须从上颌垂下可见，包括外层梳子般的鲸须以及内层较凌乱的鲸须。吞食的进食方式非常消耗体能，但却可以非常有效地进食小型鱼类。

回声定位系统（见下页图）
该图描述了海豚如何利用回声定位系统来锁定猎物的位置。它们通过额隆（头部前端的黄色结构）发射声信号并向外传播。信号遇到目标时会反射回来，并在下颌被接收（橘色点）并传到耳朵。

科学家非常感兴趣的是鲸如何定位其猎物。当然所有鲸类并不是只用一种方式来定位猎物，它们极有可能结合了多种感官感知判断。在浅海进食的鲸类有可能利用视觉从下方观察被捕食者的剪影或游到足够近的位置来确定猎物群的位置。除此之外，鲸类也可能被动地接收鱼群或磷虾的声音信息。包括大翅鲸在内的一些鲸种，其嘴部有少量的毛囊，而这些毛囊被认为有探测作用——当鲸处于猎物密集区时，猎物可能会碰到这些毛囊从而对鲸做出提示。近期，有发现指出，一些鲸种在下颌的两个骨头中间有一个感觉器官。但这个器官的作用还不是很清楚，它可能作为一种感应器，类似于鲨鱼感知周围移动情况一样通过水体感

知周围情况。

　　齿鲸主要通过回声定位来找寻猎物。生物声呐在鼻腔发出声音，并通过鲸类头前部的额隆（详见第19页）将声音投射出去，使其得以感知其周围环境。这种精准有效的定位方式原理类似于船只和其他动物（例如蝙蝠）使用的主动声呐。这种令人惊叹的适应性演化，其精确度可以使海豚区分鱼的大小以及种类等非常细微的差别以捕捉某种目标鱼类，甚至可以渗透进沙子或泥土以锁定猎物的藏身之处。齿鲸主要以鱼类和头足类为食，然而研究显示部分齿鲸会捕食体形较大的猎物包括其他海洋哺乳动物。大部分齿鲸会利用回声定位系统辅助猎食，

一些甚至演化到可以通过视觉或借助工具进行捕食。例如研究显示瓶鼻海豚会将鱼群驱赶到沙滩，而后一直跟随鱼群到沙滩上，等鱼群在回到海中之前捕食被困在沙滩上的鱼。此外还有研究显示瓶鼻海豚会使用海绵来定位和驱逐隐藏起来的猎物（详见第180页）。

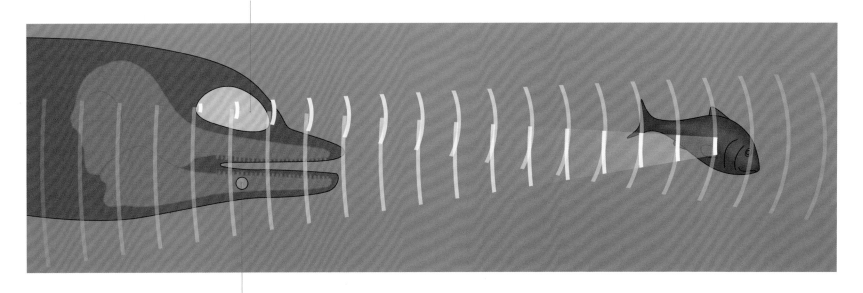

生物声呐通过额隆发
声，向鱼类传播

回声反射到海豚下颌

进食策略

须鲸的进食策略较为多样，几乎每个鲸种都有自己独特的进食方法。灰鲸由于喉部的灵活伸缩性较差，因此主要在海底进食，利用舌头搅动海水，将含有甲壳类动物和糠虾的沉积物吞进口中。该鲸种会在泥沙底质中侧面着地翻滚以形成一个进食坑。由于采取这种进食策略，灰鲸的鲸须较短且稀疏、较粗，因此才可以经受住海底以及滤过鲸须的沉积物长期的摩擦。除此之外，部分须鲸，例如露脊鲸和北极鲸采取滤食的方式进食。相比一次吞一大口海水，这些鲸种采用张开大嘴并在小型桡足类动物及磷虾群中游动的方式进食——迫使海水流经鲸须将小型的食物留在嘴里，与姥鲨和鲸鲨的进食方式相似。露脊鲸和北极鲸的鲸须是鲸类中最长最细密的，可长达4米。

气泡进食

大翅鲸是须鲸中进食行为最为显眼、最为惊人的鲸种之一。在其分布范围内，大翅鲸会团队协作，通过制造网状的和成片的气泡来围困住猎物进行捕食。在阿拉斯加，大翅鲸以鲱鱼群为食，曾有记录多达15头大翅鲸利用气泡网的方法共同协作捕食。

鲸通过释放气泡将鱼群（例如鲱鱼、玉筋鱼以及毛鳞鱼）集中并控制起来。由于鲱鱼会躲避气泡，鲸可能会利用鲱鱼对气泡的反应将鱼群更紧密地聚集在一起以便更容易捕食，或将鱼群向上方逼而将它们困在海表。大翅鲸会精心布置气泡的排列方式进而捕食，也会经常有其他的进食行为，例如传播声音、集体捕食以及利用它们巨大的鳍肢的反光晃晕被捕食者。气泡网的猎捕方法可以由个体单独实行或者一大群鲸共同实行。最近，附在大翅鲸身上的多传感器信标记录（例如数码声学信标，也称DTAG，详见第30—31页）显示，它们在通过气泡网的方法捕食时会使用多种独特的技巧。

其中有两种较为人们所熟知的，称为"双环"和"上升螺旋"。"双环"包括通过在海表用鳍肢和尾鳍拍打水面（详见第58页）的方式形成两个分开的下降环。"上升螺旋"网的描述见下页图。

一个正在进食的鲸群，位于阿拉斯加东南部
气泡网大小范围为10—20米。一旦鱼类游至海表，鲸类会张开大嘴，跃起从上吞食。吞食所产生的压力会压迫喉部褶沟致使褶沟扩张，并将被困的鱼吞到嘴里。

填塞式（过滤式）进食以及海底进食

须鲸其他的进食方式包括填塞式进食，即鲸类张开大嘴连续地在水体中游动以捕捉小型猎物；而海底进食则为鲸类在海底吞一口底质，之后利用鲸须将食物筛出。填塞式进食通常用于进食小型桡足类，而海底进食则通常针对于双壳类或甲壳类动物。

填塞式进食

海底进食

"上升螺旋"技能

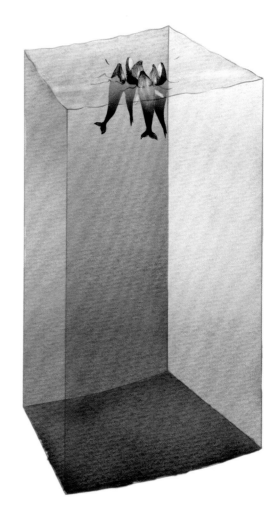

1.布置泡沫

一头或多头大翅鲸下潜至鱼群下方。通常一头大翅鲸会释放一圈泡沫，环绕着将被捕食者向上逼。旋转速率不断加快，鲸类身体翻滚变化，两者结合使得螺旋越上越狭窄。这种"上升螺旋"网出现在水体中的许多部分，通常在水深浅于25米（位于鲸所能下潜的最大深度）的地方释放气泡。

2.限制鱼群

气泡网进食方法由多头鲸共同协作实施，包括协作释放气泡以及在部分位置配合发声。最近的研究显示大翅鲸会利用声音来操控它们的猎物：鱼类对声音具有防御性，会逐步被逼退成紧密的饵球。据推测，鲸类也会利用这些声音交流以便协调步伐共同捕食。气泡网可以吸收声音、保护鱼类，但与此同时也限制了它们的行动。声音阻止了鱼类想要破网而出的意图。

3.协作进食

鲸类在海表或近海表的气泡网中心进食。在部分气泡网群体中，鲸会从大体相同的方向露出水面。这种协作行为的组织性极强且个体具有非常明确的分工，鲸群共同上演了这场协同进食的视觉盛宴。

合作觅食

　　大部分须鲸（大翅鲸除外）会独自觅食，但齿鲸经常会群集在一起迁徙、觅食。这种群体生活中最有名的代表就是虎鲸。在其分布范围内，不同的虎鲸种群擅长猎食不同类的猎物。在南极地区，据悉不同生态型的虎鲸（从其体形、颜色以及进食喜好进行区分）会捕食鱼类、海豹、企鹅以及其他鲸类。最有名的团队合作猎食的例子之一就是虎鲸协作捕食海豹。为了捕食海豹，虎鲸会利用多种不同的战术将海豹从安全的浮冰上冲到水中以便进行下一步的猎捕行动。最初，虎鲸会在浮冰周围偷偷探出水面确定它们更偏爱的海豹种类（通常是韦德尔氏海豹）以及目标海豹的位置。一旦它们确认好以上两点之后，会排好队形从水下推浮冰，将浮冰倾覆、打碎，或者拍打水面以

激起波浪将海豹推下去。在实施最后一种战术时，虎鲸会在水下保持密集排列的一排一起向浮冰游去。在靠近浮冰的最后一瞬下潜，以将一大波水冲到冰上，将浮冰上的海豹冲到水下，送到其他正在等待的虎鲸口中。

泥环进食

　　另一个非凡的鲸类合作猎食的例子是泥环进食法。据悉，在泥底质河口以及海底平原区的瓶鼻海豚会定位鱼群的位置，然后通过围绕鱼群游动而将其紧密地包围起来，并用尾鳍将海底的泥质搅起来。这样一来，就可以在鱼群周围利用搅起的泥质形成一个环形的帘幕，从海底一直延伸至海表。当围成一个上述的屏障之后，鱼不会穿过这个屏障而是尝试着从屏障

的上端跳出去。海豚会分散在泥环四周游弋，以垂直于水面的方向，将头部露出水面。当鱼尝试着跳出水面逃出泥环时，海豚会迅速锁定目标并在半空中进行捕捉。

团队协作
瓶鼻海豚展示了其独特的协作进食法。一头海豚利用浑浊的泥水将鱼群围住。惊慌的鱼就会试图跳出水面逃出泥环，此时就刚好被泥环外等待的海豚抓到。

泥环进食法

1.泥环的形成
一头海豚围绕着鱼群游动，并在靠近海底游弋时利用尾鳍搅浑底质形成泥环。

2.被困住的鱼群
当泥环完全形成，鱼群被困住之后，海豚仍会留在泥环之外。

3.捕食猎物
海豚分散在泥环周围，头部露出水面以捕捉试图逃跑跃出水面的鱼。

数码声学信标的主要功能是：

- 可以提供鲸的定向（加速度、倾角、任务以及目的地）和下潜深度信息
- 可以记录标记个体所发出以及听到的所有声音
- 可以在回收之前记录超过24小时
- 记录各种其他参数，包括环境参数（例如水温和水深）

以下鲸种以及其喜爱食物的实例可以为目前已发现鲸类的非凡的进食行为和觅食策略提供小部分的证明。考虑到这些动物几乎一生都生活在水下，我们现在只了解这些通常在海表或近海表区进行的觅食表现，而这只是大量觅食行为中的一小部分。现在，我们拥有更多的方法去记录鲸类的水下行为，例如多传感器信标（上文中有详细介绍过）的应用可以使我们有机会看到海底下的情况，探索鲸类的水下世界。

选择性进食

一头成年的雄性虎鲸口中叼着一只食蟹海豹从冰山前部海域露出水面。在南极，几种不同生态型的虎鲸的食性具有明显的差异，包括上图中几乎专食海豹的虎鲸。

重要的科学进展

　　20世纪90年代后期发展的数码声学信标为鲸类物种的研究带来了革命性的改变，被广泛应用在超过20个物种的研究中。这种信标可以附着在鲸的身上超过24小时，并且在其被回收、下载数据之后，仍可重新安置在动物身上。安置方法是在充气艇上利用长13.7米的悬臂式碳纤维杆或7.7米长的手持型碳纤维杆将带有4个吸杯的信标吸附在鲸的身上。

鲸种以及其偏爱猎物举例

物种	进食方式	偏爱猎物
蓝鲸	鲸须：吞食	磷虾
大翅鲸	鲸须：吞食	磷虾以及长达30厘米的鱼类（如鲱鱼）
露脊鲸	鲸须：填塞（滤食）	桡足类
灰鲸	鲸须：吸食	糠虾
瓶鼻海豚	牙齿：泥环、搁浅、使用海绵、回声定位	各种鱼类以及枪乌贼
虎鲸	牙齿：搁浅、协作破冰、浪涌	鱼类（如鲑鱼）、枪乌贼、海豹、海豚、鼠海豚、须鲸
喙鲸	牙齿：吸食	深水枪乌贼

生活史

　　一个有机体的生活史策略由该个体如何分配资源以供生长、繁殖和生存决定。用以描述这些策略特性的参数包括个体的寿命、性成熟年龄、第一次繁殖的时间、一个雌性一生中可以繁殖后代的数量以及它们何时会迁徙到何地以找寻赖以生存的食物。

生活史研究

　　关于鲸类的生活史特性的研究，目前只有几个物种的生活史被人们所熟知，而对其他物种的研究则十分有限或并不全面。其中瓶鼻海豚、大翅鲸、虎鲸以及北大西洋露脊鲸是研究较为完整的物种。这几个物种都有几十年的被研究历史，其中记录了单独个体的生老病死。这种长期的研究通常被称为纵向研究，这种研究方法可以为研究某一物种的生活史策略提供独到深刻的见解，因为研究者会将研究过程中对社交行为和生态学的观测同个体间生活模式变化的信息进行综合分析。另外一种获取某个物种生活史策略的方法是对多个离散种群进行比较。这种种群间的比较能揭示物种内生活策略的差异，在某些情况下，还能揭示对特定栖息地的适应性。纵向研究可以适用于相对容易接近的物种，因为它们生活在近岸方便船只出行的水域，并且动物个体可以通过自然标记（如体表的颜色图案或者背鳍上的槽口）进行区分。

自然标记

因为瓶鼻海豚的分布离岸较近，因此人们曾对该种群展开过大量的研究。本页图中的瓶鼻海豚种群活动在距离美国加利福尼亚州南部海岸约800米的海域内，该小型种群中的许多个体都可以通过其独特的背鳍进行辨识（下页中图）。

提供新的工具，扩展了传统上用于研究鲸类的技术应用（例如应用于纵向研究中的照片识别技术以及基于样本研究的横向研究）。这些工具包括摄影测量法（利用照片获得动物的精准测量数据并估算其产崽量）、抛射型活体采样技术（利用枪类或者弩形采样器，通过采样头从游弋的动物身上采集表皮和鲸脂样本），以及利用很小一部分组织样本通过实验技术来量化分子标记（例如，利用类固醇激素来辨别妊娠期中的雌性）。除了可以为进行中的研究提供新的信息，新的技术还可为研究者研究一些较远程、基本未知的鲸种提供工具。

　　大部分鲸种研究起来都比较困难，而且对于多数鲸种来说，对它们生活史策略的认识主要是基于横向研究。横向研究是利用从个体生物身上提取的信息为不同物种或种群的生活史特性提供一个简单的描述。对于某些物种，数据是从由人类直接或间接开发（例如渔业误捕）而造成死亡的个体身上获得的。而对于另一些物种，数据则来源于搁浅在沙滩上的死亡生物个体。

　　横向研究的优势在于每个个体的体长、年龄以及其生殖成熟的时间都是已知的。对大部分须鲸来说，上述数据是通过数耳塞或耳骨的生长层组来判别，而对于齿鲸来说则是通过牙齿（详见右图）。体长和年龄数据通常会被视为种群的代表性样本，而从出生到长至成体的生长速度可以从不同生命阶段（幼崽、幼鲸、成体）的体形大小数据中获得。是否生殖成熟则可以通过对生殖器官的检查得知。对雌鲸而言，拥有至少一个宫体（在一个卵泡被排出和怀孕之后仍然存在的瘢痕组织）是其性成熟的标志。对于雄性而言，睾丸中的精子和巨大细精管的存在就标志着达到性成熟。这些测定为研究鲸类生活史策略的特征提供了重要信息。

　　我们对于鲸类生活史策略的认知会随着纵向和横向研究的发展而逐渐深入。先进的技术可以为研究者

年龄

　　瓶鼻海豚牙齿的横截面的深浅纹路被称为"增长图层组"。它们类似于树木的年轮，并可以依此判断海豚的年龄。随着海豚年龄的增长，其牙髓腔会逐渐被填充。

牙冠

牙根

牙髓腔

策略

　　鲸类的生活史策略繁多，并且须鲸和齿鲸之间具有很大的差别。所有的须鲸均体形巨大、寿命较长，并且许多鲸种会每年从热带水域的越冬区到温带或极地的进食区进行固定的长距离迁徙。而齿鲸的特性则比较多变——从体形较小、寿命相对较短的加湾鼠海豚、港湾鼠海豚到体形较大、相对寿命较长的抹香鲸。它们的栖息地也相对差异较大，从远洋和沿岸水域到河口以及淡水河流。所有的齿鲸都不会进行长距离迁徙，但部分会有季节性的移动。

　　尽管鲸类具有多样性，但所有的鲸种都有几个共同的生活史特性，即每胎只生一崽，幼崽体形较大且发育较早（幼崽从出生起即发育较完全），出生后可以自由游动。多个胎体或一胎生多崽的情况很少，目前尚未发现多个后代均被成功繁育的案例。幼鲸的体形大小可以从须鲸幼崽大约等于1/3成体雌鲸大小到齿鲸幼崽几近一半成体雌鲸大小。对于大多数鲸种来说，雌鲸妊娠期大约为一年，但有些鲸种的妊娠期时间会更长，包括抹香鲸（14—15个月）与虎鲸（17个月）。妊娠期的时间长度与生产大体形幼崽的体能消耗相对应。

雌雄异型

　　对于大多数鲸种来说，雄鲸和雌鲸的成体大小存在差异（雌雄异型）。雌鲸和雄鲸均在出生至断奶期间快速成长，之后生长速度会逐渐减慢，直至长到成体大小。然而，体形长得更大的雌/雄鲸通常生长速度会更快，且成长时间会更长。例如，雌性虎鲸会在10岁左右达到性成熟，而雄性虎鲸则要等到16岁左右。在须鲸中，雌鲸体形普遍会比雄鲸大5%。而在齿鲸中，除了鼠海豚和淡水豚的雌性的体形会稍大于雄性外，其他齿鲸物种均为雄鲸体形大于雌鲸。由性别差异而造成的体形差异在不同的鲸类中分别较大，例如小型海豚（例如瓶鼻海豚、热带斑海豚以及真海豚）的雄性比雌性大2%—10%，抹香鲸的体形差异可达约60%。

体形大小
不同鲸类的性别间体形差异（雌雄异型）有所不同。尤其在齿鲸中，雌雄体形差异变化较大。在所有鲸类物种中，抹香鲸性别间的体形差异最大。

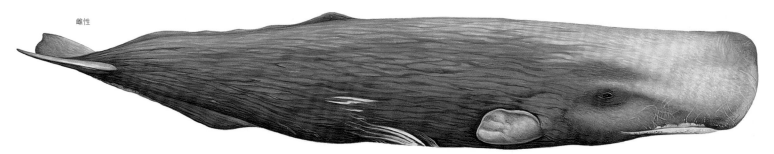

雌性

体形大小差异只是鲸类性别差异的表现形式之一。另一种差异是其牙齿的外形（见右图）。无论何种形式的差异，其性别差异均可以有助于预测鲸类交配的进行。例如，抹香鲸、短肢领航鲸以及虎鲸的交配制度曾被推测为"一夫多妻制"（雄性可以与多个雌性交配）。这三个鲸种均有明显的性别差异，成年雄性体形远大于成年雌性——这种体形差异的结果就是因雄性间竞争而引起的演化适应。抹香鲸身上的伤痕多数是在与其他雄性打斗的过程中造成，这也是雄鲸之间竞争最直接的证据。然而，少数鲸类的雄鲸（短肢领航鲸和虎鲸）曾被观察到与出生群体分离，可以推测它们的交配制度并不是一夫多妻制，为此它们的雌雄异型有可能是由其他的原因造成。其中一个针对虎鲸而提出的假设是：大型雄鲸通过提高它们出生群体的觅食效率来提高它们的生殖适度。一夫多妻的交配制度在鲸类中并不常见，大多数鲸种的交配方式较为混杂（雄鲸和雌鲸都有多个性伴侣）。

雄性

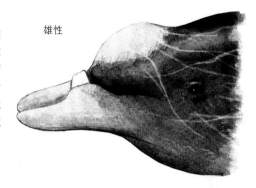

雌性

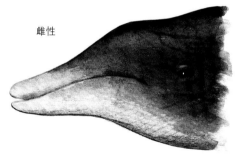

雄性

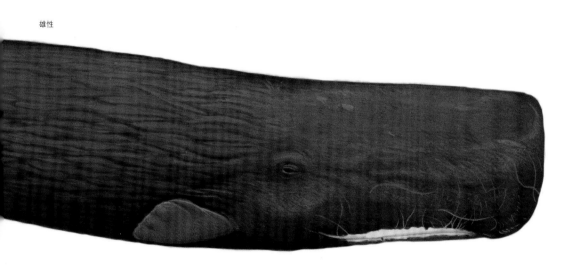

牙齿形态学

鲸类的另一种雌雄异型的表现形式是其牙齿形态上的差异。最明显的例子当数中喙鲸。它们只有一对牙齿，牙齿的形状、大小以及在口腔中的位置都存在差异，而且只有成年的雄性才会有牙齿。科学家认为，牙齿在生殖过程中起着一定的作用，即雄性会利用牙齿彼此间打斗以获得与雌性的交配权，而雌性则将牙齿视为一种择偶标准。如上图所示的哈氏中喙鲸就是其中一个例子。

生殖周期

　　所有鲸种的生殖周期都由三个部分组成：妊娠期、哺乳期与休息期。大多数鲸种的雌性一生都会产崽。最短的生产间隔是2年，但通常会更长一些，因为对于处于生殖期的雌鲸来说，妊娠期和哺乳期的能耗都非常大。在须鲸中，蓝鲸、布氏鲸、大翅鲸、鳀鲸和灰鲸的妊娠期为11个月，哺乳期为6—7个月，之后会有6—7个月的休息期。依此推测雌鲸约每2—4年产一崽。北极鲸和露脊鲸的生殖周期中的妊娠期可持续12—13个月，约每3—7年产一崽（下图）。许多鲸种每年会进行固定的长距离季节迁徙，从高纬度的进食地到低纬度（通常为热带）的越冬地。虽然须鲸的生殖周期与它们的迁徙周期同步，但具体迁徙的时间取决于个体的生殖状况。刚怀孕的雌鲸会首先离开越冬地回到夏季的进食地，这样可以尽可能延长在进食地的逗留时间，从而可以储存足够的鲸脂来维持自身和体内胎儿度过冬季之所需。即将生产的雌鲸会待在第一批离开进食地回到越冬地的鲸群中。而哺乳期的母鲸和幼鲸会最后离开越冬地。这样会使得幼鲸在第一次迁徙之前有足够的时间成长。目前已有人提出几个关于这种长距离迁徙的适应性的假设，其中就包括提高新生幼鲸在热带水域的存活率一说（热带水域用于维持体温的能耗较小，且被虎鲸捕食的概率较低）。

　　相较于须鲸，齿鲸的生殖周期（下页图）更为多变。齿鲸的哺乳期可以持续超过1年，而且不会进行季节性的长距离迁徙。许多体形较小的海豚种有约为3年的生殖周期。其中包括约为11—12个月的妊娠期、1—2年的哺乳期和几个月的休息期，而后继续繁殖。其他几个体形较大的齿鲸物种，例如抹香鲸的生殖周期会更长一些，即12—17个月的妊娠期以及3年甚至更长的哺乳期。齿鲸的生殖同步性差异较大，体现了其栖息地对其造成的影响。栖息在温带水域的物种，例如港湾鼠海豚，通常有相对不确定的繁殖季，但通常都会与生态系统生产力的峰值时节相对应。而栖息在热带的物种，例如长吻飞旋海豚的繁殖季较为多变，全年均可生产幼崽。

寿命

　　鲸类同其他大型哺乳动物一样相对长寿。须鲸的平均寿命较长，例如须鲸为60岁，长须鲸为100岁，甚至有寿命超过100岁的北极鲸。北极鲸在所有鲸类中寿命最长。通过2007年在一头鲸体内发现的武器碎片推断，该鲸种的最长寿命为115—130岁。最新的研究显示北极鲸的寿命最长可能会超过200岁。而齿鲸的寿命则从港湾鼠海豚的20岁到抹香鲸的70岁，各有不同。

北极鲸

须鲸的两年生殖周期

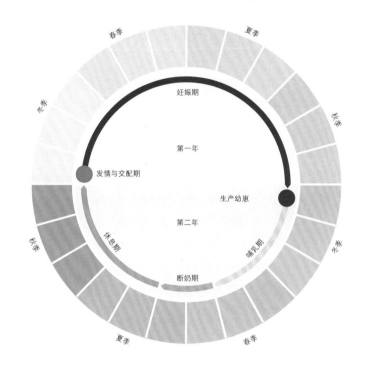

春季

夏季

冬季

妊娠期

第一年

发情与交配期

生产幼崽

秋季

第二年

休息期

哺乳期

秋季

冬季

断奶期

夏季

春季

齿鲸的三年生殖周期

生产幼崽

妊娠期

第一年

发情与交配期

第二年

哺乳期

休息期

第三年

断奶期

北大西洋露脊鲸

虎鲸

须鲸的生殖周期

　　须鲸的生殖周期最短为2年，且其繁殖行为与它们的季节迁徙周期相关。多数的交配以及产崽行为发生在越冬地，幼崽会在它们出生后的第一个夏季到达进食地并断奶。雌性会在怀孕过程中完成一个迁徙来回，并利用生产周期的前半部分时间哺育幼崽。

齿鲸的生殖周期

　　齿鲸的生殖周期一般最少为3年。对于许多物种来说，一个生殖周期包含1年的妊娠期以及约为2年的哺乳期。交配、产崽与断奶（当幼崽开始进食但又具有依赖性的时期）是一个生殖周期中的典型行为，每个行为都会持续好几个月。

幼崽的生长速率

所有新生幼鲸的生长都十分迅速，但须鲸幼崽的生长速度相较齿鲸会快很多。生长速度的差异主要源于须鲸与齿鲸的生殖周期和迁徙特性之间的差异，以及高能量的母乳喂养能力。须鲸乳汁中的能量是齿鲸乳汁的4—6倍。幼崽极快的生长速率、巨大的体形以及其自出生起就具备的游泳能力对其生存起到了至关重要的作用。以上几点对于须鲸最大限度地提高在出生后几个月内到达进食地的成功率是必不可少的。齿鲸在断奶前的哺乳期通常会持续1年甚至更长。这种长时间的哺乳期极有可能会进一步提高幼崽的存活率（见下图）。

种群动态

对一个物种生活史策略的认知可以为进一步了解其种群动态（由于种群繁殖率和死亡率的特性而引起的种群数量的变化，见右下方）提供基础。比较种内种群间生活史特性的差异有助于提高对该物种生活史策略的认知，可以揭示其生活特性是如何变化的。例如，赤道两侧热带斑海豚的繁育期有所不同，而且东太平洋和西太平洋的个体生长特性也有所不同——西太平洋的成年海豚会比东太平洋的长40—70毫米。这两个例子显示了这种离散种群的特性很容易受栖息地的环境影响。关于鲸类种群对猎物数量增长如何响应的例子也有很多。比如，在商业捕鲸极大减少了鲸类种群数量之后，长须鲸、鳁鲸和小须鲸的幼体更早达到性成熟，被认为是对食物量增多的反馈。

种群每年的繁殖数量都有所变化，间接反映出环境条件的年际变化。长期的研究对于了解一个种群繁殖数量的自然变化规律以及这些变化和环境参数之间的关系极其重要。例如，东北太平洋灰鲸每年新生幼崽的数量与刚怀孕的雌鲸随季节在栖息地停留的时间相关。

种群监测

监测特定参数，特别是那些与繁殖相关的参数可以帮助我们理解种群动态的自然变化并为其如何变化提供参考。鲸类较低的生殖率（由于较晚的成熟以及较长的生殖间隔）使得它们在栖息地退化以及被开发的现状面前显得十分脆弱。对种群动态重要参数的识别和监测在保育工作以及评估种群健康的管理计划和保护濒危种群中十分重要。

幼崽的生存

为了加强幼崽的生存能力，齿鲸幼崽，例如下图的短吻真海豚幼崽，将会在其母亲的身侧学习进食与社交技巧长达2年甚至更长的时间。

存活率

一个群体中的个体数量会随着由自然因素变化而引起的繁殖率和死亡率的波动而变化。一个种群的存活率与种群的年龄结构相关。一个种群的繁殖率则由雌性产第一胎年龄、生产间隔以及种群具有繁殖力的雌性个体数量决定。鲸类的繁殖率和死亡率会随着年龄和性别的变化而变化。综上，一个种群的死亡率和繁殖率决定该种群的动态。

灰鲸产崽

灰鲸幼崽的出生与北极（灰鲸的进食地）春季的冰雪覆盖率密切相关。在北极春季冰雪覆盖率较低的年份，怀孕的雌性得以顺利进食，并储存足够的脂肪以供怀孕与哺乳过程中的能耗。在上述年份，产崽率较高。反之，在冰雪覆盖率较高的年份，新怀孕的雌性会由于缺少进食区域而繁殖率较低。第一次迁徙至北极进食地的幼崽的数量来自位于加利福尼亚中部的一个观测站点，该数量也用于估算每年的繁殖率。鉴于北极环境的持续变化，这些数据为我们进一步了解气候变化对未来灰鲸产崽量所产生的影响提供了一条有效的时间序列。

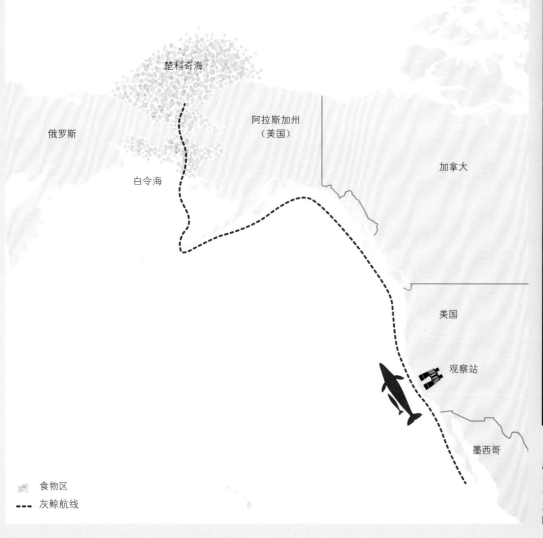

食物区

- - - 灰鲸航线

成年雌性灰鲸以及幼鲸
多数幼崽在启程迁徙去进食地时只有几个月大。成年雌性会一直哺育它们的幼崽，直至它们到达进食地并在一生中每隔几年带着新的幼崽重复同样的过程。

分布范围

一个已知物种的分布范围被定义为在时间和空间上生存下来所需资源的分布范围。鲸类几乎遍布地球上所有海洋及近岸水域——从温暖的赤道水域到淡水河系以及冰封的极地地区。作为移动能力较强的动物，鲸类分布范围广泛，而且其迁徙路线是所有哺乳动物中最长的。部分鲸种的分布范围相对狭窄，其一生都生活在食物充足、繁育便利并且可以躲避捕食的固定区域。

个体或某个鲸种的活动范围可以通过一系列的方法进行测量。最简单的方式之一就是通过照相识别技术。近40年来，大量学者通过动物身上独特的标记和伤疤的照片来区分不同的鲸类个体以研究该个体在何时出现在何地。随着时间的积累，通过对个体照片的捕捉，我们可以大体确定其分布范围。这种方法尤其适用于栖息在近岸水域或容易被拍摄的鲸种。一些迁徙物种（如大翅鲸）最基本的分布信息就是基于研究者对其繁育地和进食地照片的捕捉而确定的。

然而，对于广泛分布于研究者不易获取照片区域的鲸种而言，卫星遥感勘测技术的应用对我们进一步了解鲸类的分布以及移动路线起着至关重要的作用。

提供地理位置（经纬度）信息的追踪设备可以对生物个体的位置、游动路线以及最终个体的活动范围提供有效的线索。将这种方法重复应用在不同个体上，最终能得到该物种的分布范围。个体或物种被发现的核心区域通常为其主要活动范围，包含其生存所必需的各项资源（例如栖息地）。

瘢痕
天然的颜色分布与在活动中留下的疤痕为鲸类提供了独一无二的"指纹"，便于研究者辨识个体。

栖息地的变化：无固定栖息地与有固定栖息地

　　以部分鲸种为例，对于具有关键性意义的生活史事件而言，寻找合适的栖息地意味着要进行长时间远距离的迁徙。大翅鲸和灰鲸会进行极长的季节性迁徙（哺乳动物中距离最长的迁徙）。这两个鲸种在夏季时都栖息在食物丰富的高纬度地区，通过不间断进食以储存能量。在秋季，大部分的鲸种都会迁徙到热带海域并停止大量进食，产崽哺育。这两块地域空间分布上并不连续，中间可间隔超过5000千米。在冬季隐蔽的热带浅海产崽并哺育后，它们会在春季再一次迁徙回进食地。这些鲸类的迁徙路线通常离岸较近，部分原因是保护幼崽免受捕食者的攻击。这些鲸类的整个迁徙路线从进食地到繁育地再到进食地可超过1万千米。

　　这种迁徙模式与几种海豚一生仅生活于一个小范围的分布模式完全相悖。贺氏矮海豚为新西兰的地方性物种，据研究该种的活动范围不超过50平方千米。与之相似的还有一些淡水豚，包括土库海豚，其活动范围甚至不超过20平方千米。不同于大型须鲸，这些海豚能够在小范围内找到足够的资源以满足它们能量上和繁殖上的需求。

北回归线

赤道

南回归线

贺氏矮海豚
的地理分布

大翅鲸

大翅鲸的迁徙路线

大翅鲸的进食地

大翅鲸的繁育地

栖息地

　　鲸类动物为了在动态的海洋环境中生存必须平衡多种生存条件。作为大型的暖血捕食者，鲸类必须要找到并获取足够的食物来满足其巨大的能量需求。生活在海洋环境中需要面对热量的挑战，一个大型的、保温良好的身体意味着鲸类动物必须生活在可以使它们进行散热以维持合适体温的环境中。较大的体形意味着更多的能量需求。因此体形最大的鲸类——须鲸——必须找到具有足够食物资源的区域来满足它们对巨大食物量的需求。年幼的须鲸则面临着被虎鲸捕食的风险，而大翅鲸、灰鲸的季节迁徙目的地可能反映了幼崽的安全生存区域之所在。

　　须鲸以小型猎物的集群为食，这些集群通常是分散的，而齿鲸每次猎食一个相对大型的猎物。须鲸通常在海洋表面（距离海表300米以内的水层）进食。而喙鲸却为深潜者，每次都在水深超过1500米的水层进食，有时可下潜到2500米以猎食枪乌贼和深水鱼类。

　　为了描述鲸类栖息地的特征，科学家通常会测量海洋环境的诸多因素，以确定其中哪些参数可以更好地预测某个物种可能出现的位置。通常，鲸类的栖息地是有着丰富食物资源的海域。然而，能够提高生产力和增多猎物的海洋学特征与机制会存在地域差别。为了鲸类的繁衍，它们必须避开与其他鲸类物种的竞争，而部分分布大体相同的鲸种通常会有略微不同的海洋环境偏好，也就是不同的生态位，以避免竞争。

　　鲸类动物的栖息地同其自身一样是多样的。如一角鲸和北极鲸栖息在寒冷的水域和狭窄的浮冰水域。而部分淡水豚更喜欢生活在浑浊的淡水中——世界大型

河流入海口。栖息地的选择也取决于鲸类动物行为。在进食季，由于猎物的改变，大翅鲸会做季节迁徙并改变它们的分布栖息地偏好。在季节尺度上，许多须鲸会因为暖水区以及近岸水域丰富的食物资源而改变它们的栖息地，以利于繁殖或哺育后代。

长吻飞旋海豚
长吻飞旋海豚于夜间在开放大洋海域进食，而次日白天在避风的港湾休息，有其独特的觅食地和休憩地。

鲸类动物的栖息地

海冰

对于许多鲸类来说，北极和南极的季节性海冰可以为它们提供合适的栖息地以觅食和躲避捕食。在北极，北极鲸、白鲸和一角鲸都栖息在有海冰的水域。而在南极，小须鲸和虎鲸都在此栖息。

潟湖

灰鲸会选择加利福尼亚半岛的浅潟湖作为产崽地，利用这些水域躲避虎鲸捕食，同时也为幼崽提供一个平静温暖的水域以供母鲸哺育和幼鲸学习如何游泳。

河流

许多海豚均栖息在世界上各个大型河流。这些浑浊和湍急的水流中栖息着各种各样的鱼类以供海豚捕食。

近海水域

世界大洋的各个近海水域组成了地球上最大的海豚栖息地。许多远洋海豚和喙鲸也会利用这片水域。群体较大的海豚（有时可以达到几千头），会利用海洋中的涡流或涡旋等特征寻找小型鱼类群体。进食深海枪乌贼的独居喙鲸，则更倾向于活动在离岸海山和海底峡谷附近的海域。

温暖的热带水域

对于许多海豚物种来说，岛屿周围的温暖的热带水域是它们的避风港。这些清澈的水域虽然没有与水温较冷且纬度更高的水域一样的生产力，但它们有大量可以聚集鱼群的珊瑚礁和相关特征。以夏威夷群岛附近的长吻飞旋海豚为例，庇护海湾作为重要的休息区，使海豚可以躲避鲨鱼的捕食以及在觅食间隔得以休息。

海冰

潟湖

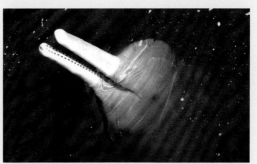

河流

近岸水域

温暖的热带水域

保育与管理

保育（Conservation）由世界自然保护联盟（IUCN）定义为"对生态系统、栖息地、野生物种以及种群在自然环境之内或之外进行保护、照护、管理和维护，通过对自然条件的保护达到使其长久存在的目的"。鲸类体形大、分布广，是重要的"庇护型"物种。因此，对于鲸类的保护势必要同其生态系统内的其他物种连带保护。此外，作为食物链顶端的猎食者，鲸类可以被视为生态系统健康状态的指示。

保育现状

地球正处在第六次物种消亡的大潮中，对此鲸类也不能幸免。部分物种（如加湾鼠海豚以及北太平洋露脊鲸）正处在灭绝的边缘。它们的种群基数较小，且数量正在逐年递减。所有鲸类的保护现状会定期由世界自然保护联盟按濒危物种名单进行评估。

加湾鼠海豚

濒危与灭绝物种

白鱀豚（上图）与加湾鼠海豚（右上图）都处于极度濒危的状态。白鱀豚极有可能已经灭绝，因为在上次对其栖息地（长江）综合调查中没有观察到任何白鱀豚个体。栖息地的丧失与误捕是造成该物种数量下降的主要原因。此外，误捕也是造成科特斯海的加湾鼠海豚数量下降的主要原因，意外溺死于刺网中使得其目前种群数量下降到少于100头个体。

鲸类IUCN红色名录分类

红色名录分类标准系由专家利用可获得的最佳数据评估得出。评估结果显示该物种在受目前的主要威胁影响的情况下灭绝的风险。这些评估结果会定期更新作为新的数据。下表为2014年秋的分类结果。

分类	定义	鲸种数量
极危（Critically Endangered）	物种在野外条件下面临着极高的灭绝风险	2
濒危（Endangered）	物种在野外条件下面临着非常高的灭绝风险	7
易危（Vulnerable）	物种在野外条件下面临着较高的灭绝风险	6
近危（Near Threatened）	物种没有被归类为极危、濒危或易危，但极有可能在不久的将来被归入以上分类	5
无危（Least Concern）	物种的分布广泛且丰富，无法被归类为极危、濒危、易危或近危	22
数据缺乏（Data Deficient）	缺少评估一个物种灭绝风险的合适数据	45

威胁

　　鲸类面临许多直接（直接造成死亡）或间接（通过引起周围环境的变化而对鲸类造成危害）的威胁。直接影响包括：谋生猎捕、商业捕鲸、非法捕鲸和驱赶捕捞的发展，被缠在捕鱼工具中或误食海洋垃圾，误捕，被船只撞击，由于沿岸的发展而导致的栖息地丧失，由水下声呐测试所导致的死亡。间接影响包括：由于气候变化而引起的迁徙路线改变和食物短缺，由于食物短缺导致的繁殖成功率降低，体内污染物积累引发的危害，以及噪声污染与船只交通对其造成的持续性压力。

保育行动

　　鲸类分布全球，具有远距离迁徙习惯，甚至可以出现在世界上各个水域（个别水域除外）。因此，鲸类受一系列国际和不同国家的政策和条例的共同保护。1946年，根据国际捕鲸条例公约成立了国际捕鲸委员会，这标志着国际上开始通过限制捕鲸捕获量来开展国际性的鲸类管理行动。随后在1973年和1979年该委员会又对全球性的鲸类保护采取了进一步行动。然而，国际性的保护工作很难开展。因此，国家性法律的通过——例如1972年美国海洋哺乳动物保护行为规范以及1973年的濒危物种保护行为规范的制定——为鲸类保护提供了强制性的且具有广泛意义的途径。

　　非政府组织和个人也对鲸类保护做出了许多贡献。许多非政府组织宣传对鲸类的保护行动、开展支持性研究以及面向公众展开关于鲸豚保护的教育工作。个人的保护行为则包括海岸的垃圾清理等，从自身做起减少碳排放量——例如通过回收利用以及使用公共交通——同样也对鲸类保护做出了贡献。

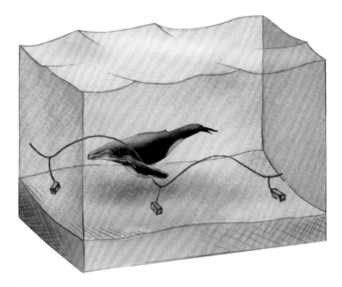

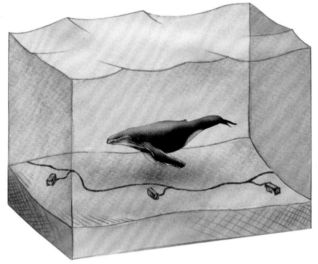

"防鲸"龙虾线

对于栖息在西北大西洋的大翅鲸和北大西洋露脊鲸来说，其生存的主要威胁是被缠在捕鱼工具中。被缠住的危害通过被动和主动两种方式可以解除：被动的方式包括由熟练的应急小组解救被缠住的鲸豚；主动的方式则包括改进捕鱼工具，例如左图所示的沉线的使用。

浮线

通常，龙虾箱会串联在一起并利用浮线固定在海底。浮线可能会对在海底游弋的鲸类产生危害。

沉线

一种新型的龙虾箱固定线，具有一定的重量，因此这条连接线会沉在海底。这种改进可以最小化缠住鲸豚的风险。

识别手册与地理分布

鉴别关键

以下几点是可以在野外利用的，将一系列的物理特征用作识别鲸、海豚与鼠海豚的重要工具。鲸类在呼吸时只有身体的一部分会露出水面，有几种可观察的特征可用于判断。这些最具判断性的特征包括大型鲸类气柱（呼出的水蒸气）的形状和大小，以及一些外部特征，例如头部的形状、背鳍、尾叶以及体形大小。

逾9米高

蓝鲸

气柱

多数小型鲸类以及海豚喷出的气柱很难观察到。对于大型鲸类可通过观察其气柱形状对物种进行辨识。

单（柱状）气柱

抹香鲸
Physeter macrocephalus
2米高

鳁鲸
Balaenoptera borealis
3米高

布氏鲸
Balaenoptera edeni
3—4米高

长须鲸
Balaenoptera physalus
4—6米高

蓝鲸
Balaenoptera musculus
9米高

双（V形）气柱

大翅鲸
Megaptera novaeangliae
2.4—3米高

灰鲸
Eschrichtius robustus
3—4.6米高

北/南露脊鲸
Eubalaena spp.
5米高

北极鲸
Balaena mysticetus
7米高

外形特征

　　鲸和海豚可通过其头部形状（有喙、无喙或扁平）、体色（均一性、反荫蔽或具有复杂的花纹）、背鳍的形状和位置以及尾鳍的形状进行辨识。

头形

短吻真海豚
Delphinus delphis
喙部凸出

港湾鼠海豚
Phocoena phocoena
无喙，头部圆钝

小须鲸
Balaenoptera acutorostrata
头部扁平

体色

白鲸
Delphinapterus leucas
体色均一

瓶鼻海豚
Tursiops truncatus
反荫蔽（下侧颜色浅于上侧）

大西洋斑纹海豚
Lagenorhynchus acutus
花纹复杂

背鳍形状

热带斑海豚
Stenella attenuata
背鳍弯曲

虎鲸
Orcinus orca
背鳍笔直高耸

贺氏矮海豚
Cephalorhynchus hectori
背鳍圆钝

亚河豚
Inia geoffrensis
小凸起

背鳍位置

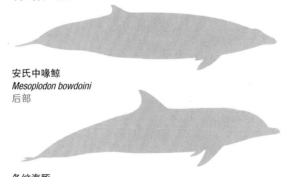

安氏中喙鲸
Mesoplodon bowdoini
后部

条纹海豚
Stenella coeruleoalba
中部

江豚
Neophocaena phocoenoides
无背鳍

尾鳍

北极鲸
Balaena mysticetus
尖头，中间有较浅的V形凹槽，后缘微凹

灰鲸
Eschrichtius robustus
中间V形凹槽深，后缘内凹且呈锯齿状

大翅鲸
Megaptera novaeangliae
中间V形凹槽深，后缘呈S形且有凸起

抹香鲸
Physeter macrocephalus
尾鳍宽大，呈三角形，后缘笔直，中间V形凹槽深

一角鲸
Monodon monoceros
后缘明显外凸，中间V形凹槽深

短吻真海豚
Delphinus delphis
尖头，中间有较浅的V形凹槽，后缘明显内凹

港湾鼠海豚
Phocoena phocoena
尖头，中间V形凹槽明显，后缘微凹

白腰鼠海豚
Phocoenoides dalli
端部圆钝，中间有较浅的V形凹槽，后缘明显外凸

体形大小

　　本书基于体形大小对鲸类进行了一个大体的分类，并依据其是否有喙和背鳍进行了进一步的归类。

体长可达3米，有喙部和背鳍

拉河豚
Pontoporia blainvillei
南半球
1.3—1.7米，详见第254页

土库海豚
Sotalia fluviatilis
南北半球
1.3—1.8米，详见第156页

短吻飞旋海豚
Stenella clymene
北半球
1.7—2米，详见第170页

长吻飞旋海豚
Stenella longirostris
南北半球
1.3—2.1米，详见第176页

圭亚那海豚
Sotalia guianensis
南半球
2.1米，详见第158页

大西洋斑海豚
Stenella frontalis
南北半球
1.7—2.3米，详见第174页

热带斑海豚
Stenella attenuata
南北半球
1.7—2.4米，详见第168页

长吻真海豚
Delphinus capensis
南北半球
1.9—2.4米，详见第116页

短吻真海豚
Delphinus delphis
南北半球
1.7—2.4米，详见第118页

条纹海豚
Stenella coeruleoalba
南北半球
1.8—2.5米，详见第172页

大西洋驼海豚
Sousa teuszii
南北半球
2—2.5米，详见第166页

印太瓶鼻海豚
Tursiops aduncus
南北半球
2.6米，详见第180页

糙齿海豚
Steno bredanensis
南北半球
2.1—2.6米，详见第178页

印太驼海豚
Sousa chinensis
南北半球
2—2.8米，详见第160页

印度洋驼海豚
Sousa plumbea
南北半球
2.4—2.8米，详见第162页

澳大利亚驼海豚
Sousa sahulensis
南半球
2—2.7米，详见第164页

瓶鼻海豚
Tursiops truncatus
南北半球
1.9—3.9米，详见第182页

体长可达3米，有喙部，背鳍缺失或退化

白鱀豚
Lipotes vexillifer
北半球
1.4—2.5米，详见第252页

恒河豚
Platanista gangetica
北半球
1.5—2.5米，详见第258页

亚河豚
Inia geoffrensis
南北半球
1.8—2.5米，详见第256页

南露脊海豚
Lissodelphis peronii
南半球
1.8—2.9米，详见第144页

北露脊海豚
Lissodelphis borealis
北半球
2—3米，详见第142页

体长可达3米，无喙，部分有背鳍

贺氏矮海豚
Cephalorhynchus hectori
南半球
1.2—1.5米，详见第114页

加湾鼠海豚
Phocoena sinus
北半球
1.2—1.5米，详见第270页

康氏矮海豚
Cephalorhynchus commersonii
南半球
1.3—1.7米，详见第108页

海氏矮海豚
Cephalorhynchus heavisidii
南半球
1.6—1.7米，详见第112页

智利矮海豚
Cephalorhynchus eutropia
南半球
1.2—1.7米，详见第110页

沙漏斑纹海豚
Lagenorhynchus cruciger
南半球
1.6—1.8米，详见第136页

印太江豚
Neophocoena phocaenoides
南北半球
1.2—1.9米，详见第264页

窄脊江豚
Neophocaena asiaeorientalis
北半球
1.9米，详见第262页

港湾鼠海豚
Phocoena phocoena
北半球
1.4—1.9米，详见第268页

棘鳍鼠海豚
Phocoena spinipinnis
南半球
1.4—2米，详见第272页

暗色斑纹海豚
Lagenorhynchus obscurus
南半球
1.6—2.1米，详见第140页

黑眶鼠海豚
Phocoena dioptrica
南半球
1.3—2.2米，详见第266页

白腰鼠海豚
Phocoenoides dalli
北半球
1.7—2.2米，详见第274页

皮氏斑纹海豚
Lagenorhynchus australis
南半球
2—2.2米，详见第134页

太平洋斑纹海豚
Lagenorhynchus obliquidens
北半球
1.7—2.4米，详见第138页

大西洋斑纹海豚
Lagenorhynchus acutus
北半球
1.9—2.5米，详见第130页

弗氏海豚
Lagenodelphis hosei
南北半球
2—2.6米，详见第128页

伊河海豚
Oracella brevirostris
南北半球
2.1—2.6米，详见第146页

小虎鲸
Feresa attenuata
南北半球
2.1—2.6米，详见第120页

侏儒抹香鲸
Kogia simus
南北半球
2.1—2.7米，详见第192页

瓜头鲸
Peponocephala electra
南北半球
2.1—2.7米，详见第152页

澳大利亚矮鳍海豚
Oracella heinsohni
南半球
1.8—2.8米，详见第148页

白喙斑纹海豚
Lagenorhynchus albirostris
北半球
2.5—2.8米，详见第132页

小抹香鲸
Kogia breviceps
南北半球
2.7—3.4米，详见第190页

瑞氏海豚
Grampus griseus
南北半球
2.6—3.8米，详见第126页

50英尺（约15.25米）

体长3—10米，有喙部和背鳍

小中喙鲸
Mesoplodon peruvianus
南北半球
3.4—3.7米，详见第240页

贺氏中喙鲸
Mesoplodon hectori
南北半球
4—4.6米，详见第230页

佩氏中喙鲸
Mesoplodon perrini
北半球
4—4.5米，详见第238页

安氏中喙鲸
Mesoplodon bowdoini
南半球
4—4.7米，详见第218页

德氏中喙鲸
Mesoplodon hotaula
南北半球
3.9—4.8米，详见第232页

梭氏中喙鲸
Mesoplodon bidens
南北半球
4—5米，详见第216页

杰氏中喙鲸
Mesoplodon europaeus
南北半球
4.5—5.2米，详见第224页

银杏齿中喙鲸
Mesoplodon ginkgodens
南北半球
4.7—5.2米，详见第226页

初氏中喙鲸
Mesoplodon mirus
南北半球
4.9—5.3米，详见第236页

史氏中喙鲸
Mesoplodon stejnegeri
北半球
5—5.3米，详见第242页

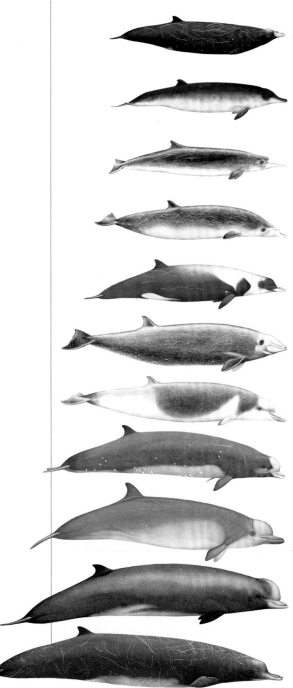

哈氏中喙鲸
Mesoplodon carlhubbsi
北半球
5—5.3米，详见第220页

铲齿中喙鲸
Mesoplodon traversii
南半球
4.9—5.5米，详见第244页

哥氏中喙鲸
Mesoplodon grayi
南半球
4.5—5.6米，详见第228页

柏氏中喙鲸
Mesoplodon densirostris
南北半球
4.5—6米，详见第222页

长齿中喙鲸
Mesoplodon layardii
南半球
5—6.2米，详见第234页

柯氏喙鲸
Ziphius cavirostris
南北半球
5.5—7米，详见第248页

谢氏喙鲸
Tasmacetus shepherdi
南半球
6—7米，详见第246页

南瓶鼻鲸
Hyperoodon planifrons
南半球
6—7.5米，详见第212页

朗氏喙鲸
Indopacetus pacificus
南北半球
6.7—8米，详见第214页

北瓶鼻鲸
Hyperoodon ampullatus
北半球
7—9米，详见第210页

阿氏喙鲸
Berardius arnuxii
南半球
7.8—9.7米，详见第206页

50英尺（约15.25米）

体长3—10米，无喙，无背鳍

白鲸
Delphinapterus leucas
北半球
2.8—5米，详见第200页

一角鲸
Monodon monoceras
北半球
3.8—5米，详见第196页

体长3—10米，无喙，有背鳍

长肢领航鲸
Globicephala melas
南北半球
3.8—6米，详见第124页

虎鲸
Orcinus orca
南北半球
5.5—9.8米，详见第150页

伪虎鲸
Pseudorca crassidens
南北半球
4.3—6米，详见第154页

小须鲸
Balaenoptera acutorostrata
南北半球
7—10米，详见第86页

小露脊鲸
Caperea marginata
南半球
5.5—6.5米，详见第78页

南极小须鲸
Balaenoptera bonaerensis
南半球
7.3—10.7米，详见第88页

短肢领航鲸
Globicephala macrorhynchus
南北半球
3.6—6.5米，详见第122页

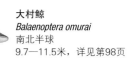

大村鲸
Balaenoptera omurai
南北半球
9.7—11.5米，详见第98页

50英尺（约15.25米）

体长超过10米，有喙部和背鳍

贝氏喙鲸
Berardius bairdii
北半球
10.7—12.8米，详见第208页

体长超过10米，无喙，无背鳍或背鳍退化

灰鲸
Eschrichtius robustus
北半球
12—17米，详见第82页

抹香鲸
Physeter macrocephalus
南北半球
11—18米，详见第186页

南露脊鲸
Eubalaena australis
南半球
15米，详见第68页

北极鲸
Balaena mysticetus
北半球
14—18米，详见第76页

北大西洋露脊鲸
Eubalaena glacialis
北半球
13—16米，详见第70页

北太平洋露脊鲸
Eubalaena japonica
北半球
15—18.3米，详见第74页

100英尺（约30.5米）

体长超过10米，无喙，有背鳍

布氏鲸
Balaenoptera edeni
南北半球
11.5—14.5米，详见第92页

大翅鲸
Megaptera novaeangliae
南北半球
11.5—15米，详见第102页

鳁鲸
Balaenoptera borealis
南北半球
12—16米，详见第90页

长须鲸
Balaenoptera physalus
南北半球
18—20米，详见第100页

蓝鲸
Balaenoptera musculus
南北半球
21—27米，详见第94页

100英尺（约30.5米）

海表行为

鲸类在海表的行为包括从简单的露出水面呼吸到令人惊叹的跃水。当鲸类呼气时,二氧化碳从肺部经呼吸孔排出。当这种呼出的高温度气体遇到外界的冷空气后浓缩形成水柱或气柱。气柱的大小和形状可以用于远距离辨别鲸种。其呼气的频率也同样可指示个体的活动状态以及能量消耗。

举起尾叶是大型鲸类中较为常见的海表行为。将尾叶抬出水面,这种行为一般预示着下潜行为的开始。尾鳍与海面间的夹角也可用于指示下潜深度。当鲸类将尾叶高高抬起,直直地举在空中时,这就意味着这头鲸正在用尽全力向深处下潜。而尾鳍抬起较低,尾鳍与水面成角较小时,则意味着下潜深度较浅。

其他的海表行为可以被大体归为三类:快速游弋、空中行为以及海表进食行为。通常海豚更倾向于展示多种多样的海表行为。须鲸尽管体形较大,但它们也能展示惊人多样的海表行为,包括跃身击浪和吞食。与海豚和须鲸相比,鼠海豚在海表的行为则显得较为神秘(白腰鼠海豚除外,详见下页图)。

鲸喷

大型鲸类的气柱通常在较远距离即可被观察到。蓝鲸作为体形最大的鲸类理所应当具有最高的气柱。露脊鲸的气柱则呈V字形,即表明露脊鲸的呼吸孔具有一定的角度。大翅鲸的气柱相对较矮且显得很浓密。抹香鲸的气柱指向左前方,也因此表明其头骨以及鼻部通道的不对称性。

大型鲸类的气柱比较

蓝鲸　　　　　　　　露脊鲸　　　　　　　　大翅鲸　　　　　　　　抹香鲸

游弋

　　跃水行为通常出现在高速游动的过程中。海豚会在海表下方水中快速游弋时快速横向跃出水面。跃水行为通常是一种群体行为，群体中所有个体协调美观地共同跃水。海豚和鼠海豚均有这种跃水行为（甚至海獭、海豹以及海狮也会有跃水行为）。跃水行为的功能是为了使生物可以更有效地游弋。海水的密度是空气的800多倍，因此在短暂跃出水面的瞬间，前进阻力会急剧减小。这使得海豚和鼠海豚在消耗更少的能量的情况下，游得更快。高速游动时会形成尾流。当海豚和鼠海豚在海表快速游弋时，会形成V字形的波浪。

　　船舶乘浪是其在海表游弋时的另一种行为。在船舶乘浪过程中，海豚、鼠海豚以及其他小型齿鲸可以帮助船舶形成波浪。海豚个体借助于前行的船只形成海浪而被抬起并向前推进。一个乘浪的个体会频繁地跃起以在过程中快速地调整呼吸。虽然海豚或鼠海豚经常被观察到会靠近船只并有乘浪的行为，但船舶乘浪的原因至今仍不明确。由于其在靠近船只之后仍会返回其原本的路线，因此，很有可能，在游弋的过程中提高能量的利用率并不是船舶乘浪的主要原因。船舶乘浪有可能只是一种嬉戏玩耍的行为。

跃水和公鸡尾水花

海表游弋行为——例如跃水行为与产生公鸡尾水花（小型海豚高速游动产生圆锥形水花，类似公鸡尾巴）——可以使得小型鲸类的游动效率更高。左下图为一群南露脊海豚在新西兰凯库拉半岛离岸水域跃出水面。右下图为西南阿拉斯加水域，一头白腰鼠海豚形成该物种在快速游动时特有的公鸡尾水花。

空中行为

鲸类最惊人的空中行为之一是跳跃行为——大型鲸类的跳跃行为被称为跃身击浪。这种跃身击浪行为有几个不同的功能：去除身上的皮外寄生物，进食、社交以及交配策略，交流，嬉戏玩耍。举例来说，飞旋海豚的旋转跃水可以形成足够的冲击力来驱逐鲻鱼。在协作进食时，跳跃行为可以使海豚在快速利用动能回归海底的过程中协调呼吸。雄鲸会在交配阶段通过跃身击浪向雌鲸示爱，并利用这种方式进行雄性间的竞争（见第22页）。另外，跃水也同样是一种视觉上的空中交流形式或水下听觉交流形式。有时，鲸类也会单纯地跃起嬉戏。因此跃身击浪也可以被视为一种玩耍行为。跃身击浪也可能是鲸类非常活跃兴奋时的一种表现形式。有时，可以被视为在交流时用作强调的"感叹号"。

鲸类的其他空中行为包括浮窥、用尾叶击水（也叫尾翼或尾鳍拍水）以及用鳍肢击水。在浮窥时，一头鲸会垂直地探出水面并让眼睛露出水面，可以巡视水面上的情况。浮窥通常被视为一种社交或嬉戏的行为。无论是用尾鳍或鳍肢击水都是非常令人震惊的行为，并且会在水上和水下发出很大的声响。在用尾鳍或鳍肢击水时，尾鳍或鳍肢会经常反复地拍击水面。这种行为可能表达的是一种侵略或恼怒之意。尾叶击水可在进食时用于围困或打晕猎物。

鲸类杂技

长吻飞旋海豚和暗色斑纹海豚是两种空中行为最多的鲸类。长吻飞旋海豚（左下图）的名字来源于它们离水面较高的旋转跳跃动作，在一次跳跃过程中可以完成14个旋转。暗色斑纹海豚（见左上图）可以展示4种不同的跳跃，包括左上图所示的协调跳跃。协调跳跃由两头个体共同完成，用于形成和加强社交联系。

浮窥和尾叶击水

浮窥

浮窥包括将喙部露出水面，这使得个体可以观察到海面上的情况，包括侦察潜在的猎物、捕食者或同伴。

尾叶击水

以大翅鲸为例，在鲸尾击水的过程中，将它的尾鳍甩至空中，而后在鲸尾落回水面时可以造成巨大的水花。

海表进食行为

海表进食行为是鲸类进食行为的一部分。除了上页描述的空中行为，鲸类的进食策略还包括吞食、滤食以及海滩猎捕。

须鲸（如蓝鲸、布氏鲸、长须鲸以及大翅鲸）一般会采取吞食的方式进食，即在海表张开大嘴快速游动。在表面活动中，每当鲸类吞食大量水体和猎物（可多达其体重的70%）时，其腹侧的褶会被伸展开，然后缓慢地合上嘴将水从嘴里滤出，利用鲸须将猎物困在口中。在有些情况下，单独个体或群体会将猎物困在海表，利用海气交界面作为一个不可逾越的屏障困住猎物（详见第29页）。

在滤食的过程中，它们会张着大嘴缓慢地沿着海表游弋，将表层的小型猎物困在口中。通常露脊鲸和小露脊鲸会利用这种方式进食。这种鲸类高度拱起的嘴部中具有长而密的鲸须，能够轻易地将小型的猎物（如桡足类和磷虾类）困住。

虎鲸的部分种群以及瓶鼻海豚会进行海滩捕食。这种独特的进食策略需要蓄意的搁浅。在南美南端的巴塔哥尼亚以及南印度洋克罗泽群岛，虎鲸会将自己冲上沙滩捕捉海豹和海狮幼崽。在西北澳大利亚以及美国东南部，瓶鼻海豚也会将自己冲到海滩上进食同样被困在岸上的鱼类。海滩捕食需要一段时间的学习并可能会代代传承下去。

海滩捕食（左上图）
一头虎鲸正试图将自己冲上岸以捕食一头南美海狮幼崽。这种特殊的捕食技能需要长年的练习。研究指出群体中年龄较大的成员会将这种技能传授给幼崽。

滤食（右上图）
一头南露脊鲸在海表滤食。鲸须板清晰可见。鲸须板的作用类似于一个筛子，在向外排水的同时困住小型猎物。此外值得注意的是，其上下颌明显的弓起以及其皮肤上的坚硬结块被称为茧皮。

如何以及在何处赏鲸

在野外观鲸、海豚以及鼠海豚是人生中最愉悦的经历之一。知道在何处可以观鲸以及如何观鲸是成功观鲸的关键。第一步,要选择一个地点。世界上有许多非常适合观鲸的地点,比如在陆地上、海上或者空中。下一步就是做好准备。携带合适的装置和工具会提高你的观鲸能力和观鲸体验。观鲸之前提前做一下背景研究,了解最合适的观鲸平台、鲸种的自然生活史以及观鲸的注意事项。

为了获得成功愉悦的观鲸体验应注意以下几点:

● 选择合适的观鲸平台。有很多观鲸的方式,最常见的观鲸平台为观鲸船。小到橡皮船、充气船,大到可以乘坐100人甚至更多人的观光船。在考察船或者轮渡上也有可能观赏到鲸类。在有些地方,法律甚至允许同鲸类一同游水。空中平台,例如小型飞机或直升机为观赏大型鲸类以及大群海豚提供了一个独特的视角。在有些地方也可以在岸上观鲸。

● 携带合适的设备。海洋哺乳动物法以及保护政策(详见下文)规定了观赏的最近距离,因此携带双筒望远镜以及配备长焦镜头的照相机可以极大地提高近距离观鲸的体验。如果从岸上进行观鲸,观测镜是十分必要的。同时也需要应对各种不同的天气,为寒冷、大风、下雨和日晒的天气做好充足的准备。水温通常都会比气温低几度,且天气多变,因此多准备一些衣物总是必要的。同时,最好带些水和食物。而且如果你有晕动病倾向的话,最好也带一些晕船药和医药箱。在服食药品之前须仔细阅读药品说明,并在登船前(在你感到恶心晕船之前)按量服食。

● 做好攻略。了解一年中观赏期望鲸种的最佳时间。调查好不同的旅行社,这取决于你是偏好较

小、私密性更强、有特定鲸种观测设定的小船还是较大的、适用不同鲸种的路线。询问是否包含教育性或保护方面的讲解。询问船上是否有博物学者同行或者是否有其他的接受鲸类方面知识教育的机会。承办者是否与研究机构或非营利性组织机构有合作关系。

● 学会辨认鲸种。这本书会从体形大小、形状以及体色方面介绍如何辨识不同的鲸种。同时也需要学会辨识一些可以从远处辨别的独特特征,例如气柱的形状、背鳍以及尾叶的形状。

● 遵守当地、地区性的相关海洋哺乳动物法律以及保护规定。这点可以避免影响生物的自然行为,维持观鲸业的可持续发展。这些法律法规会限制最近的观鲸距离,最长的观鲸时长,以及单次观赏个体或群体鲸时最多的船只数量。

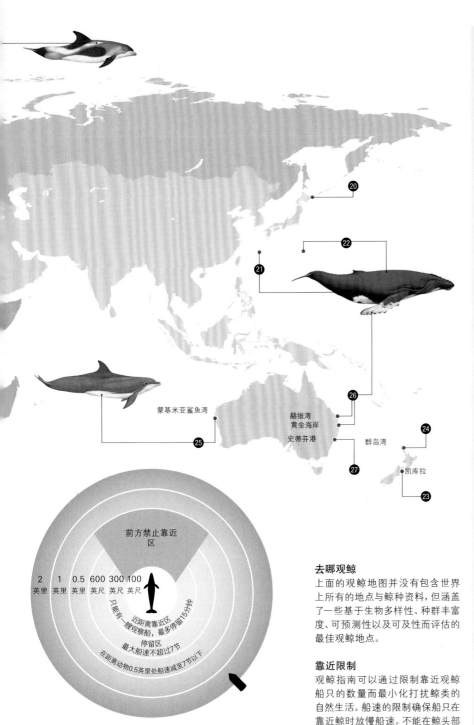

蒙基米亚鲨鱼湾

赫维湾
黄金海岸
史蒂芬港

群岛湾

凯库拉

北美
1.美国阿拉斯加：大翅鲸、虎鲸、灰鲸、港湾鼠海豚、白腰鼠海豚、太平洋斑纹海豚
2.美国新英格兰地区：北大西洋露脊鲸、大翅鲸、长须鲸、小须鲸、大西洋斑纹海豚、港湾鼠海豚
3.美国夏威夷：大翅鲸、长吻飞旋海豚、瓶鼻海豚、短肢领航鲸、伪虎鲸
4.美国华盛顿：虎鲸、灰鲸、小须鲸、大翅鲸、白腰鼠海豚、港湾鼠海豚
5.美国加利福尼亚：灰鲸、大翅鲸、蓝鲸、长吻真海豚、短吻真海豚、瑞氏海豚、白腰鼠海豚、太平洋斑纹海豚、瓶鼻海豚、虎鲸、北露脊海豚
6.加拿大魁北克：白鲸、蓝鲸、长须鲸、小须鲸、大翅鲸、北大西洋露脊鲸、大西洋斑纹海豚、港湾鼠海豚、白喙斑纹海豚
7.加拿大不列颠哥伦比亚：虎鲸、白腰鼠海豚、灰鲸、小须鲸、大翅鲸、港湾鼠海豚、太平洋斑纹海豚
8.墨西哥下加利福尼亚：灰鲸、瓶鼻海豚

加勒比海
9.巴哈马：大西洋斑海豚、瓶鼻海豚、抹香鲸、大翅鲸、柏氏中喙鲸、瑞氏海豚、短肢领航鲸、伪虎鲸、虎鲸、侏儒抹香鲸、小抹香鲸

南美
10.阿根廷：南露脊鲸，虎鲸，暗色斑纹海豚
11.巴西：长吻飞旋海豚、南露脊鲸、瓶鼻海豚、大翅鲸、小须鲸、糙齿海豚
12.厄瓜多尔：大翅鲸、布氏鲸、抹香鲸、亚河豚、瓶鼻海豚、虎鲸、热带斑海豚、短肢领航鲸、土库海豚

欧洲
13.英国苏格兰：瓶鼻海豚、港湾鼠海豚、小须鲸
14.冰岛：小须鲸、大翅鲸、蓝鲸、白喙斑纹海豚、港湾鼠海豚、虎鲸、北瓶鼻鲸、抹香鲸
15.挪威：虎鲸、抹香鲸、小须鲸、白喙斑纹海豚、港湾鼠海豚、大翅鲸、长肢领航鲸
16.葡萄牙亚速尔群岛：短吻真海豚、抹香鲸、短肢领航鲸、瓶鼻海豚、大西洋斑海豚、瑞氏海豚、蓝鲸、长须鲸、鳁鲸、伪虎鲸、虎鲸、条纹海豚、北瓶鼻鲸、柯氏喙鲸

17.爱尔兰：长须鲸、小须鲸、瓶鼻海豚、短吻真海豚、港湾鼠海豚
18.西班牙：瑞氏海豚、瓶鼻海豚、长肢领航鲸、长须鲸、小须鲸、柯氏喙鲸、短吻真海豚、港湾鼠海豚、抹香鲸、条纹海豚、虎鲸

非洲
19.南非西开普省：南露脊鲸、大翅鲸、布氏鲸、海氏矮海豚、瓶鼻海豚（备注：关于该物种属瓶鼻海豚或印太瓶鼻海豚还未确定）、长吻真海豚

亚洲
20.日本罗臼町、北海道：小须鲸、抹香鲸、贝氏喙鲸、虎鲸、短肢领航鲸、太平洋斑纹海豚、白腰鼠海豚、港湾鼠海豚
21.日本冲绳主岛以及座间味村、冲绳：大翅鲸
22.日本小笠原群岛：瓶鼻海豚、长吻飞旋海豚、抹香鲸、大翅鲸
23.新西兰南岛：暗色斑纹海豚、虎鲸、抹香鲸、贺氏矮海豚、大翅鲸
24.新西兰北岛：短吻真海豚、瓶鼻海豚、布氏鲸、虎鲸
25.澳大利亚西澳：瓶鼻海豚（备注：关于该物种属瓶鼻海豚或印太瓶鼻海豚还未知）
26.澳大利亚昆士兰：大翅鲸
27.澳大利亚新南威尔士：大翅鲸、印太瓶鼻海豚

译者注　100英尺：30.48米
　　　　300英尺：91.44米
　　　　600英尺：182.88米
　　　　0.5英里：804.67米
　　　　1英里：1.6千米
　　　　2英里：3.2千米

前方禁止靠近区

2英里　1英里　0.5英里　600英尺　300英尺　100英尺

只能有一艘观察船，最多停留15分钟

近距离靠近区

停留区

最大船速不超过7节

在距离动物0.5英里处船速减至7节以下

去哪观鲸
上面的观鲸地图并没有包含世界上所有的地点与鲸种资料，但涵盖了一些基于生物多样性、种群丰富度、可预测性以及可及性而评估的最佳观鲸地点。

靠近限制
观鲸指南可以通过限制靠近观鲸船只的数量而最小化打扰鲸类的自然生活。船速的限制确保船只在靠近鲸时放慢船速。不能在鲸头部的方向观赏，以免船只截断鲸类原本的前进路线。

物种名录

如何使用物种名录

本书在介绍性材料之后会着重描述鲸类的生物学特征及其生活史。该书的最主要部分为物种名录，介绍了鲸类的主要群体（亚目与科这种等级的分类）以及详细的物种。

群体介绍

每科都会从常用名、物种数量与有趣的生物学方面进行介绍，同时，也会图示说明该科代表物种并展示该科物种的关键特征与典型的潜水和进食行为。

物种清单

每个条目都包含一个指定物种的生物学详细信息。这本指南从物种和亚种的学名以及依据海洋哺乳动物学会分类委员会指定的分类学归类（2014年）。权威的名录每年会更新，可从以下网址www.marinemammalscience.org进行查询。考虑到部分物种的特殊性，书中并没有进行详细的描述，例如最新提出的两个亚马孙江豚物种*Inia boliviensis*以及*Inia araguaiaensis*，由于个体样本有限，无法进行辨别，且对该物种的独特性还存在争议，因此并没有将其列在书中。

每个物种的介绍都以物种的俗名（通常被人们接受的）作为标题。有些物种有替代的俗名，本书也一一列出了。俗名可能千变万化，但是每个物种的科学名称只有一个，列在了俗名下方。在物种分类下方列出的是其亚种或不同种群和相关种群的信息。表格中也展示了该物种的近似物种，例如两个物种共同拥有相似外表特征。所列的物种辨识的特征点可有助于读者标识各个物种。随之会有对初生幼鲸及其成体体重，以及对其食性与群体大小进行的简短介绍。后文还列出了其栖息地选择的偏向性，并在地图上列出鲸种的地理

分布。最后，物种介绍会列出根据全球最大保护组织世界自然保护联盟（IUCN）对该种现状的评估数据总结的该种历史上及现今面临的威胁因素。

本书提供了一个包含主要特征的识别清单作为参考，并且有一段解剖生理学上的描述，展示该种最方便辨识的生理特征，包括其体色花纹、雌鲸和雄鲸之间的差异或不同种群之间的差异。"行为"描述了不同鲸种的社交团体包括群体大小，习惯独居还是群居。同时也会包括一些值得注意的鲸类的经典行为，例如游弋、下潜以及发声。随后，"食物和觅食"部分描述了典型的进食行为以及猎物位置与下潜行为之间的关系。

本书也同样涵盖鲸类的生活史。这部分内容主要介绍不同鲸种的交配系统、行为、繁育季、哺乳期、断奶过程以及寿命。之后，在保育和管理工作的展开下，关于种群数量的评估、威胁以及针对该鲸种所做的保护工作等相关信息也逐渐明朗。

最后，对于每个物种的介绍中都包含一张该鲸种的图片，图中甚至包含动物在不同生命阶段的图解以

Inia araguaiaensis

拟提新的物种分类

Inia araguaiaensis 被认为是巴西阿拉瓜亚河流域一种新的江豚物种。然而，通过对于 *Inia araguaiaensis* 的两个样本进行研究得知，由于两个样本本身分布区域差异较大，因此无从确认两个样本间的DNA差异是由于二者之间存在种间差异还是基于二者的地理分布差异。并且，对于两个样本的头骨解剖诊断差异也仅是基于非常少量的样本结果。

及对于一些特征或变化例如独特的尾鳍或鳍肢形状的图示。书中也会包含对于一些鲸种的头骨、牙齿的特征或鲸须的图示。在大多数情况下，典型的下潜动作或典型的海表行为也会有图解说明。

信息表

物种的基本信息，包括科名、别名、分类、体重、食性、主要威胁以及IUCN濒危等级。

分布地图

显示物种的已知分布区域，包括水深以及栖息地信息。

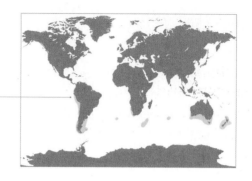

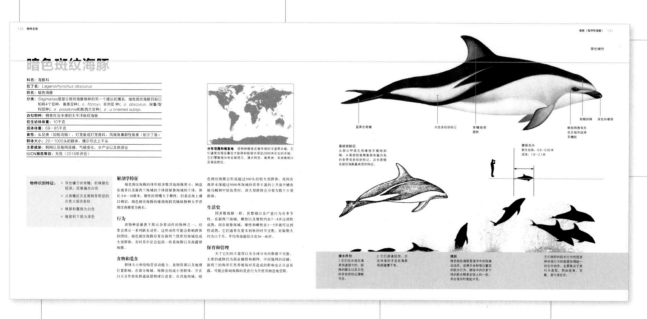

典型外形图片

物种的典型外形以及图注标示一些典型特征。除非标明，主图通常适用于不同性别。

测量

提供物种的轮廓以标明其体形、成体和新生幼崽的体长。

辨识清单

一个物种主要特点的清单。

物种描述

对于物种的解剖结构、行为、食物和进食过程、生活史以及保育和管理的叙述性描述。

明显特征

关于物种明显特征的简短描述以及其他有趣的特征或变化。

潜水次序以及海表行为

对于典型下潜次序以及海表行为的描述。

须鲸类
露脊鲸

露脊鲸科包括1种北极露脊鲸和其他3种露脊鲸。这4种露脊鲸科物种均为大体形鲸类，成体体长约13—18米。该科内4种鲸类的嘴部均为弓形，且拥有须鲸中最长的鲸须。露脊鲸可以通过其口鼻以及眼部上方的茧皮与北极露脊鲸进行区分。露脊鲸科在南北半球均有分布，主要聚集在温带和极地水域。

露脊鲸的外形

尾鳍宽大，且中间有明显的凹槽

无喉腹褶沟

无背鳍

鳍肢宽大

弓形嘴

嘴部周围以及眼部上方有硬结（北极鲸无硬结）

露脊鲸的外形
露脊鲸科可以通过无背鳍以及尤其宽厚的体形与其他大型鲸类轻易地区分开来。嘴部周围的硬结由于鲸虱的缘故呈白色。

- 南露脊鲸是唯一一个分布在南半球的露脊鲸科物种。北太平洋和大西洋露脊鲸分别占据两个大洋洋盆，而其向北延伸的区域与北极鲸的活动范围相重叠。
- 露脊鲸科是体形最大的鲸种之一。抹香鲸是唯一一种体形大小可以与之相近的齿鲸。
- 露脊鲸科物种的食物主要为小型、中型的甲壳纲动物，包括磷虾和桡足类。被捕食的动物被困在鲸须中，其中北极鲸的鲸须可长达3米。
- 露脊鲸科没有其他须鲸用于大量吞食的喉腹褶沟。露脊鲸主要通过在海表滤食的方式进食，即张开嘴巴缓慢游弋，而不会追赶被捕食的对象。

- 所有的露脊鲸科物种都没有背鳍。因此，露脊鲸科可以明显地与除灰鲸之外的其他须鲸区分开来。露脊鲸科与灰鲸则可以通过体形大小、颜色以及头部的形状进行区分。
- 露脊鲸与北极鲸可以通过露脊鲸有茧皮（成块的坚硬、钙化的皮肤）而北极鲸没有明显的茧皮来进行区分。此外，北极鲸的鳍肢比露脊鲸的鳍肢更为狭长。
- 北极鲸和南露脊鲸被列为无危物种，另外2种北露脊鲸均被列为濒危物种。从16世纪起，北极鲸和北太平洋露脊鲸开始被大量捕杀，露脊鲸科的所有物种均曾遭遇捕杀。

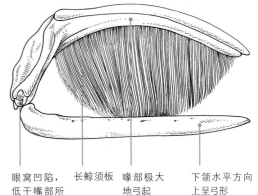

北大西洋露脊鲸头骨

眼窝凹陷，低于嘴部所在平面

长鲸须板

喙部极大地弓起

下颌水平方向上呈弓形

头骨
露脊鲸和北极鲸的喙极大地弓起，使狭长的鲸须得以悬在上颌边缘。眼窝凹陷，低于嘴部所在平面，更进一步增加了鲸喙弯曲的程度。

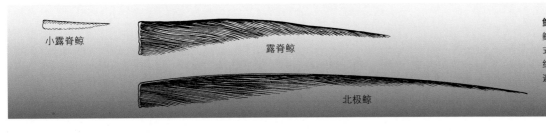

小露脊鲸

露脊鲸

北极鲸

鲸须板
鲸须以长条板的形式悬挂在上颌边缘，类似于垂直的遮帘。鲸须的"穗"位于内部边缘与舌头相接触。露脊鲸科的鲸须狭长，呈深色。而露脊鲸幼崽的鲸须则为奶白色，仍狭长，与成体还相距甚远。须鲸的鲸须既有淡色也有深色。

南露脊鲸

科名：露脊鲸科

拉丁名：*Eubalaena australis*

别名：黑露脊鲸

分类：暂无已知亚种

近似物种：北大西洋露脊鲸和北太平洋露脊鲸

初生幼体体重：800—1000千克

成体体重：20 000—100 000千克

食性：浮游动物，例如桡足类镖水蚤、磷虾和龙虾

群体大小：1—2头个体，在进食或聚集时可达30头以上

主要威胁：船舶撞击，渔网缠绕

IUCN濒危等级：无危

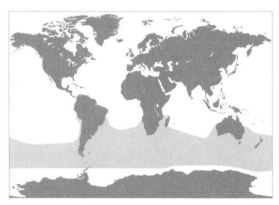

分布范围和栖息地　该物种在南半球大洋均有分布——冬季繁殖哺育季，主要活动于低纬度近岸水域；夏季觅食季，主要活动于远洋南纬40°到南纬50°之间。

物种识别特征：	● 身体光滑呈黑色，部分腹部有白色斑块
	● 体形短而粗
	● 无背鳍
	● 头部巨大，嘴部呈弓形
	● 桨状鳍肢
	● 头部有坚硬发白斑块

解剖学特征

南露脊鲸在形态学上与北大西洋露脊鲸、北太平洋露脊鲸相似。南露脊鲸与北大西洋露脊鲸在近眼窝的颅骨处有细微的差别，但也极有可能是年龄区别而不是种间差异。

行为

南露脊鲸行为活动上极有可能与北大西洋露脊鲸或北太平洋露脊鲸相同。它们在夏季出现在离岸较远的海域进行觅食，但对其研究主要围绕近岸的繁殖地展开。较大的繁殖群主要常见于南非、阿根廷、巴西以及澳大利亚。南露脊鲸还较常见于新西兰、智利、秘鲁、特里斯坦-达库尼亚群岛以及马达加斯加岛。种群间隔离的维持主要是源于对栖息地的依赖。

食物和觅食

南露脊鲸随季节变化在低纬近岸的冬季繁殖地与南极附近的高纬度夏季觅食地之间迁徙。从20世纪苏联对捕捉到的鲸胃内的食物分析结果可知，栖息在南纬40°以北的南露脊鲸主要以桡足类为食，而分布在南纬50°以南区域的鲸类则主要以磷虾为食，活动在中间纬度的则为两种食物混合吃。除此之外，食物还包括糠虾以及在浮游态的幼体蟹。对于食物的选择主要取决于其相对的成本和收益。较大的食物会含有更多的能量，但鲸在捕食过程中也要耗费更多的能量，因为快速地游弋会产生更大的阻力。

生活史

雌性南露脊鲸在9—10岁成熟，并且每3年左右产一崽，通常在冬季产崽。上述3种露脊鲸的生活史参数一般被认为比较相近。

保育和管理

位于智利-秘鲁的种群被认为极危，在繁育期的成体不超过50头。三大种群以每年6%—7%的速度增长，意味着种群可能从1997年的7500头增长到现今的2万—2.5万头。该物种曾因18世纪到20世纪30年代捕鲸业的疯狂发展减少15万头，1950—1960年间，苏联又捕杀了3000头。由人为因素所引发的死亡与其他北半球的2种露脊鲸相似，但相对较少的人类活动以及相对远洋的觅食地使得死亡率能保持在一个较低的水平。

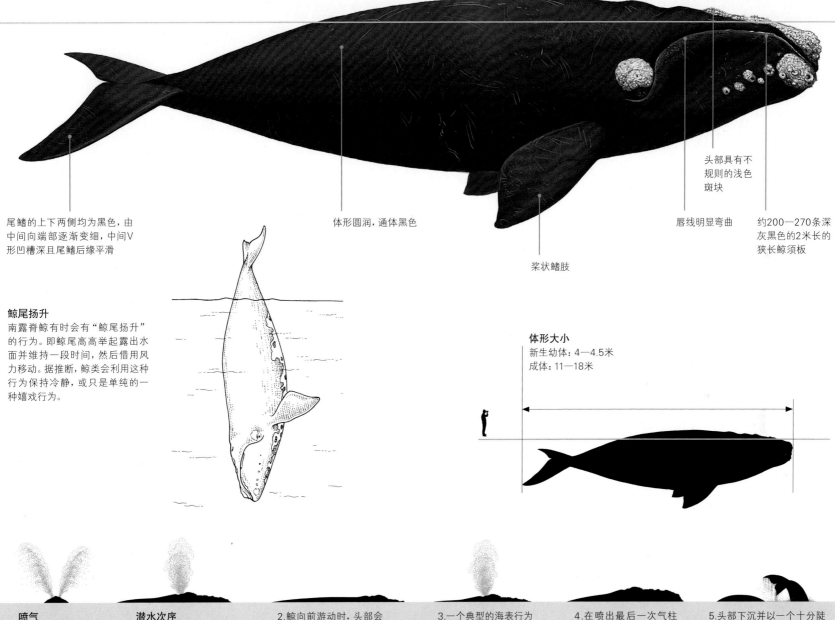

雄性/雌性

尾鳍的上下两侧均为黑色，由中间向端部逐渐变细，中间V形凹槽深且尾鳍后缘平滑

体形圆润，通体黑色

头部具有不规则的浅色斑块

唇线明显弯曲

约200—270条深灰黑色的2米长的狭长鲸须板

桨状鳍肢

鲸尾扬升

南露脊鲸有时会有"鲸尾扬升"的行为。即鲸尾高高举起露出水面并维持一段时间，然后借用风力移动。据推断，鲸类会利用这种行为保持冷静，或只是单纯的一种嬉戏行为。

体形大小
新生幼体：4—4.5米
成体：11—18米

喷气
露脊鲸的气柱约有2—3米高，浓密且从前方或后方观测时呈明显的V字形。

潜水次序
1.从侧面观测，气柱浓密，呈椭圆形。

2.鲸向前游动时，头部会浸没在海面之下，只露出宽阔光滑的背部。

3.一个典型的海表行为包括连续的4—6个气柱，间隔约10—30秒。

4.在喷出最后一次气柱之后，露脊鲸会高高地举起头部露出水面，猛吸一口气。

5.头部下沉并以一个十分陡峭的角度下潜，身体弯曲并会有更多的背部露出水面。尾鳍会随着鲸类向前下潜而浮现，最后尾鳍大体与水面垂直，而后下滑。

北大西洋露脊鲸

科名：露脊鲸科

拉丁名：*Eubalaena glacialis*

别名：黑露脊鲸，北露脊鲸

分类：暂无已认知亚种

近似物种：北太平洋露脊鲸和南露脊鲸

初生幼体体重：800—1000千克

成体体重：20 000—100 000千克

食性：浮游动物，例如桡足类水蚤、磷虾、藤壶幼体和翼足类

群体大小：1—2头个体，在进食或聚集时可达30头以上

主要威胁：船舶撞击，渔网缠绕

IUCN濒危等级：极危（2020年评估）

分布范围和栖息地 该物种主要出没于大陆架水域，从佛罗里达到加拿大东部。根据部分离岸观测记录，该物种较少出现在其历史分布范围的北部和东部。

物种识别特征：
- 身体光滑呈黑色，部分腹部有白色斑块
- 体形短且粗
- 无背鳍
- 头部巨大、嘴部明显弓起
- 桨状鳍肢
- 头部有坚硬发白斑块

解剖学特征

北大西洋露脊鲸体形健壮，有宽大光滑的背部，无背鳍。通常身体呈黑色，部分腹部有不规则的白色斑块。头部为体长的1/4至1/3。嘴部狭长呈弓形，且唇线明显弯曲。嘴部、下巴处、沿下颌和眼部周围（在出呼吸孔后面和偶尔在下唇）有不规则的发白色斑块，称为茧皮。这些茧皮是成块的由于密集的浅色鲸虱寄居而引起的加厚钙化皮肤。鳍肢可长达1.7米，尾鳍可宽达6米。露脊鲸的鲸须板可长达2.7米。

行为

北大西洋露脊鲸相对缺乏社交性，不会建立稳定的群体。它们可以下潜15—20分钟甚至更长，并且可以轻易地到达它们接近大陆架底部进食区。一个典型的露脊鲸潜水觅食的过程包括由连续地挥动尾鳍以克服浮力的极速大角度下潜，在海底相对固定深度的长时间洞游，以及快速地浅浮滑翔回到水面。这类鲸在水面经常有引人注目的行为，包括跃身击浪、用尾鳍或鳍肢拍打水面。

食物和觅食

北大西洋露脊鲸有很强的迁徙性，每年随季节变化在高纬的进食区以及低纬的繁殖地之间移动。已知该物种的北大西洋进食区为缅因州的湾流及其附近水域，繁殖地则是在美国东南沿岸水域，偶尔也会在新英格兰水域产崽。近年来有观测显示，北大西洋露脊鲸会在缅因州的湾流中部海域进行交配，但对于幼崽的育养地目前仍未知。它们主要采取填塞式进食方式进食，即将嘴巴张大缓慢地向前移动。水从前方进入其口中，然后利用鲸须将食物从水中滤出留在口中。北大西洋露脊鲸在表层或次表层进食可以很容易被观测到，但更多的时候在观测人员视线范围外较深的水域进食。北大西洋露脊鲸为浮游生物专食性动物，食物主要为较大的幼体晚期或成体的水蚤（甲壳纲，体积约为一粒米的大小）。有时，它们也会滤食其他的浮游动物，包括体形较小的桡足类、磷虾、藤壶幼体和翼足目（浮游的腹足类）。其关于猎物探测以及觅食的感应机制包括至少视觉和触觉两种感官，也可能有听觉和味觉。

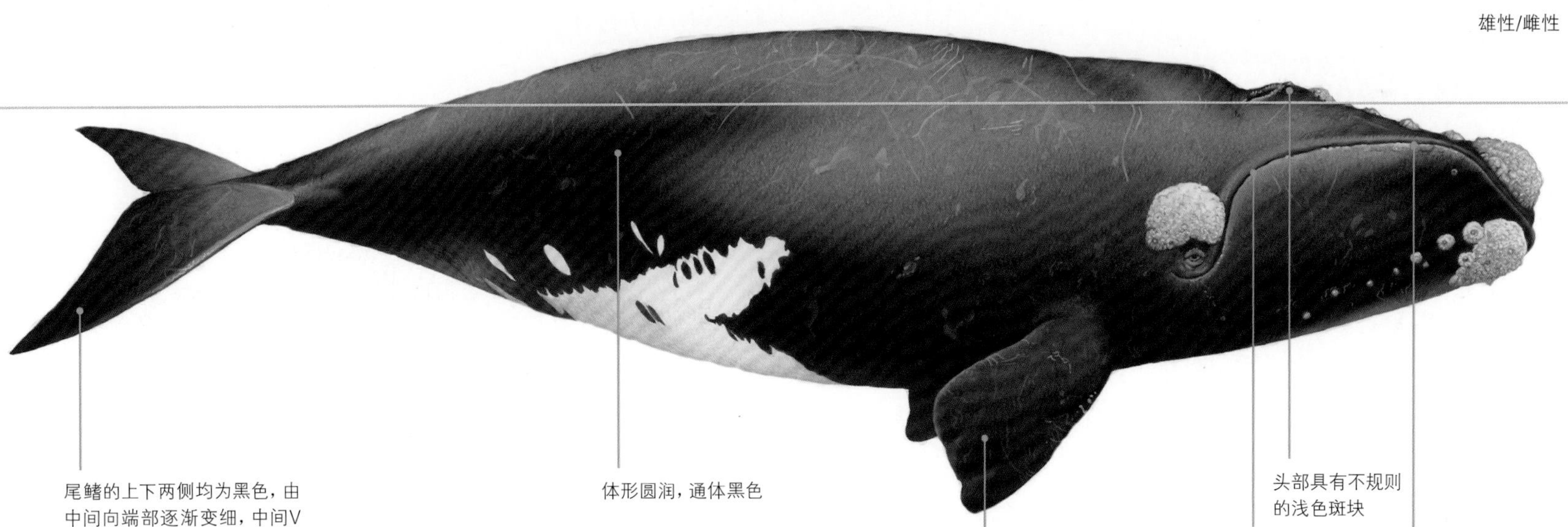

雄性/雌性

尾鳍的上下两侧均为黑色,由
中间向端部逐渐变细,中间V
形凹槽深且尾鳍后缘平滑

体形圆润,通体黑色

头部具有不规则
的浅色斑块

唇线明显弯曲

桨状鳍肢

200—270条深灰
黑色的2米长的狭
长鲸须板

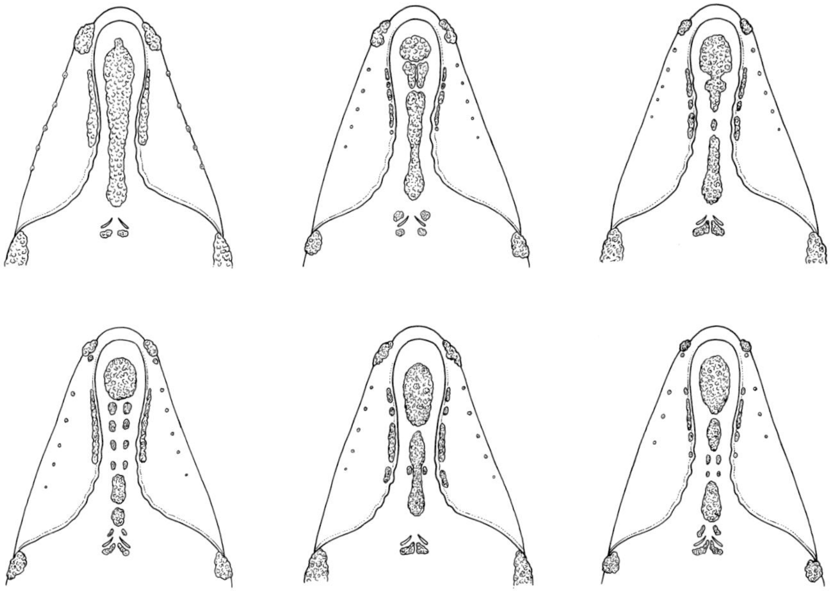

体形大小
新生幼体:4—4.5米
成体:11—18米

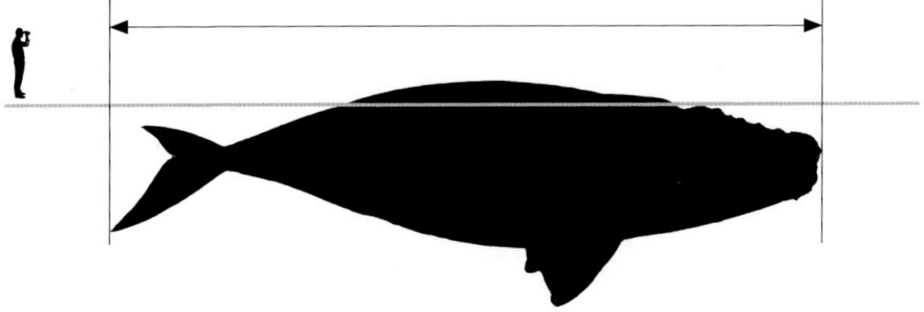

茧皮分布
此图为鲸类头部的俯视图,从第一年开
始逐年记录,并作为一种从照片中识别
个体的类似于"指纹"的标识。

北大西洋露脊鲸

生活史

雌性北大西洋露脊鲸会在12—13个月的妊娠期后于冬季产下幼崽，大部分母鲸的产崽期集中在12月到次年2月。断奶期后，母鲸通常会"休息"一年。在来年冬天交配前进食，恢复鲸脂的存储量。即在有充足的食物条件下，一般也会有3年的生产间隔期。出生1年后断奶的幼鲸，其体长会是其出生时体长的2倍，体重可以大致达到5000千克。北大西洋露脊鲸的寿命一般有65—70岁。

保育和管理

北大西洋露脊鲸被认为是世界上最为濒危的哺乳动物之一，截至2012年，全球约有500头。历史上曾存在东（欧洲）和西（北美）两个种群。如果对两个种群分别统计，则西部的种群处于濒危状态而东部的种群为极危，甚至有可能已经灭绝。目前，仍存在大量由于人为因素而造成的死亡，这也被认为是阻碍种群数量恢复的原因。鲸类两个最主要的死亡原因分别是与船只相撞和被缠在螺旋桨中。另有假设提出，由于人类活动而引起的有毒污染、栖息地的丧失、噪声和全球气候变化也会增高其死亡率。

缠绕伤疤
超过3/4的北大西洋露脊鲸身上都有以前被渔具缠住所造成的伤疤，特别是两页尾鳍相连接的位置。有些鲸会有多次被缠住的经历。

海表活跃的群体
该图展示了一个海表活跃（处于交配繁殖阶段）的露脊鲸群体（SAG）。中间的雌性头部朝下，鳍肢上指，被多头雄性环绕。一个海表活跃的群体一般由2头到超过30头个体组成，平均为5头。它们被雌鲸的声音所吸引，然后会在群体中维持下腹朝上的状态。雌性被雄鲸包围在中间，离雌性较近的雄性会尝试着与雌性交配，而雌性则会翻滚以调整呼吸。在北大西洋露脊鲸的进食地经常可以观测到这种海表活跃的群体，但这种行为的发生时间与雌鲸的受孕时间并不相符，因此很有可能这只是雌鲸评估将来交配对象的一种方式。

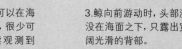

喷气
气柱通常为2—3米高，浓密，从前面或后面观测时呈明显的V字形。

潜水次序
1.气柱浓密，从侧面观测时呈椭圆形。

2.多数情况下可以在海表观测到气柱，很少可以在海面继续观测到鲸类。

3.鲸向前游动时，头部浸没在海面之下，只露出宽阔光滑的背部。

跃身击浪以及鲸尾击浪

露脊鲸经常会有跃身击浪以及鲸尾击浪的行为。这两种行为都会
在水下产生很大的噪声,可能会起到传递信息的作用。

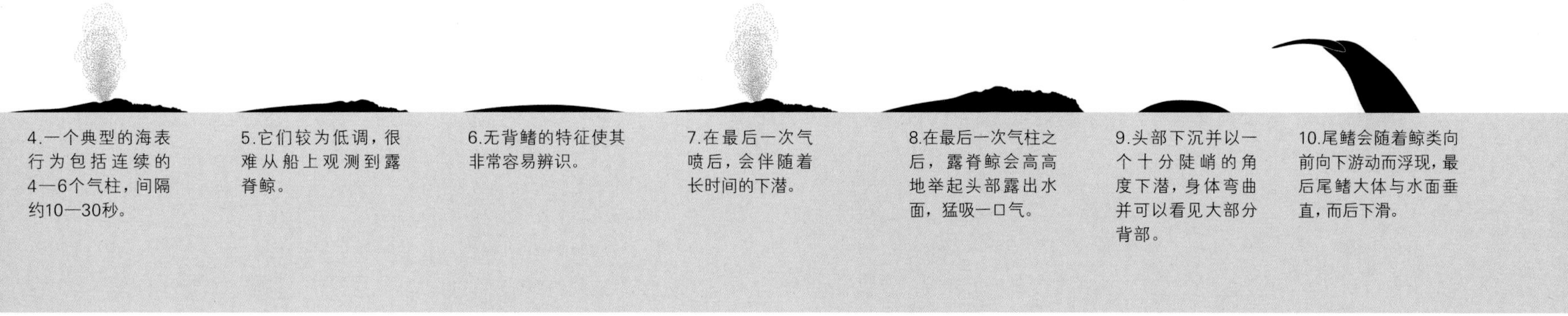

4. 一个典型的海表
行为包括连续的
4—6个气柱,间隔
约10—30秒。

5. 它们较为低调,很
难从船上观测到露
脊鲸。

6. 无背鳍的特征使其
非常容易辨识。

7. 在最后一次气
喷后,会伴随着
长时间的下潜。

8. 在最后一次气柱之
后,露脊鲸会高高
地举起头部露出水
面,猛吸一口气。

9. 头部下沉并以一
个十分陡峭的角
度下潜,身体弯曲
并可以看见大部分
背部。

10. 尾鳍会随着鲸类向
前向下游动而浮现,最
后尾鳍大体与水面垂
直,而后下滑。

北太平洋露脊鲸

科名：露脊鲸科

拉丁名：*Eubalaena japonica*

别名：黑露脊鲸，北露脊鲸

分类：暂无已认知亚种

近似物种：北大西洋露脊鲸和南露脊鲸

初生幼体体重：800—1000千克

成体体重：20 000—100 000千克

食性：浮游动物，例如桡足类镖水蚤、磷虾

群体大小：1—2头，在进食或聚集时可达30头以上

主要威胁：船只相撞，渔网缠绕

IUCN濒危等级：濒危

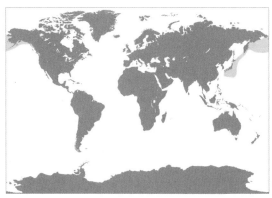

分布范围和栖息地 该物种过去广泛分布于北纬40°到北纬60°之间的太平洋洋盆的两侧。但是近期只能在鄂霍次克海、东南白令海以及阿拉斯加湾流附近海域观测到其活动。

物种识别特征：
- 身体光滑呈黑色，部分腹部有白色斑块
- 体形短粗
- 无背鳍
- 头部巨大，嘴部明显弓起
- 方形鳍肢
- 头部有坚硬发白斑块

解剖学特征

北太平洋露脊鲸在形态学上与北大西洋露脊鲸和南露脊鲸十分相似。它们可能会比它们北大西洋的"亲戚"稍微大些，但是就目前的记录，两个物种的最大体长十分相近——北太平洋露脊鲸为18.3米，北大西洋露脊鲸为18米。

行为

北太平洋露脊鲸的行为极有可能与北大西洋种相同。它们经常出现在离岸的深水区，并且可能为深潜动物，虽然目前还没有足够的证据证明这一点。

食物和觅食

基于捕食的经验，这些鲸会在夏天的高纬水域和冬天的低纬水域之间迁徙。目前没有已知的繁殖或繁育地——产崽和交配地可能离岸较远。这些鲸填塞式进食浮游动物，相较于北大西洋露脊鲸会以更多种大型桡足类为食。部分这些大型桡足类相较于北大西洋的飞马哲水蚤更大，这也从能量供给方面为北太平洋露脊鲸提供了优势。这些鲸也会从随时节而变化的食物受益。

生活史

虽然没有足够的数据显示，但我们预期北太平洋露脊鲸的生活史特征与北大西洋露脊鲸相同。近几年，在白令海东南海域曾有过几次母鲸-幼鲸成对出现的记录。

保育和管理

北太平洋露脊鲸被列为濒危物种。目前估计在西北太平洋有几百头，而在东北太平洋数量则不到100头。北美捕鲸者从19世纪30年代开始在北太平洋捕鲸，在不到20年内，就捕杀了超过1.1万头露脊鲸。捕鲸活动一直延续到20世纪三四十年代保护条例的出台。苏联捕鲸者于1963—1966年从东北种群中捕杀了372头，整个种群基本灭绝了。目前虽然它们有可能受与北大西洋露脊鲸相同的人类活动影响，但没有关于人类活动造成死亡的信息。

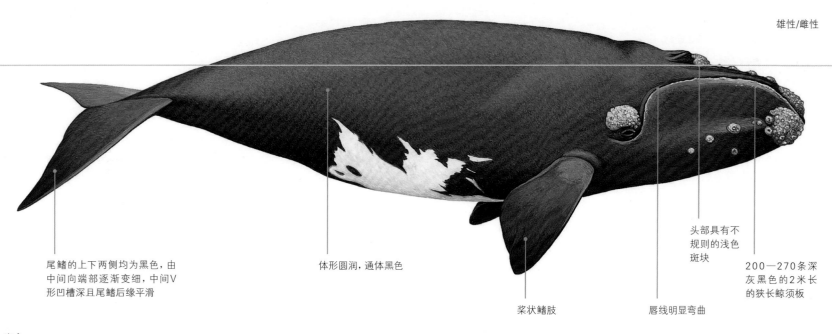

雄性/雌性

尾鳍的上下两侧均为黑色，由中间向端部逐渐变细，中间V形凹槽深且尾鳍后缘平滑

体形圆润，通体黑色

头部具有不规则的浅色斑块

桨状鳍肢

唇线明显弯曲

200—270条深灰黑色的2米长的狭长鲸须板

滤食
进食中的露脊鲸张开嘴前进，水流从两排鲸须流入开放区，然后从侧面流出，利用鲸须将浮游动物过滤留下。

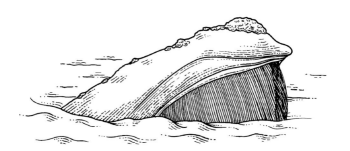

体形大小
新生幼体：4—4.5米
成体：11—18.3米

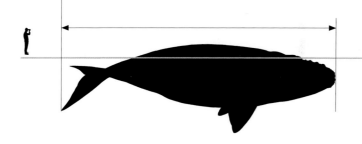

喷气
露脊鲸的气柱约有2—3米高，浓密且从前方或后方观测时呈明显的V字形。

潜水次序
1.从侧面观测，气柱浓密，呈椭圆形。

2.鲸向前游动时，头部浸没在海面之下，只露出宽阔光滑的背部。

3.一个典型的海表行为包括连续的4—6个气柱，间隔约10—30秒。

4.在最后一次气柱之后，露脊鲸会高高地举起头部露出水面，猛吸一口气。

5.头部下沉并以一个十分陡峭的角度下潜，身体弯曲并有更多的背部露出水面。尾鳍会随着鲸类上下翻滚而浮现，最后尾鳍大体与水面垂直，而后下滑。

北极鲸

科名：露脊鲸科

拉丁名：*Balaena mysticetus*

别名：格陵兰露脊鲸，大北极露脊鲸

分类：暂无已认知亚种（与露脊鲸的亲缘关系最近）

近似物种：外表上类似于露脊鲸

初生幼体体重：900—1000千克

成体体重：30 000—100 000千克

食性：浮游动物，包括桡足类、磷虾、糠虾和端足目动物

群体大小：一个至数个，在进食或聚集时可达30头以上

主要威胁：全球变暖，船只相撞，渔网缠绕

IUCN濒危等级：无危（鄂霍次克海种群濒危，斯瓦尔巴群岛/巴伦支海种群极危）

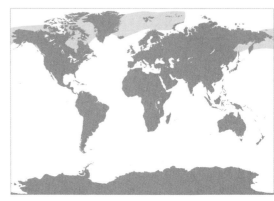

分布范围和栖息地 唯一一个生活在北极水域且全球分布的大型鲸种，具有5个不同的种群，分别是鄂霍次克海、白令海/楚科奇海/波弗特海、哈德森湾/福克斯湾/戴维斯海峡/巴芬湾以及斯瓦尔巴群岛/巴伦支海种群。

物种识别特征：
- 身体光滑呈黑色，下巴处有大片白色区域——部分鲸在尾柄处局部褪色
- 体形短粗
- 无背鳍
- 头部非常巨大，头顶有明显凸起，嘴部呈弓形
- 桨状鳍肢

解剖学特征

北极鲸与露脊鲸相似，但更健壮、更重，而且没有头部的茧皮。北极鲸的鲸脂层是所有鲸类里最厚的，可达50厘米。就身体比例而言，其头部较大，为体长的40%，而且拥有更长的鲸须板。

行为

北极鲸游速缓慢，一般在表面进食，但它们可以长时间地下潜，为了适应在冰下的活动，下潜时间可能超过1个小时。北极鲸能冲破60厘米厚的冰面。北极鲸隶属于露脊鲸科，因此其海表活动如跃身击浪、用尾叶或鳍肢拍打水面的行为十分常见。

食物和觅食

北极鲸具有迁徙性，夏季和冬季的活动区均为寒冷的高纬度水域（随着海冰的发展和消融而迁徙）。例如，白令海、楚科奇海、波弗特海的种群于每年5月到9月在波弗特海进食，10月到11月迁徙经过楚科奇海，11月到次年3月在白令海北部过冬，然后次年3月到6月经过楚科奇海回到进食地。同露脊鲸一样，北极鲸通过滤食的方式进食小型浮游动物。

生活史

北极鲸的生活史可能与其栖息地的生产力较低相关。它们成长相对缓慢而且相较其他露脊鲸也成熟得更晚——12岁到18岁甚至有可能到25岁才成熟。它们的妊娠期也略长，需要13—14个月。产崽的间隔期为三到四年。北极鲸可能是目前已知的最长寿的哺乳动物。几头被因纽特捕鲸人捕捉到的北极鲸已超过100岁，其中一头据估计有211岁。

保育和管理

捕鲸业的发展极大地减少了北极鲸的数量，特别是在18世纪到19世纪。其中两个北极鲸种群目前均被列为濒危物种。在阿拉斯加、俄罗斯和加拿大，因纽特人是被允许捕鲸的，而且其狩猎并没有影响北极鲸数量的增长。遥远的栖息地使北极鲸得以与大部分的人类活动影响隔绝。气候变化和海冰的消融却是一个值得担心的问题，因为这会改变生态系统并且使得高纬度地区的船舶运输业、渔业以及工业活动有所增加。

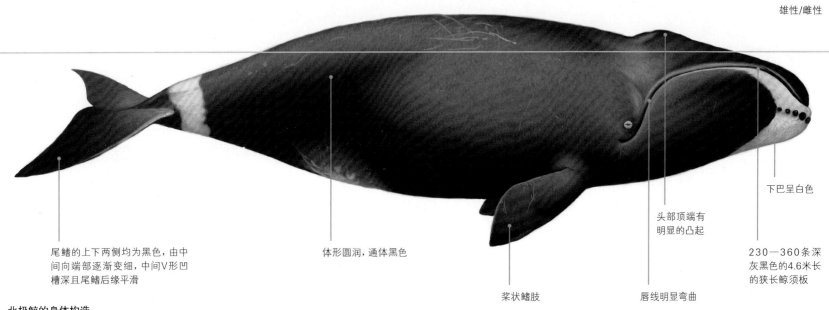

雄性/雌性

尾鳍的上下两侧均为黑色，由中间向端部逐渐变细，中间V形凹槽深且尾鳍后缘平滑

体形圆润，通体黑色

桨状鳍肢

头部顶端有明显的凸起

唇线明显弯曲

下巴呈白色

230—360条深灰黑色的4.6米长的狭长鲸须板

北极鲸的身体构造

北极鲸的身体构造特征是为了适应在寒冷的低生产力栖息地的生存——厚厚的鲸脂具有绝热保温的作用，而且可以使其在长时间没有进食的情况下生存，巨大的嘴使其可以在较少食物的区域进食，而巨大的鲸尾则是为了克服张大嘴滤食时所产生的拖曳力。

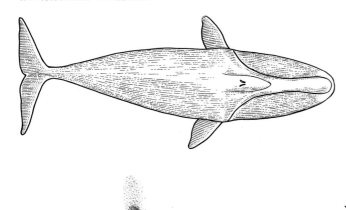

体形大小

新生幼体：4—4.5米
成体：12—18米

潜水次序

1.气柱浓密，从侧面看呈椭圆形，从前面或后面观测则为V字形。

2.背侧宽阔，无背鳍，容易辨识。

3.在最后一次喷气之后，会将尾鳍高高垂直举起，露出水面。

4.在一次下潜结束时将尾鳍高高地举出水面或用尾鳍击水（鲸尾击浪）。

5.一个跃身击浪过程通常包括在空中翻转和背部落水。

小露脊鲸

科名：小露脊鲸科

拉丁名：*Caperea marginata*

别名：无

分类：亲缘关系最近的物种为露脊鲸（基于解剖学证据）或须鲸（基于DNA证据）

近似物种：由于其较小的体形，小露脊鲸有时会与小须鲸弄混

初生幼体体重：未知

成体体重：雌性约3200千克，雄性约2900千克

食性：桡足甲壳类动物，偶尔进食磷虾

群体大小：通常1—2头，但曾观测到100头的群体

主要威胁：该物种相关信息较少，有可能人类活动对其没有直接威胁

IUCN濒危等级：无危（2018年评估）

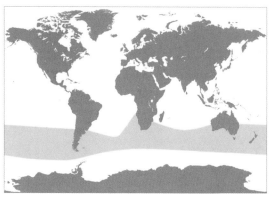

分布范围和栖息地 该物种环极地分布于南半球温带水域。

物种识别特征：	● 背侧为深灰色，腹侧为浅灰色
	● 最小的须鲸
	● 弓形嘴
	● 背鳍小，位于背部偏后的位置
	● 喉部有两个褶沟

解剖学特征

小露脊鲸与露脊鲸有着共同的特点，最为明显的就是嘴部都呈弓形，但弓起的程度没有露脊鲸和北极鲸大。小露脊鲸有一个位置偏后的小背鳍和两条类似于灰鲸的喉部褶沟。近期化石证据显示小露脊鲸是曾一度被认为已经灭绝的一群须鲸中仅存的物种。这种鲸上颌有210—230个白色略发黄的鲸须板，可达69厘米长。小露脊鲸有17条平整的肋骨，比其他的须鲸的肋骨数量多。

行为

小露脊鲸在自然环境下十分少见，目前大部分的信息是从搁浅的个体身上获取的。因此，其行为特征并不可知。它们没有如跃身击浪或浮窥的行为，而且它们也很少将尾巴露出水面。

食物和觅食

小露脊鲸体形健壮且游速较快，它们采用与露脊鲸和北极鲸相似的填塞式进食。小露脊鲸以桡足甲壳类为食，部分搁浅的小露脊鲸胃里也曾发现残留一些磷虾。

生活史

由于该种难以捉摸的特性，人们对其繁殖行为和生活史几乎一无所知。很有可能它们每胎只产一崽。

保育和管理

虽然有少数的小露脊鲸被误捕过，但它们并没有被大量地猎杀过。虽然目前还没有针对该物种的具体保护措施，但小露脊鲸受鲸类国际保护措施保护。

雄性/雌性

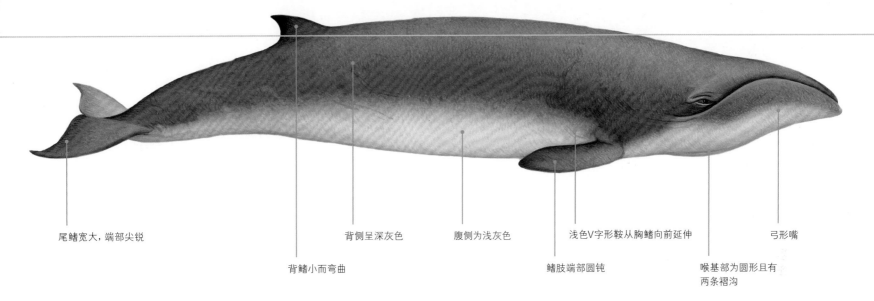

尾鳍宽大，端部尖锐

背鳍小而弯曲

背侧呈深灰色

腹侧为浅灰色

浅色V字形鞍从胸鳍向前延伸

鳍肢端部圆钝

喉基部为圆形且有两条褶沟

弓形嘴

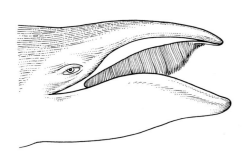

鲸须板

小露脊鲸的嘴部是向上拱起的，但拱起的程度并没有露脊鲸和北极鲸大。它们上颌每侧有210—230个白色略发黄的鲸须板，可达69厘米长。

体形大小

新生幼体：1.5—2.2米

成体：最大体长，雌性为6.3米，雄性为6.1米

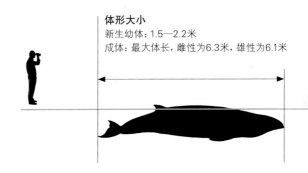

潜水次序

下潜时间较短，每次只会持续几分钟且只会在海表短暂地停留。

1.头部和呼吸孔先较背鳍露出水面，有时头部和背鳍会同时露出水面。

2.气柱低矮且不明显。

3.在头部浸入水面之后，背部才露出水面。

4.然后露出镰状的背鳍。

5.当下潜时，尾柄被连带甩出水面。

6.尾鳍通常在下潜过程中不会露出水面。且由于下潜时间较短，因此推断其下潜深度可能较浅。

须鲸类

须鲸与灰鲸

须鲸科是须鲸里物种最多的科，包含从体长10米的小须鲸到体长超过33米的史上最大的哺乳动物蓝鲸。灰鲸科虽然不同于须鲸科，但二者十分相关，而且有许多相似的特征。大部分鲸种均体形巨大且狭长，且均为雌性略大于雄性。须鲸分布在全球，且普遍在远洋。大部分的须鲸会在暖水的繁殖地和冷水的夏季繁殖地之间进行长距离迁徙。

- 须鲸隶属于须鲸科，是须鲸亚目下的4科之一。而须鲸科下又包含2属：包含8个物种的须鲸属和只包含大翅鲸1个物种的大翅鲸属。更多的物种是通过基因分析进行分辨。
- 须鲸的名字来源于挪威语røyrkval，意思是"皱纹鲸"，源于其喉部大量的褶沟。
- 这个科中包含布氏鲸（唯一一种全年活动在热带至亚热带水域的鲸）、新发现的大村鲸、拥有已知动物界中最长最复杂的鸣声的大翅鲸。
- 拥有比其他鲸类都多且发育好的喉部褶沟，从下颌下部一直延伸到鳍肢后侧甚至一直到肚脐。喉部的褶沟又称为喉腹褶，可以使须鲸在进食时极大地扩张嘴部的容量。
- 须鲸为吞食者，捕食时运用巨大的能量，张着嘴向被捕食者所在水域扑去，然后利用鲸须将被捕食者缠住，从而将食物从一大口的海水中滤出。鲸须板长度较短或适中，一般为10—100厘米，密度和鲸须直径会因物种的不同而有所差异，据推断可能与不同鲸种捕食的对象有关。须鲸下颚之间的连接处有一个独特的感觉器官，它由一束机械感受器组成，帮助大脑协调吞食。

- 须鲸中较大的鲸种头部均较大，几乎可以占体长的1/4，在所有的鲸类中，它们的体形是最多样化的。
- 须鲸发出的声音是地球上已知动物中最响亮的，持续时间最长的，它们的叫声在10赫兹到40千赫之间（人类的声音频率在18赫兹到15千赫之间），可以传播数百英里。
- 须鲸主要活动在远洋且在全球大洋均有分布，不同区域的种群有所不同。大部分都极具迁徙性，从11月到次年3月在热带水域进食，然后迁徙至极地水域。
- 灰鲸是须鲸里唯一一个分类在灰鲸科的鲸种。它们的鲸须是所有须鲸中最短、最浓密的，以适应它们独特的从海底沉积物中过滤无脊椎动物的进食方法。

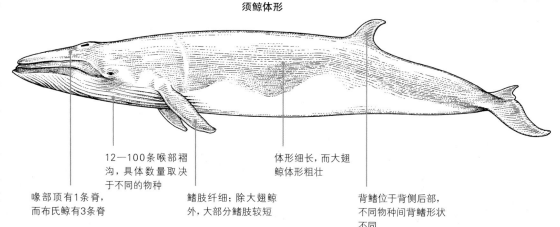

须鲸体形

12—100条喉部褶沟，具体数量取决于不同的物种

喙部顶有1条脊，而布氏鲸有3条脊

鳍肢纤细；除大翅鲸外，大部分鳍肢较短

体形细长，而大翅鲸体形粗壮

背鳍位于背侧后部，不同物种间背鳍形状不同

布氏鲸（下页图）
该物种在墨西哥下加利福尼亚半岛离岸水域进食含有沙丁鱼的水体后会极大地扩展喉部褶沟。须鲸的吞食被视为是地球上最大的生物力学事件。

头骨（侧面图）

200—480条中短长度的鲸须板，具体形态取决于不同物种

喙部宽扁

须鲸进食

下潜至100米之后，须鲸快速游动以吞入大量的被捕食者栖息的水体。由于大口吞入水体所产生的拖曳力会迫使其将嘴张到最大，其喉部凹槽扩张，其容量是正常状态下的四倍。合上嘴之后，须鲸用巨大的舌头迫使吞入的水体通过筛子一样的鲸须，用鲸须缠住食物。在数小时的进食过程之后，一头鲸可以摄入超过一吨的鱼或无脊椎动物。

灰鲸

科名：灰鲸科

拉丁名：*Eschrichtius robustus*

别名：灰背鲸，恶魔鱼

分类：灰鲸是灰鲸科中唯一的物种（与须鲸科鲸种的亲缘关系最近）

近似物种：体色为明显斑驳的灰色，尾部的"关节"使其在近距离观测时可以很容易被辨识

初生幼体体重：680—920千克

成体体重：16 000—45 000千克

食性：甲壳纲动物，如端足目动物、桡足类、糠虾、磷虾、红蟹幼体以及小鱼

群体大小：1—3头，进食时可达12头

主要威胁：海洋废弃物，海洋污染，噪声污染，被缠住，全球变暖，船舶的碰撞

IUCN濒危等级：西部种群极危，东部种群无危

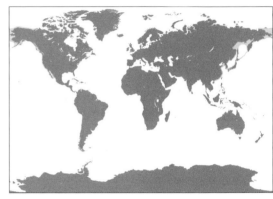

分布范围和栖息地 该物种主要出现在北太平洋沿岸浅水水域。目前有两个已知种群——东部种群栖息在北美沿岸，而西部种群则主要活动在亚洲东岸。

物种识别特征：
- 身体呈斑驳的灰色
- 背鳍隆起
- 自背鳍隆起有一连串的鼓包
- 身体上附着藤壶和鲸虱
- 气柱低矮呈心形

解剖学特征学特征

灰鲸体形大且强健。从上空俯视时，其头部狭窄，呈三角形。头骨相对较小，约占体长的20%。嘴部轻微拱起，而且每侧有130—180条粗糙的奶白浅黄色的鲸须板。灰鲸有2—7条短且深的喉部褶沟。须触从嘴部和下巴的淋巴结处显露出来。灰鲸没有背鳍，而是有一个大小和形状各异的突起，然后沿着尾部的背脊面长有一系列肉质疙瘩，或称为"关节"。它们的鳍肢相对较短，呈桨状。成体的尾鳍宽大，可达3—3.6米宽。

行为

灰鲸不会长期结群。它们经常独自行动或者以短期的群体形式活动。迁徙中的灰鲸会一直按一个方向迁徙，有固定的呼吸和下潜模式。该鲸种经常会跃身击浪，而且也会规律地探出水面观察（浮窥）。灰鲸以喜欢靠近船只和友好的天性而闻名。

食物和觅食

它们的主要猎食对象包括多种栖息于海床的端足目，它们会将端足目从浅海或沿岸水域的沉积物中滤出。进食中的鲸常会在海底的泥中留下长长的尾迹。灰鲸主要以栖息在中水带的生物为食，其食物量可能比预期的还要大。这些鲸每年会从墨西哥沿岸温暖的冬季产崽的越冬水域迁徙到冰冷的北极水域即夏季进食地，期间横跨约2万千米。灰鲸为"远程探险家"，为了找寻合适的栖息地和资源可以进行长距离的迁徙。2010年的实例显示，一头灰鲸从北太平洋跨过北极并最终迁徙到地中海；此外，2013年，另有一头灰鲸一直游弋到非洲纳米比亚沿岸附近。

雄性/雌性

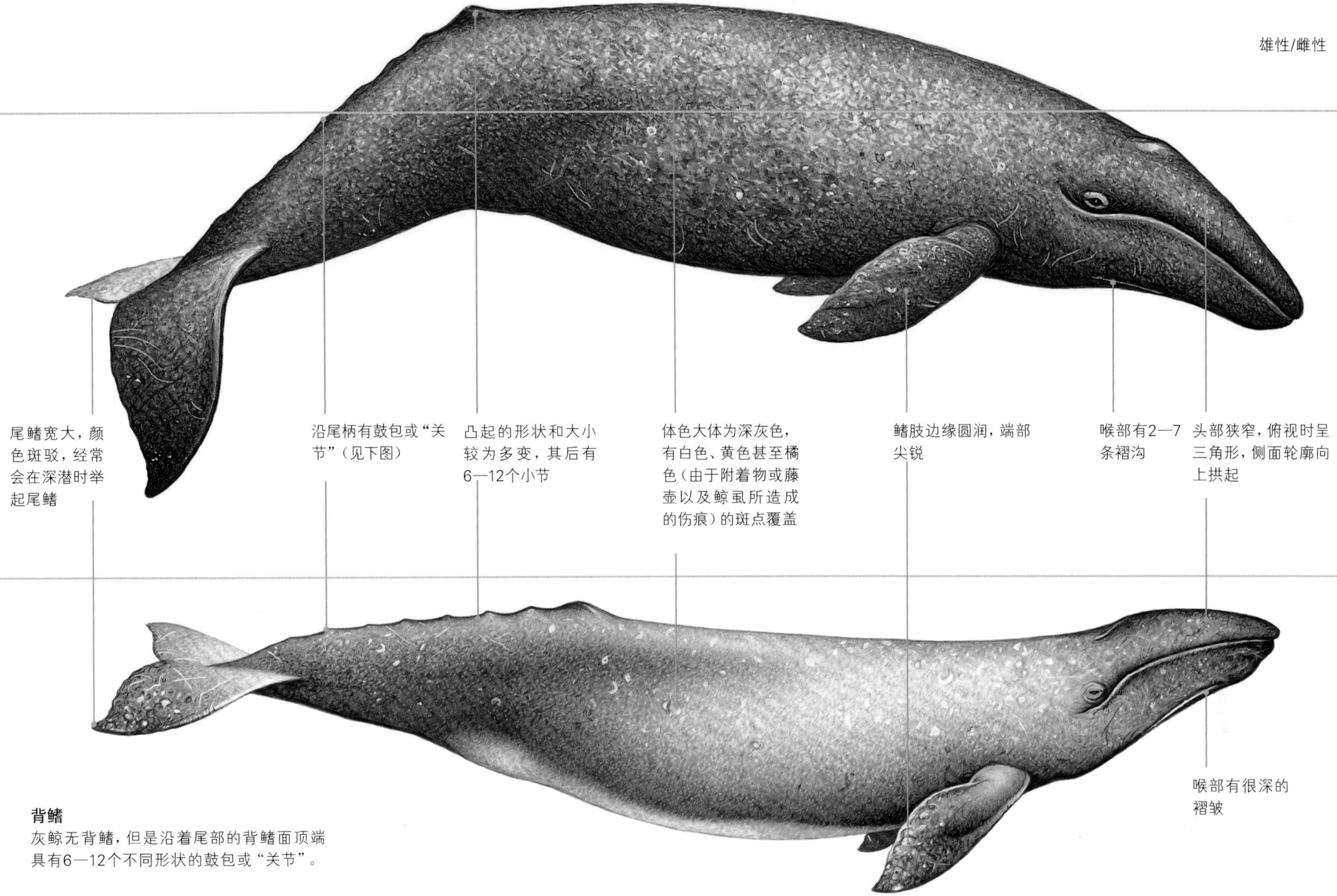

尾鳍宽大，颜色斑驳，经常会在深潜时举起尾鳍

沿尾柄有鼓包或"关节"（见下图）

凸起的形状和大小较为多变，其后有6—12个小节

体色大体为深灰色，有白色、黄色甚至橘色（由于附着物或藤壶以及鲸虱所造成的伤痕）的斑点覆盖

鳍肢边缘圆润，端部尖锐

喉部有2—7条褶沟

头部狭窄，俯视时呈三角形，侧面轮廓向上拱起

喉部有很深的褶皱

背鳍
灰鲸无背鳍，但是沿着尾部的背鳍面顶端具有6—12个不同形状的鼓包或"关节"。

大小
新生幼体：3—5米
成体：11—15.25米

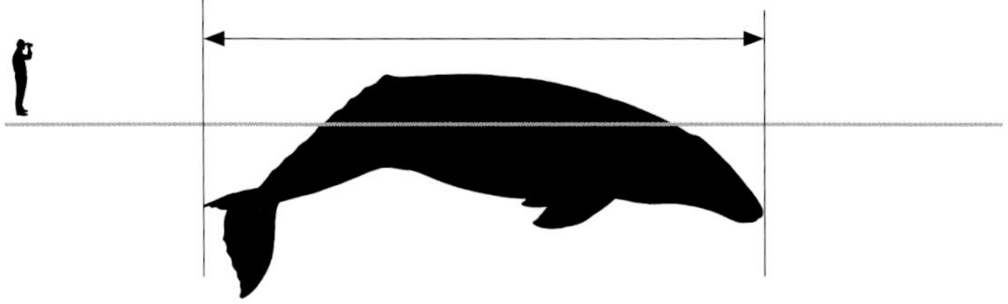

灰鲸

生活史

　　灰鲸的交配制度较为复杂。因为可以多次受精，这就意味着存在精子竞争，即来自两头甚至更多雄性个体的精子会为了使雌性唯一的卵细胞受精而竞争。灰鲸的繁殖具有极强的季节性。雌性的繁殖周期一般为2年，大部分雌鲸每间隔1年产崽。理论上繁殖行为发生在11月下旬至12月，即当它们从进食地向南迁徙时，但部分雌鲸到繁殖地潟湖才会怀孕。关于其妊娠期是有争议的，一般被认为是11—13个月。生产期从12月末一直持续到次年3月初。雌性每次产一崽，通常无雄性陪伴且独自抚育幼崽。幼崽出生后每天会摄入大约189升母乳（其中含有约53%的脂肪和6%的蛋白）。它们成长十分迅速，在到达夏季进食区8个月之后断奶时，它们可以长到8.7米。灰鲸寿命为60年到70年。

保育和管理

　　现存两个种群的现状差别十分大。自1937年保护实施开始，东部种群的数量恢复可以被称为模范，据估计目前约有2.2万头。少部分俄罗斯楚科奇半岛土著的捕鲸者会以该种为目标。而西部的种群至今仍为世上最为濒危的鲸种之一，仅剩约130头。在下加利福尼亚半岛的潟湖区拍摄到的西部灰鲸的照片显示，东西部种群会有一定程度上的混合，并进行交配。

母鲸和幼鲸（上图）
母鲸对于幼崽保护性极强，且在向北迁徙的过程中彼此联系紧密。幼崽在出生8个月后断奶。

鲸尾扬升（下页图）
灰鲸的尾鳍横向可超过3米，端部尖锐且中间有明显的V形凹槽。当鲸类准备进行一次长时间的深潜之前，通常将尾鳍扬至空中。

浮窥（左图）
浮窥是一种鲸类垂直将它们的头部部分或全部露出水面的过程，这个过程可以持续几分钟。

喷气
灰鲸的气柱呈心形，
可达3—4米高。

潜水序列
1.灰鲸将背部拱起，露出
其背部凸起以及沿着尾
部的背鳍面顶部生长的
鼓包。

2.在深水区，尾鳍
可能会露出水面。

鲸尾扬升
鲸尾呈扇形，中间有
一个较深的V形凹
槽，表面通常具有
藤壶造成的伤痕或
虎鲸造成的咬痕。

浮窥
浮窥是灰鲸的标
志性动作。

跃身击浪
灰鲸经常有跃身击
浪的行为，特别是
在迁徙的过程中以
及在繁育地（下加
利福尼亚半岛）或
附近海域。

小须鲸

科名：须鲸科

拉丁名：*Balaenoptera acutorostrata*

别名：小鳁鲸，尖喙须鲸，尖嘴鲸，侏儒鲸

分类：包含三个亚种，北大西洋种、北太平洋种、南半球的侏儒种（未命名），与南极小须鲸亲缘关系最为相近

近似物种：与布氏鲸相似但体形更小，鳍肢有明显的白色条带

初生幼体体重：150—300千克

成体体重：5000—10 000千克

食性：小鱼、乌贼、磷虾

群体大小：1—3头，在食物丰富区可聚集几百头

栖息地：沿岸及大陆架水域、海岛周围以及存在上升流的近岸浅滩

主要威胁：海洋污染，噪声污染，渔业活动，气候变化

IUCN濒危等级：无危（对部分种群所知甚少）

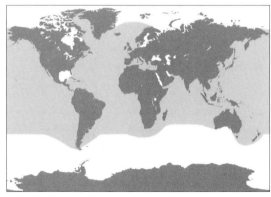

分布范围和栖息地 该物种栖息在全世界各个大洋洋盆以及封闭性的海湾中。主要活动在沿岸水域、陆架海、海岛周围以及海山等有持续上升流的海域。

物种识别特征：
- 身体呈深灰色，腹部呈亮白色
- 体形小，呈流线型
- 镰状背鳍
- 鳍肢短且有白色条带
- 狭窄、尖形的头部
- 背部颜色较浅
- 背鳍位置：中部，或背部2/3的位置

解剖学特征

小须鲸是体形最小的须鲸，仅为长须鲸体长的1/3。可以通过娇小、光滑的体形，从下巴一直延伸至腹部的白色反荫蔽、尖尖的头部，以及两个鳍肢上的白色条带而轻易地分辨小须鲸。

行为

基于其分布的全球性，研究者已经记录了小须鲸大量的行为特征。娇小的体形使得它们可以完全跃出水面。较为常见的行为包括跃身击浪以及在追捕猎物时突然增速。它们游速可达近每小时35千米，甚至可以超过虎鲸。部分地区的小须鲸会因好奇而追随船只。

食物和觅食

世界各地的小须鲸以各类鱼群（鳕鱼、鲱鱼、幼体鲑鱼、沙丁鱼以及鲲鱼）以及无脊椎动物（磷虾、桡足类、乌贼以及翼足类动物）为食。因所猎食动物的不同，它们会采用一系列不同的捕食技巧例如扑食、吞食和滤食等。

生活史

小须鲸习惯独居，偶尔也会三两成群，如母鲸-幼鲸和伴随的雄性。雄性在交配时发出的声音非常有特色，包括"嘣"的声音以及鸭子般的"嘎嘎"叫的声音。小须鲸的妊娠期大约为11个月，产崽的间期会因地区不同而有所差异。其迁徙规律在全球范围均有所不同，且暂不被熟知。在东北太平洋和加那利群岛的温带水域，一些个体会长年定居。其他种群则按固定的迁徙路线，春夏在亚极地地区进食，而冬季在热带繁育。雌性的小须鲸一般会在6岁时达到性成熟，寿命可达30—50岁。

保育和管理

这种最小的须鲸从11世纪就开始被捕杀，且捕杀行为一直持续到商业捕鲸被国际捕鲸委员会严令禁止后才有所收敛。小须鲸是目前几种为"科学研究"采集的鲸种之一。因为小须鲸主要栖息于沿岸水域，所以它们经常暴露于污染中或被捕鱼工具缠住。尽管如此，它们的种群数量仍是所有须鲸中最多的。

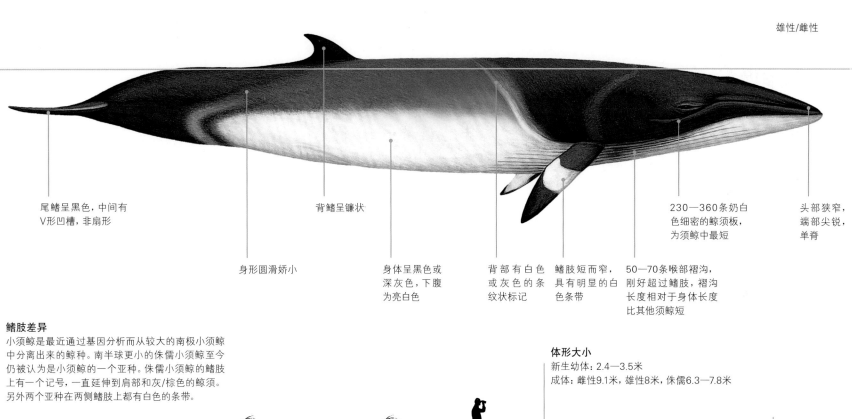

雄性/雌性

尾鳍呈黑色，中间有
V形凹槽，非扇形

背鳍呈镰状

身形圆滑娇小

身体呈黑色或
深灰色，下腹
为亮白色

背部有白色
或灰色的条
纹状标记

鳍肢短而窄，
具有明显的白
色条带

230—360条奶白
色细密的鲸须板，
为须鲸中最短

50—70条喉部褶沟，
刚好超过鳍肢，褶沟
长度相对于身体长度
比其他须鲸短

头部狭窄，
端部尖锐，
单脊

鳍肢差异
小须鲸是最近通过基因分析而从较大的南极小须鲸
中分离出来的鲸种。南半球更小的侏儒小须鲸至今
仍被认为是小须鲸的一个亚种。侏儒小须鲸的鳍肢
上有一个记号，一直延伸到肩部和灰/棕色的鲸须。
另外两个亚种在两侧鳍肢上都有白色的条带。

体形大小
新生幼体：2.4—3.5米
成体：雌性9.1米，雄性8米，侏儒6.3—7.8米

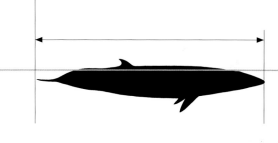

南极小须鲸鳍肢
大部分为灰色

侏儒小须鲸鳍肢
鳍肢/肩部区域有白色斑块

小须鲸鳍肢
明显的白色条带

喷气
气柱明亮，通常不
可见；可高达2米
并很快消散。

潜水序列
1.在背部露出水面之
前，头部以小角倾斜露
出水面。

2.头部浸入水下后，背
鳍露出水面。

3.身体翻滚、弓
起，突显其明显的
背鳍。

4.在鲸开始下潜
并拱起尾柄时，
背鳍仍可见。

5.尾柄会在下潜最后
露出水面。小须鲸在
下潜过程中几乎从不
将尾鳍露出水面。

跃身击浪
小须鲸可以将整个身体跃
出水面，部分鲸会在口中满
载食物时跃身击浪。

南极小须鲸

科名：须鲸科

拉丁名：*Balaenoptera bonaerensis*

别名：南小须鲸

分类：与小须鲸亲缘关系极为相近

近似物种：小须鲸未被命名的亚种，别名为侏儒小须鲸，侏儒小须鲸与南极小须鲸可以基于鳍肢—肩部斑块的差异进行区分

初生幼体体重：200—250千克

成体体重：8500—11 000千克

食性：磷虾，偶尔也会捕食桡足类和小鱼

群体大小：2—5头，在进食时可达上百头

主要威胁：海洋污染，气候变化，捕鲸业的发展

IUCN濒危等级：近危（2018年评估）

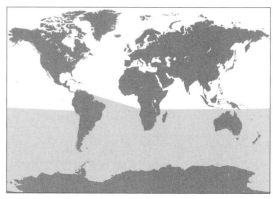

分布范围和栖息地　该物种分布在从赤道到南极的海洋性栖息地，部分出没于北大西洋海域。其夏季的分布范围是在南纬55°到冰缘线之间，冬季的分布范围则为南纬5°到南纬35°之间。

物种识别特征：	● 背部呈黑色或深灰色，腹部呈白色
	● 三角形头部，有一条脊
	● 背鳍高大，呈镰状，位置在背部偏尾侧方向1/3处
	● 鳍肢短小，呈深灰色
	● 体形细长，呈流线型

解剖学特征

　　南极小须鲸是体形最小的须鲸之一，体长一般都在10米之内。雌性会略长于雄性。深灰色或黑色的背部与几乎全白的腹部之间的侧腹有明显沿体长的浅灰色波动分界。通常会有一个浅灰色的V字形图案从鳍肢向头部和背部延伸。

行为

　　该鲸种游速很快，可达每小时32千米，偶尔会跃出水面。它们喷出的气柱狭长且垂直高耸（1.8—3米），在较冷的环境下更易被观测到。它们发声的行为人们鲜有了解，但是一个神秘的类似鸭子发出的声音曾被布放在南大洋的声呐记录到，最近被认为是由该鲸种发出。

食物和觅食

　　它们会在夏季的进食地和热带的繁育地之间进行长距离的迁徙。它们主要的食物是南极磷虾，但偶尔也会进食其他的浮游动物以及小鱼。它们是吞食者，将大量的水体含在嘴里，通过鲸须进行滤食。

生活史

　　交配行为一般发生在冬季，幼崽会在10个月的妊娠期后出生，出生4—5个月后断奶。南极小须鲸一般会在7—8岁的时候达到性成熟，并且理论上之后每年都会产崽。它们的寿命为50—60岁，虎鲸是它们最主要的天敌。

保育和管理

　　自20世纪70年代大型须鲸资源几乎被猎捕殆尽之后，南极小须鲸成了捕鲸产业的主要猎杀对象。自20世纪80年代捕鲸活动被禁止之后，该鲸种一直在保护范围内，但仍有数千头在南大洋被日本以科学研究名义猎杀。国际捕鲸委员会近期的审核结果显示，该鲸种数量显下降趋势，从80年代末的72万头到90年代中的51.5万头，但具体下降原因不明。

雄性/雌性

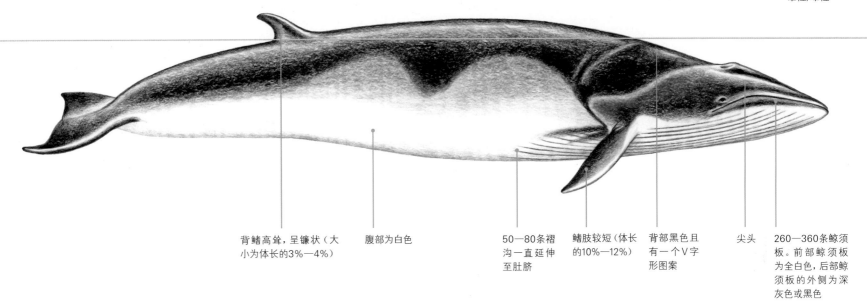

背鳍高耸，呈镰状（大小为体长的3%—4%）

腹部为白色

50—80条褶沟一直延伸至肚脐

鳍肢较短（体长的10%—12%）

背部黑色且有一个V字形图案

尖头

260—360条鲸须板。前部鲸须板为全白色，后部鲸须板的外侧为深灰色或黑色

背部的V字形图案
南极小须鲸在背侧表面多具有明显的浅灰色V字形图案。

体形大小
新生幼体：2.4—3米
成体：8.5—10米

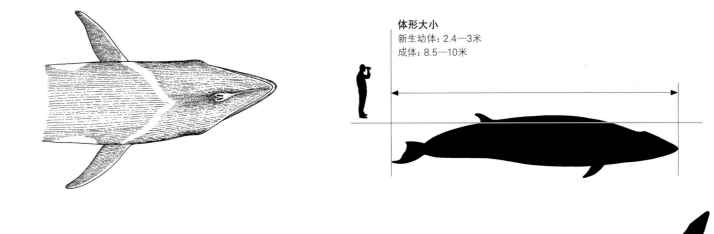

潜水序列
1.在出水时，小须鲸的头部会首先露出水面，然后喷出细长笔直的气柱，约2—3米。

2.当头部浸到水下之后，其深色的背部露出水面。

3.之后，在呼吸孔可见时高耸的呈镰状的背鳍也会露出水面。

4.在出水过程的最后，其背部弓起预示着下潜的开端。

5.最后，背鳍入水，肉茎偶尔会露出水面，但与其他须鲸种不同，其尾鳍几乎从不露出水面。

浮窥
南极小须鲸将其身体垂直于水面并露出头部。

跃身击浪
南极小须鲸会定期进行跃身击浪，有时会将整个身体都跃出水面。

鳁鲸

科名：鳁鲸科

拉丁名： *Balaenoptera borealis*

别名：鳁鲸是鳕鲸挪威名的一种称谓，也叫作黑鳕鲸、沙丁鲸、北方鲸、小鳍鲸等

分类：包含两个亚种，北鳁鲸、南鳁鲸（与布氏鲸和长须鲸的亲缘关系最近）

近似物种：容易与长须鲸和布氏鲸混淆，但可通过头部形态的差异进行区分

初生幼体体重：约600千克

成体体重：14 000—27 000千克

食性：桡足类、其他无脊椎动物、小鱼等

群体大小：1—5头，在食物资源丰富的区域偶尔可达50头以上

栖息地：大洋或沿海海域

主要威胁：海洋污染，气候变化

IUCN濒危等级：濒危

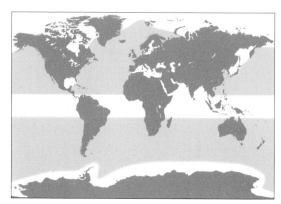

分布范围和栖息地 该物种除北印度洋以外，在全球主要大洋均有分布。夏季，主要分布在极地海域和温带海域附近；冬季，主要分布在亚热带海域。该物种多出没于远洋深海、海底峡谷和大陆斜坡海域，较少在封闭的大洋盆地海域出没。

物种识别特征：
- 身体背部呈深灰色或黑色，两侧和腹部呈白色
- 体形大而修长，皮肤光滑
- 背鳍高大直立，呈镰状
- 胸鳍短而尖
- 喙尖，向下弯曲形成弓形轮廓
- 头部有单一狭窄的脊状凸起
- 身体侧面有凹陷的麻点
- 背鳍位置：后背中部

解剖学特征

鳁鲸体形大而圆滑，被誉为"最优美的鲸鱼"。背鳍的形状和位置是识别它们的最好特征：背鳍高、直立、呈镰状（虽然镰状的弯曲程度在不同个体中会稍有变化）。其高大的背鳍有时会与布氏鲸的背鳍相混淆，但是鳁鲸在其狭窄且呈V形的头部顶部仅有1个脊状凸起，而布氏鲸的头部要宽，而且在其顶部有3个脊状凸起。鳁鲸的鲸须特别细小，可以用来识别该物种。雌性个体要大于雄性个体，分布在南半球的动物个体要大于分布在北半球的动物个体。

行为

鳁鲸光滑的体形使得它们能够快速地游动，游速可达每小时25—26千米，是游速最快的鲸类之一。它们不善于跳跃，很少将鳍肢或头部露出水面。鳁鲸有避船行为，这可能是人们很少看到它们的原因。"鳁鲸年"指的是它们在觅食场的无规律出现。

食物和觅食

鳁鲸细小的鲸须使得它们能够觅食最小的无脊椎动物、桡足类以及"海中的跳蚤"。它们还觅食磷虾和成群的鱼类，如鲱鱼、凤尾鱼、鳕鱼和秋刀鱼，但桡足类是其主要猎物。觅食鱼类时，它们会直接突进。觅食游泳能力弱的桡足类时，它们总是侧游并掠出水面进行滤食。

生活史

鳁鲸通常单独、成对或一家三口（母鲸、幼体和成年雄性）活动。在食物资源非常丰富的海域，有时也能看到有50头个体以上的大群体，但是这种情况非常少见。在冬季交配季节，雄性个体通常与带着幼体的雌性个体成对出现。1年以后，初生幼体在亚热带海域出生。与大多数须鲸一样，鳁鲸几年才会产一次崽。幼体的性成熟年龄在5—15岁，寿命可达65岁以上。

保育和管理

鳁鲸曾被捕鲸者大量捕杀，全球种群下降了80%，其群体数量还未得到恢复。曾经也有鳁鲸被船只撞死或被螺旋桨打死的情况发生，但是由于鳁鲸大部分时间在远洋出没，总体来讲受人类干扰较少。

雄性/雌性

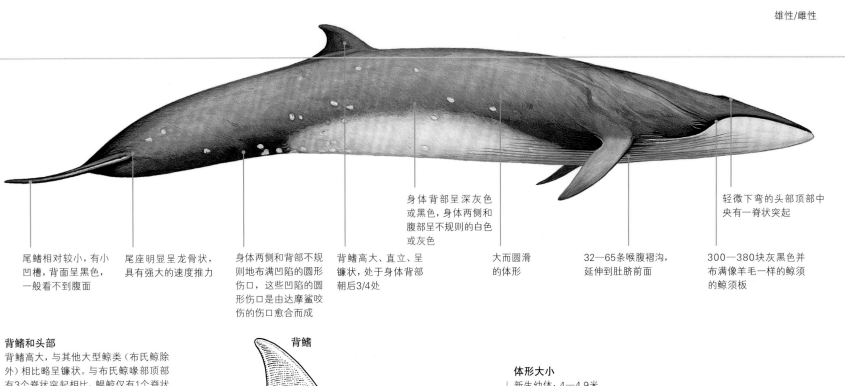

尾鳍相对较小，有小
凹槽，背面呈黑色，
一般看不到腹面

尾座明显呈龙骨状，
具有强大的速度推力

身体两侧和背部不规
则地布满凹陷的圆形
伤口，这些凹陷的圆
形伤口是由达摩鲨咬
伤的伤口愈合而成

背鳍高大、直立、呈
镰状，处于身体背部
朝后3/4处

身体背部呈深灰色
或黑色，身体两侧和
腹部呈不规则的白色
或灰色

大而圆滑
的体形

32—65条喉腹褶沟，
延伸到肚脐前面

轻微下弯的头部顶部中
央有一脊状突起

300—380块灰黑色并
布满像羊毛一样的鲸须
的鲸须板

背鳍和头部
背鳍高大，与其他大型鲸类（布氏鲸除
外）相比略呈镰状。与布氏鲸喙部顶部
有3个脊状突起相比，鳁鲸仅有1个脊状
突起。

背鳍

喙

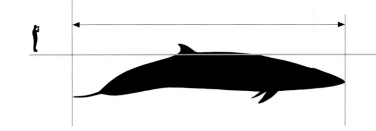

体形大小
新生幼体：4—4.9米
成体：雌性14.5—19.5米，雄性13.7—18.6米

呼吸气柱
气柱高度2—3米，
气柱高、宽而且分
散。与长须鲸气柱
类似，但是持续时
间要短一些。

潜水序列
1.当鳁鲸在水面
开始下潜时，其
背部的大部分都
露出水面。

2.头部和呼吸孔
与高大、镰状的
背鳍一样，同时
露出水面。

3.下潜前，身体滑
下或沉下水面而不
是呈弓形弯曲，背
鳍最后没入水中。

4.与其他须鲸不
一样，由于鳁鲸
下潜深度相对较
浅，其下潜前不
会强力呼吸。

5.由于下潜深度通
常较浅，其尾鳍
很少露出水面。

跳跃
鳁鲸很少跳跃，当
它们跳跃时往往
腹部先落水。

布氏鲸

科名：须鲸科

拉丁名：*Balaenoptera edeni*

别名：无

分类：因目前尚未确定有多少和布氏鲸相似的鲸种存在，所以布氏鲸的学名和分类仍无法确定（其中鳀鲸和布氏鲸被认为是同一种；布氏鲸有两个亚种，常踞离岸水域的鳀鲸和布氏鲸）

近似物种：大村鲸（*Balaenoptera omurai*）

初生幼体体重：未知

成体体重：12 000—20 000千克

食性：鱼群、磷虾以及浮游生物

群体大小：1—2头

主要威胁：栖息地丧失，船只相撞

IUCN濒危等级：无危（2018年评估）

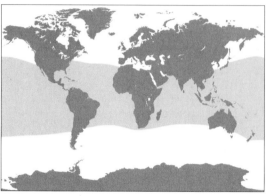

分布范围和栖息地 该物种主要分布在温带和热带近岸及离岸水域，主要在南北纬40°之间。

物种识别特征：
- 身体背部呈深灰色
- 3条喉脊
- 长喉腹部褶沟
- 小的镰状背鳍，约在背部的1/3处

解剖学特征

布氏鲸有3条明显的脊线，从喙部一直延伸至呼吸孔，喉腹部褶沟直到脐后。它们体形狭长，背部及鳍肢呈深灰色，腹部颜色较浅。由于温暖的水温和频繁的活动，它们的腹部有时会呈粉红色。相比其他须鲸，该鲸种的鲸脂较薄。虽然个体间背鳍的形状有所差异，但它们的背鳍普遍为镰状。

行为

布氏鲸通常单独或成对行动，但也会在进食时短暂集群。它们一般独自猎食而不会团体协作。因为布氏鲸全年都在繁育期，所以它们不会因繁育而大量集群。它们进食时最为活跃——扑食猎物或游弋到其他的进食地。布氏鲸会在不同地区发出相似的低频声音联系其他的须鲸。

食物和觅食

它们主要进食鱼群与浮游生物。常住的布氏鲸会因季节食物的变化而改变它们的饮食习惯。它们捕获猎物时会快速将猎物困在身侧从而进食。有时独居的布氏鲸还会利用气泡网的方式进行捕食。

生活史

布氏鲸的寿命很可能与其他须鲸相似。由于它们栖息在温水区，水温为新生幼崽提供了有利的生存条件，因此布氏鲸没有固定的产崽季节。它们的妊娠期为11个月，哺乳期为6个月，幼崽在哺乳期结束时体长可达7米——当然由于栖息地的不同具体长度也会有差异。雌鲸一般2—3年产一崽。

保育和管理

日本以科学捕鲸的名义已捕杀超过1000头布氏鲸。世界各地也均有关于渔船撞击而造成布氏鲸死亡的报道，这确实对某些鲸类种群构成了很大的威胁。被渔具缠住、噪声污染和鱼类过度捕捞是潜在威胁。对于近岸的种群，进食引起的毒素积累也是一个很大的威胁。

雄性/雌性

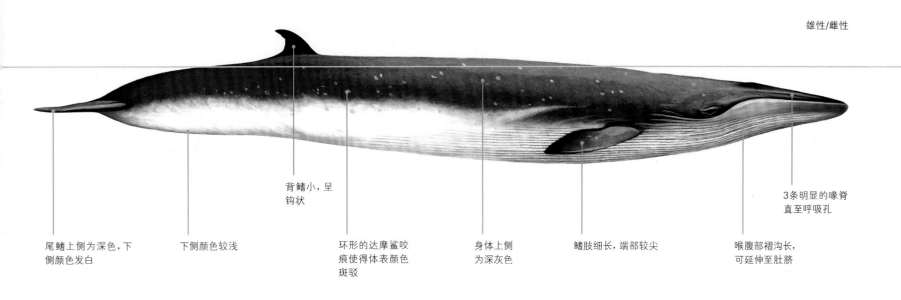

尾鳍上侧为深色，下侧颜色发白

下侧颜色较浅

背鳍小，呈钩状

环形的达摩鲨咬痕使得体表颜色斑驳

身体上侧为深灰色

鳍肢细长，端部较尖

喉腹部褶沟长，可延伸至肚脐

3条明显的喙脊直至呼吸孔

喙脊
布氏鲸在头顶有3条喙脊，这个特点在须鲸中是独一无二的。它们有时会将头露出水面，有时甚至会将大部分身体都跃出水面击水。

体形大小
新生幼体：3—5米
成体：11—15.5米

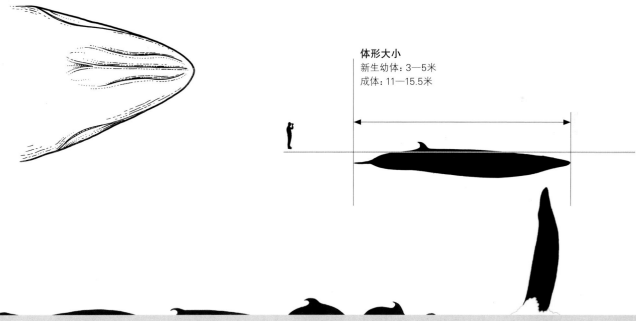

喷气
布氏鲸在海表呼吸时的气柱低矮浓密。

潜水序列
1.布氏鲸出水时，会将呼吸孔露出来。

2.之后，背部会紧跟着露出水面。

3.而后，位于背侧后部的背鳍也会露出水面。

4.最后，鲸会在潜入水下时微弓起背部。

鲸尾扬升
这种鲸类通常在下潜时不会将尾鳍露出水面。

跃身击浪
有时布氏鲸会将其身体的大部分几乎垂直地扬出水面后再直直地拍向水面。

蓝鲸

科名：须鲸科

拉丁名：*Balaenoptera musculus*

别名：蓝须鲸

分类：基于地域差异共有四个被提议的亚种，*B. m. musculus*（北半球）、*B. m. intermedia*（南极），*B. m. brevicauda*（亚极地印度洋），*B. m. indica*（北印度洋）

近似物种：它们巨大的体形以及极小的背鳍使得蓝鲸很容易被辨识，有时会与鳁鲸或长须鲸相混淆

初生幼体体重：4000—5000千克

成体体重：平均7000—136 000千克，最大177 000千克（雌性）

食性：磷虾，极少食鱼类

群体大小：1—3头，极少情况下在食物丰富区会有50—80头集群

主要威胁：船只相撞，渔业活动，海洋污染，噪声污染和气候变化

IUCN濒危等级：濒危

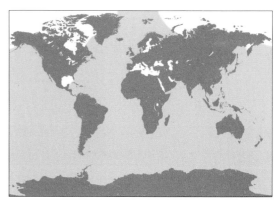

分布范围和栖息地　蓝鲸的分布范围是全球性的，活动于全球水深80—3700米的水域；主要出没于陆架海、大陆坡、海丘以及海岛附近水域。

物种识别特征：	● 身体呈蓝灰色，有深色或浅色的斑点
	● 体形巨大，圆滑
	● 背鳍小，形状有变化
	● 鳍肢短且尖
	● 尾鳍中间凹槽，尾鳍边缘呈直线
	● 头部宽大，中间有凸出脊线
	● 背鳍位置：中心偏后

解剖学特征

蓝鲸是世界上有史以来体形最大的动物，体形较大的南极亚种的成年雌性体长可达29米。其皮肤偏蓝色，在水中显蓝绿色。由于其巨大的体形以及背部很偏后位置的背鳍使得它很容易被辨认。

喉腹部的褶沟可以使蓝鲸扩大嘴部的容量，一次能容纳9000千克的磷虾与海水。下颌长，头骨连接大量的肌肉附着物以适应"动物王国中最大的生物力学行为"。俯视时，其喙部平宽，尾柄狭长深入以适应强劲的扑食以及快速的活动。

行为

虽不如大翅鲸体态优美，但蓝鲸可以在向磷虾聚集地扑食时旋转360°。它们会在下潜时抬起尾鳍但很少跃身击浪。在游弋时，正常游速达每小时20千米，最快时能达到每小时50千米。蓝鲸有独特的区域性发声法，大部分声音低于20赫兹，也拥有已知动物中最大的持续性的声音。最大的声音可达188分贝，可传播几百英里，是其种群交流至关重要的方式。

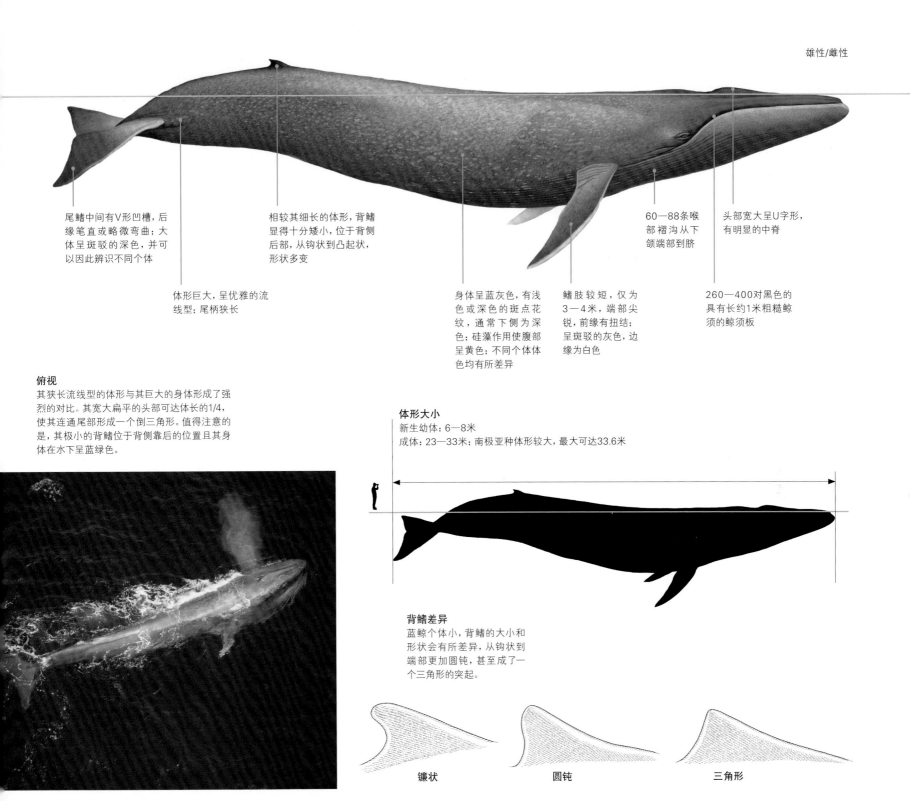

雄性/雌性

尾鳍中间有V形凹槽，后缘笔直或略微弯曲；大体呈斑驳的深色，并可以因此辨识不同个体

体形巨大，呈优雅的流线型；尾柄狭长

相较其细长的体形，背鳍显得十分矮小，位于背侧后部，从钩状到凸起状，形状多变

身体呈蓝灰色，有浅色或深色的斑点花纹，通常下侧为深色；硅藻作用使腹部呈黄色；不同个体体色均有所差异

鳍肢较短，仅为3—4米，端部尖锐，前缘有扭结；呈斑驳的灰色，边缘为白色

60—88条喉部褶沟从下颌端部到脐

头部宽大呈U字形，有明显的中脊

260—400对黑色的具有长约1米粗糙鲸须的鲸须板

俯视
其狭长流线型的体形与其巨大的身体形成了强烈的对比。其宽大扁平的头部可达体长的1/4，使其连通尾部形成一个倒三角形。值得注意的是，其极小的背鳍位于背侧靠后的位置且其身体在水下呈蓝绿色。

体形大小
新生幼体：6—8米
成体：23—33米；南极亚种体形较大，最大可达33.6米

背鳍差异
蓝鲸个体小，背鳍的大小和形状会有所差异，从钩状到端部更加圆钝，甚至成了一个三角形的突起。

镰状　　　　　圆钝　　　　　三角形

蓝鲸

食物和觅食

这种最大的哺乳动物几乎只吃磷虾——最小的无脊椎动物之一。它们大多独自行动进食,但有时也会成对进食。它们也会吃其他无脊椎动物,例如桡足类,但它们很少捕食小的鱼群。蓝鲸会季节性迁徙到高纬度地区的近陆架的上升流区、极地海冰边缘以及开阔大洋进食。它们会独自进食或组成2—3头的小群体,在食物极其丰富的地区也会短期形成50—80头的大群体。在一次下潜过程中,它们可以6次扑向磷虾群,闭气长达30分钟。蓝鲸这头巨兽每天要进食3600千克的磷虾。

生活史

交配行为发生在秋冬季,但对于交配行为所知并不多。幼崽在亚热带出生后1年,其体重可以相当于一头成年的河马。母鲸会哺育几个月,1—2年产崽一次。它们在7—12岁达到性成熟,寿命为80年甚至更长。因蓝鲸体形巨大且游速快,虎鲸一般不会猎食该物种。

保育和管理

由于曾被大量地猎捕,蓝鲸已几近灭绝。大部分的种群数量目前仍没有恢复,一直处于濒危的状态。东北太平洋种群的数量有一定程度上的恢复,但全球总数仍小于1万头。

尾鳍扬升
蓝鲸尾鳍扬升时会将其三角形中间有V形凹槽的尾鳍露出水面。尾柄从前方观测显得十分狭窄,但从侧面观测时则显得较为宽阔,这也因此解释了为什么扬起尾鳍可以产生巨大的推动力(详见下页的潜水序列)。

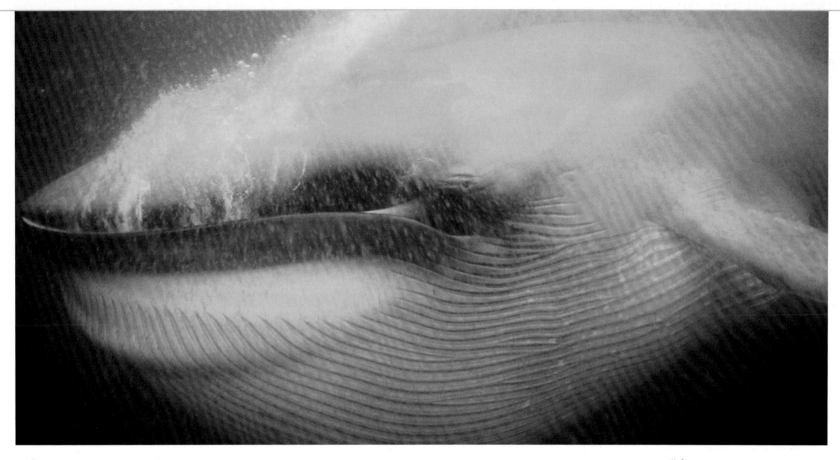

进食

在吞食过程中，蓝鲸喉部的褶皱由于口中充满的磷虾和海水而膨胀开。使其原本平滑的躯体变得像"臃肿的蝌蚪"一样。

喷气

蓝鲸可以喷出高耸笔直浓密的气晕，气柱可以高达9—12米。在平静的海面上，气柱形似一个柱体。

潜水序列

1.蓝鲸宽大的头部和独特的防溅护板率先露出水面。

2.在小背鳍露出水面之前，其宽长的后背会率先露出水面。

3.在露出背部和背鳍之后，它们通常不会直接弓起身体下潜，而是在水面下停留一阵。

4.当一头蓝鲸弓起身体时，其巨大的尾柄会露出水面而背鳍在水面下方划过。

5.尾鳍可能会露出水面，并且可借此机会辨识个体

跃身击浪

蓝鲸偶尔会有跃身击浪的行为，将其身体的大部分露出水面，造成大规模的水花飞溅。

大村鲸

科名：须鲸科

拉丁名：*Balaenoptera omurai*

别名：侏儒布氏鲸，侏儒长须鲸

分类：虽然起初被认为是布氏鲸的侏儒形态，但如今被认为是属于蓝鲸、布氏鲸以及鳀鲸以外的分支

相似物种：易与长须鲸、布氏鲸或小须鲸混淆

初生幼体体重：未知

成体体重：预计小于20 000千克

食性：磷虾，信息不足

群体大小：1—4头

栖息地：开阔大洋和沿岸浅海

主要威胁：渔业活动，气候变化

IUCN濒危等级：数据缺乏

分布范围和栖息地 目前的分布范围估计是基于几个印度—太平洋海域（日本海、东印度洋、菲律宾以及所罗门海）确定的观测和样本的采集，但很有可能实际分布范围比我们目前了解的更为广泛。

物种识别特征：
- 身体呈流线型
- 背部呈深色，腹部呈浅色
- 颌部以及喉部颜色分布不均匀
- 钩状背鳍
- 头部宽大有1条脊线
- 鳍肢细长，上面为深色，边缘为白色
- 尾部边缘笔直
- 背鳍位置：中间，偏后

解剖学特征

大村鲸的命名是为了纪念一位日本的鲸类学者，它最近才被分类为一个独特的物种。它们经常与布氏鲸相混淆，但相较于布氏鲸头上的3条脊线，大村鲸宽大的头上只有1条脊线。大村鲸头部不均匀的颜色分布（类似于长须鲸）是其最容易辨认的特征，这也是它们被称为侏儒长须鲸的原因。

行为

可以确定的对大村鲸的观测很少，以至我们对于它们的行为几乎一无所知，而且由于之前错误的识别，已有的对于其行为的描述也有可能具有误导性。虽然有报道称雄性会在交配时翻滚，但对于它们是否会在交配时鸣叫目前还未可知。此外，还有研究指出大村鲸有跃身击浪的行为，但其是否会有举起尾部游弋的行为还未可知。

食物和觅食

大村鲸曾被观察到在沿岸水域捕食，而且曾在死去的大村鲸胃中发现磷虾。由于大村鲸的鲸须较短且数量较少，鱼类很有可能是它们的主食。

生活史

此前，曾有过对于1—4头大村鲸群体的报道，其中包括母鲸与幼崽。但目前关于大村鲸交配或迁徙行为的信息却所知甚少。依据目前有限的信息估计，它们有可能长年活动在印度洋和东太平洋，而且很可能没有季节性的繁殖周期。妊娠期约为1年，与其他所有须鲸相同，雌性相比雄性体形较大。从目前已测年龄的几个大村鲸中得知，年龄最大的雌性为29岁，雄性为38岁。

保育和管理

虽然对于捕鲸活动和误捕中所捕获的大村鲸有所记录，但目前的保护仍主要受限于没有足够的信息。其种群现状、趋势以及分布都未可知。

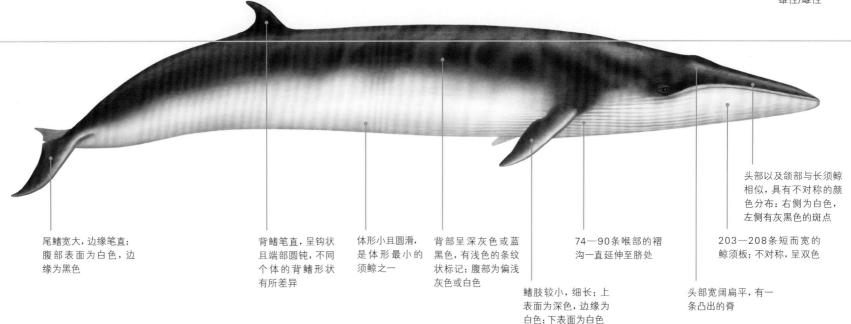

雄性/雌性

尾鳍宽大，边缘笔直；腹部表面为白色，边缘为黑色

背鳍笔直，呈钩状且端部圆钝，不同个体的背鳍形状有所差异

体形小且圆滑，是体形最小的须鲸之一

背部呈深灰色或蓝黑色，有浅色的条纹状标记；腹部为偏浅灰色或白色

74—90条喉部的褶沟一直延伸至脐处

203—208条短而宽的鲸须板；不对称，呈双色

头部以及颌部与长须鲸相似，具有不对称的颜色分布：右侧为白色，左侧有灰黑色的斑点

鳍肢较小，细长；上表面为深色，边缘为白色；下表面为白色

头部宽阔扁平，有一条凸出的脊

双色鲸须板

鲸须板的分布不对称且具有两种颜色，即包含右侧为主色的白色以及左侧的黑色。在右侧（如图），前部的鲸须板为白色，中间的为双色，而后侧的鲸须板则为黑色；在左侧，前部以及中间的鲸须板均为双色，而后侧仍为黑色。

体形大小

新生幼体：约3.2米
成体：9—11.5米

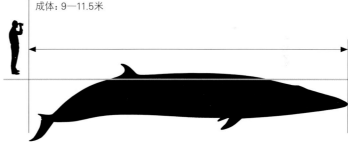

潜水序列

1.头部以一个较低的角度露出水面。关于其气柱的描述较少，但曾被描述为显而易见。

2.在防溅护板浸入水下之后，身体会翻滚，露出高耸的背鳍。

3.当背鳍浸入水下之后，其身体会急剧地翻滚并开始下潜。

4.尾柄明显地弓起但尾鳍不会露出水面。基于为数不多的确定观测，大村鲸在下潜时从不会将尾鳍露出水面。

跃身击浪

据观测，大村鲸不会将整个身体跃出水面，然而，假设推断它们会在进食时垂直地露出水面。

长须鲸

科名：	须鲸科
拉丁名：	*Balaenoptera physalus*
别名：	鳍鲸，脊鳍鲸，鲱鲸，剃刀鲸
分类：	在北半球和南半球均有已知亚种，此外，还有侏儒长须鲸；与其他须鲸科鲸种亲缘关系都很近，特别是大翅鲸
相似物种：	极易与鳁鲸或蓝鲸混淆，但在近距离观测时，其不均匀的色素分布可以成为有力的辨识工具
初生幼体体重：	1000—1500千克
成体体重：	北半球种群雄性45 000千克，雌性50 000千克；南半球雄性60 000千克，雌性70 000千克
食性：	磷虾以及其他浮游性甲壳类动物，鱼群
群体大小：	单个个体或2—7头个体的小群体
主要威胁：	商业捕鲸，船只相撞，误捕，污染
IUCN濒危等级：	濒危（虽然大部分种群数量有所恢复）

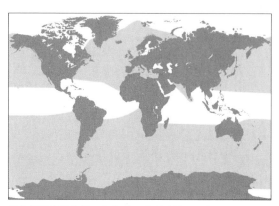

分布范围和栖息地　该物种具有全球性的分布，从赤道一直到极地地区。长须鲸为远洋性物种，通常被发现活动在大陆架之外。

物种识别特征：	● 体形大
	● 头部右侧（特别是下颌）以及身体（右侧颜色较浅）颜色分布不均匀
	● 前面右侧的鲸须板有淡黄色色素沉淀
	● 镰状背鳍
	● 背鳍在身体3/4的位置

解剖学特征

虽然是第二大的鲸种，但长须鲸体形细长优美。它们喙部狭长，有1条发育良好的纵向脊线。它们通常体色左右不对称，即右侧头部及身体前端呈浅灰色，可连同背鳍形状一起用于识别个体。长须鲸具有一定的性别差异，雄性通常会略小于雌性。

行为

长须鲸并不是群居物种，目前唯一已知的社交纽带是母鲸-幼鲸的群体。它们只会偶尔地集群进食，但它们也会经常与蓝鲸一起结伴，有时甚至与海豚或领航鲸一道。它们的正常游速在5—8节，会短暂地下潜至100—200米，闭气时间长达3—10分钟。跃出水面、鲸尾击浪以及其他的跃出水面的活动极少。可以发出包括低频的呻吟以及咕噜声。

食物和觅食

长须鲸会依据食物的多少、季节以及地点而改变其饮食结构。它们主要以磷虾为食，但偶尔也会进食其他的浮游性甲壳类动物，鱼群以及小型枪乌贼。此外，它们会在夏季高纬度进食地和冬季低纬的繁殖地之间迁徙。

生活史

长须鲸通常在6—10岁时达到性成熟。交配行为一般发生在冬季，妊娠期为11个月。哺乳期通常在6个月左右——在断奶后，雌鲸通常会有6个月的繁殖不活跃期，而后开始交配。该鲸种的寿命目前还未可知，但曾有被报道过84岁的长须鲸个体。

保育和管理

由于商业捕鲸业的发展，长须鲸种群曾在19世纪末时被大量地捕杀。如今关于长须鲸的捕获是受到严格管制的，目前对于长须鲸的主要威胁是与船只相撞，海洋污染以及意外被捕鱼工具缠住。

雄性/雌性

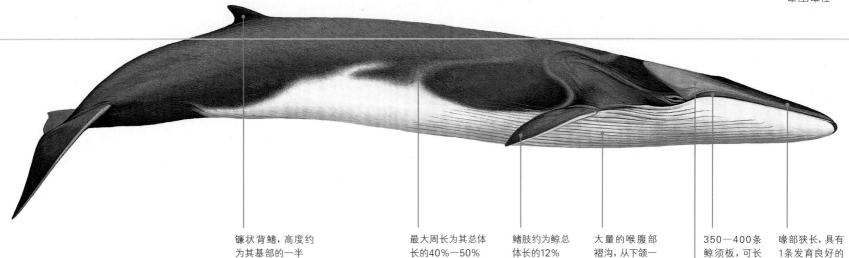

镰状背鳍,高度约
为其基部的一半

最大周长为其总体
长的40%—50%

鳍肢约为鲸总
体长的12%

大量的喉腹部
褶沟,从下颌一
直延伸至脐部

350—400条
鲸须板,可长
达80厘米

喙部狭长,具有
1条发育良好的
纵脊

头部以及身体
右前侧颜色分
布不对称

条纹状标记颜色
长须鲸头部以及身体右前侧具有非常明显不对
称的体色分布。左侧为深蓝灰色,右侧颜色较
浅且具有浅色的"条纹状标记",是辨识不同个
体的有效工具。

体形大小
新生幼体:6—6.7米
成体:雌性20—22米,雄性18.3—20米

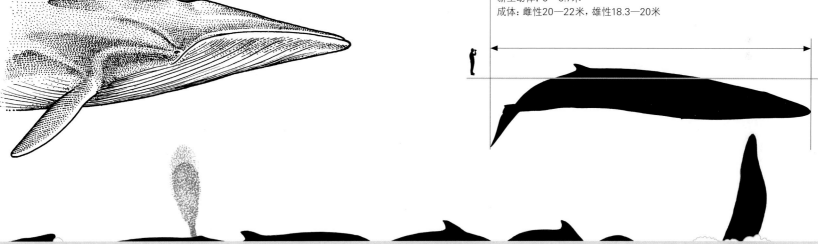

潜水序列
1.在长须鲸出水
时,其喙部会首
先露出水面。

2.当背部前端露出水面
时,背鳍仍处在水下。同
时会喷出高约6米的笔
直呈V字形的气柱。

3.而后其整
个背部都会
露出水面。

4.当长须鲸开始下潜时,它
会弓起身子而后露出其尾
柄,但它们几乎从不会将尾
鳍露出水面。

跃身击浪
长须鲸极少跃身击浪(突
然冲出水面,整个身体跃出
水后,再落下背部着水)。

大翅鲸

科名：须鲸科

拉丁名：*Megaptera novaeangliae*

别名：驼背鲸，座头鲸

分类：作为大翅鲸属中唯一的成员，大翅鲸与长须鲸的亲缘关系最为相近（大翅鲸有三个亚种，南大翅鲸、北太平洋大翅鲸、北大西洋大翅鲸）

近似物种：其长鳍肢以及背部的突起辨识度极高，不会与其他鲸种混淆

初生幼体体重：1000—2000千克

成体体重：25 000—30 000千克

食性：多样性，如磷虾、小鱼群

群体大小：1—3头，繁育或进食时最多可达20头

栖息地：在沿岸浅海繁育和进食，但会由于迁徙而在开阔大洋中活动

主要威胁：船舶碰撞，缠结，噪声污染

IUCN濒危等级：无危

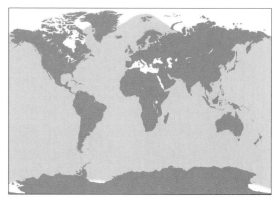

分布范围和栖息地 该物种栖息在全球各个主要洋盆。主要出没于沿岸或陆架外的海域。

物种识别特征：
- 身体呈黑色或深灰色
- 身形大而粗壮
- 鳍低且粗短
- 头部以及下颌多皮质瘤
- 背鳍位置：中心偏后

解剖学特征

大翅鲸身体呈梭状，鳍肢伸长且尾叶宽大，是大型鲸类中体态最为特别的鲸种。背鳍短粗但很凸出，当大翅鲸在下潜拱起背部时，背部的突起十分明显。有24条甚至更多的喉腹部褶沟，在海表翻滚或进食时清晰可见。北太平洋的大翅鲸体色呈深色，南大洋种群腹部呈白色，北大西洋种群体色在二者之间。鳍肢的前端边缘有小结可以减小阻力、提高机动性以及帮助感知周围环境。个体间可以通过尾叶的形状以及其腹部的颜色进行辨识。

行为

大翅鲸有着活跃的海表活动，包括用鲸尾击浪、用鳍肢拍水、浮窥、将头部猛扎进水里以及跃身击浪。大翅鲸的大脑比人类大脑大3倍，而且通过细长的神经元相连，在处理情感和社会认知时会被激活，因此大翅鲸有着复杂的社交行为。大翅鲸明显的肢体灵活程度的差异显示左右半脑在活动中使用的专一化。这种先进的认知能力在团体狩猎、使用气泡作为工具、集体抵御捕食者以及在观鲸船面前嬉戏的表演中

被得以证实。它们有着令人惊奇的发声能力，包括鲸歌、进食性发声、社交性发声、呼气的喘息声、爆发性的喇叭声、撞击海面的声音。雄性大翅鲸低着头闭着眼，演奏着优美的歌曲。它们将韵律和语法融入进不断变化的曲调中。随着歌曲不断地重复演奏，其他的伙伴相互模仿和再创，使得声音的时尚潮流在浩瀚的海洋中泛起涟漪。

食物和觅食

大翅鲸为多能型捕食者，它们利用机智的战略将被捕食者玩弄于股掌之中。捕捉神出鬼没的鱼群需要团队协作、长久的联盟以及明确的分工。挥动鳍肢与进食时大声地鸣叫可能是为了将鱼群赶到泡泡网中并使其进一步被困在海表。由于大翅鲸的鲸须较短、稀疏且没有特殊的功能，它们捕食的猎物种类之多令人吃惊。虽然它们也会进食其他中水层甲壳类动物，包括端足目动物、翼足目动物、十足目动物、桡足类动物以及糠虾，但成体磷虾是它们最偏爱的食物。大翅鲸也会进食单独的鱼类，像鲱鱼、玉筋鱼、沙丁鱼、鲲鱼、毛鳞鱼、蜡鱼以及鲭

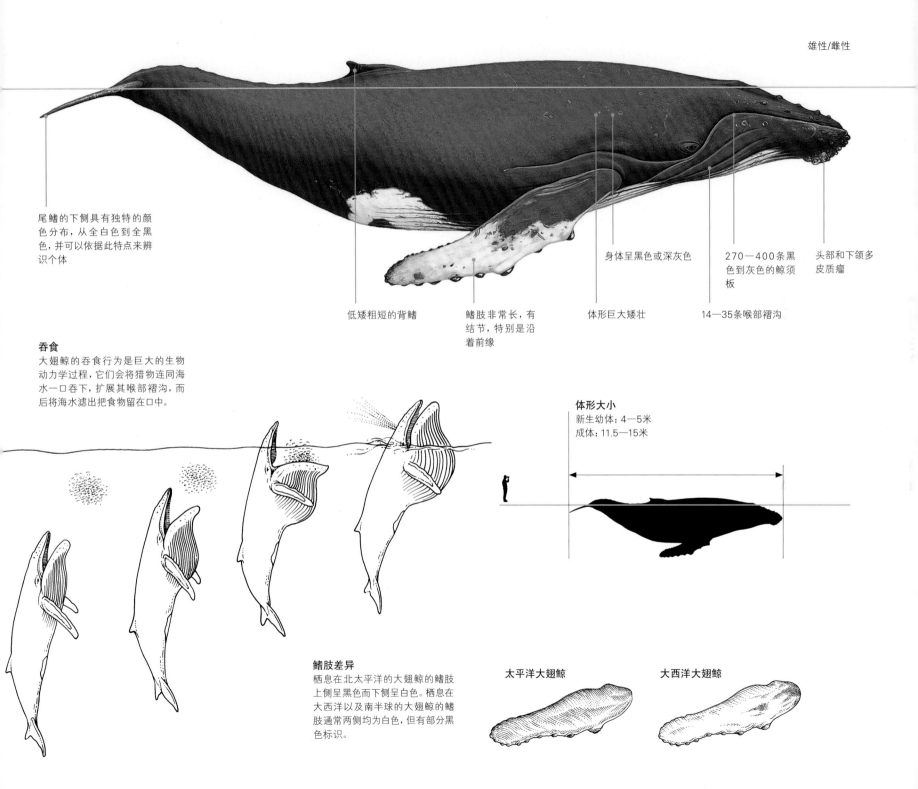

雄性/雌性

尾鳍的下侧具有独特的颜色分布，从全白色到全黑色，并可以依据此特点来辨识个体

低矮粗短的背鳍

鳍肢非常长，有结节，特别是沿着前缘

体形巨大矮壮

身体呈黑色或深灰色

270—400条黑色到灰色的鲸须板

14—35条喉部褶沟

头部和下颌多皮质瘤

吞食
大翅鲸的吞食行为是巨大的生物动力学过程，它们会将猎物连同海水一口吞下，扩展其喉部褶沟，而后将海水滤出把食物留在口中。

体形大小
新生幼体：4—5米
成体：11.5—15米

鳍肢差异
栖息在北太平洋的大翅鲸的鳍肢上侧呈黑色而下侧呈白色。栖息在大西洋以及南半球的大翅鲸的鳍肢通常两侧均为白色，但有部分黑色标识。

太平洋大翅鲸

大西洋大翅鲸

大翅鲸

鱼，甚至偶尔也会捕食集群的枪乌贼以及具有极高商业价值的鳕鱼以及鳕鱼类幼鱼。一些大翅鲸会突袭商业渔船后放生的鲑鱼。当大翅鲸捕食磷虾时一般会组成1—3头个体的暂时性群体。

生活史

大翅鲸会进行长距离的季节性迁徙，从高纬度高生产力的冷水夏季进食地到低纬度的暖水冬季繁殖地。这些亚热带繁育地通常在海岛、珊瑚礁周围以及沿岸浅海区。在这里，雄性大翅鲸会进行引人注目的"公开表演"，也就是我们所说的求偶。。雄性会为了争夺与单独游弋的雌性交配的有利位置而相互间进行具有攻击性的竞争（也可能彼此合作）。雌性会在冬季受孕，在约为1年的妊娠期之后产一崽，之后哺乳期约为8个月。大翅鲸会在8岁左右达到性成熟，而后每2—3年产一崽。寿命与人类寿命相近（60—70年）。

保育和管理

大翅鲸曾被大量捕杀，但现在全球大部分的种群数量都在迅速恢复。然而，在日本、阿拉伯海、新西兰以及斐济地区的大翅鲸仍受到威胁。目前全球范围内保护的主要关注点在于噪声污染、与船只相撞、海洋酸化、渔业的发展造成的损耗以及被缠在娱乐和商业渔船的渔具中所引起的死亡。许多个体身上或尾鳍边缘都有之前被缠住而留下的伤痕。

大翅鲸幼崽
一头来自汤加王国的腹部雪白的大翅鲸幼崽显示，其胸鳍下侧为白色。这可能是其集群行为或向嘴边驱赶猎物的一种适应性。

跃身击浪
跃身击浪的原因目前还不明确，但是极有可能与嬉戏、聚集、清洁或交流等目的相关。击水声音的大小可以揭示跃身击浪者的脾性。

喷气
大翅鲸的气柱浓密，可能呈V字形或心形，可高达2—3米。

潜水序列
1.首先，其低矮的背鳍会露出水面。

2.而后会弓起身体，形成"驼背"的姿势。

3.在背鳍在此浸入水下时，其尾部弓起并开始下潜。

4.大翅鲸会将尾鳍露出水面，在多数下潜过程中它们会将尾鳍高高举起。

鲸尾扬升
大翅鲸经常会在下潜过程中举起尾鳍。曾通过照相识别技术辨识了许多个体。

跃身击浪
大翅鲸经常会将其整个身体跃出水面并在空中旋转，以背部着水。

齿鲸类
海豚（海洋性海豚）

海豚科包含海洋性海豚和黑鲸（例如虎鲸），是鲸类中形态学和分类学上最为多样的群体。在海豚科的38个物种中有鲸类中体形最小的物种——贺氏矮海豚。一些海豚种有明显的喙部，例如瓶鼻海豚，而其他的则无明显喙部，例如长肢领航鲸。鉴于许多海豚种丰富度较高，较为活跃且地理分布较广，因而海豚是人类最为熟知的鲸类。

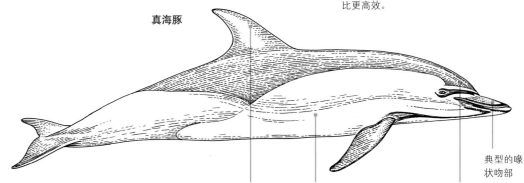

跃起的太平洋斑纹海豚（右图）
在海豚快速游弋时会整个身体跃出水面。如下图所示太平洋斑纹海豚的跃水行为。在高速运动的状态下，这种行为与游泳相比更高效。

真海豚

典型的喙状吻部

额隆丰满（前额）

身体双色分布，下侧为浅色

具有辨识度的背鳍（多数海豚种）

真海豚
尽管不同海豚种的喙部长度有所不同，但所有的海洋性海豚身体均呈流线型。明显的颜色对比以及复杂的体色图案可以作为辨识不同海豚种的有效依据。

- 海豚的体形差异较大，从体长为1.2米的贺氏矮海豚到长达9米的虎鲸。
- 海豚体色差异较大，从体色分布均匀的大西洋驼海豚到肤色差异较大的瓶鼻海豚，再到有复杂条纹的沙漏斑纹海豚，以及身上有斑点的大西洋斑海豚。
- 海豚背鳍的形状也是十分多变的。虎鲸的背鳍为高耸笔直的，其他海豚种的背鳍均向尾部弯曲（如条纹海豚），甚至有的海豚的背鳍是圆滑的（如贺氏矮海豚）。
- 大多数海豚种喜群居，生活在包含几百甚至上千头个体的群体中。
- 海豚科作为一科，分布在全球，并栖息在世界各个大洋。虽然部分物种可以下潜到较深的深度，但大部分物种仍主要栖息在浅海或近岸海域。隶属于土库海豚属的海豚会游进亚马孙河或支流。
- 不同海豚会进食不同的食物，包括鱼类、乌贼、章

鱼、磷虾以及海洋哺乳动物，甚至包括其他鲸类。
- 海豚在海表十分活跃，体形较小的海豚经常会在快速游水时跃出海面（跃水现象）。领航鲸有时会有浮窥、鲸尾击水或侧游的行为。
- 虽然目前有几个物种被判定为无危物种，但伊河海豚、矮鳍海豚以及一些驼海豚均为近危或易危物种，同时贺氏矮海豚为濒危物种。
- 海豚与鼠海豚，二者很容易被混淆。但海豚及鼠海豚的牙齿形状有所不同，海豚的为圆锥状，而鼠海豚的则为铲状。

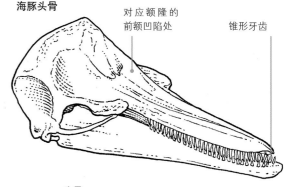

海豚头骨

对应额隆的前额凹陷处

锥形牙齿

头骨
海洋性海豚的上下颌均具有多颗锥形牙齿。海豚的头骨与鼠海豚的头骨可以通过查看呼吸孔附近是否缺少明显突起来分辨。

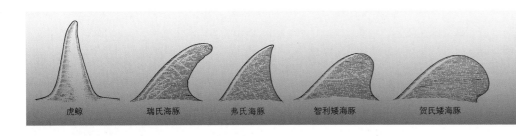

虎鲸　瑞氏海豚　弗氏海豚　智利矮海豚　贺氏矮海豚

除露脊海豚外，所有的海豚均有背鳍。不同海豚种的背鳍形状有所差异，并可依此在野外进行物种辨识。虎鲸的背鳍细长呈三角形，从背部明显地向上延伸。而其他物种的背鳍后缘较为弯曲，且端部尖锐（例如弗氏海豚）或圆钝（例如智利矮海豚）。而贺氏矮海豚的背鳍则非常圆滑，形似耳垂。

康氏矮海豚

科名：海豚科

拉丁名：*Cephalorhynchus commersonii*

别名：黑白海豚

分类：两个亚种分别为康氏矮海豚与克尔格伦岛康氏矮海豚（康氏矮海豚与智利矮海豚亲缘关系最近）

近似物种：智利矮海豚和康氏矮海豚均分布在合恩角，且二者的背鳍均较圆滑，但康氏矮海豚体表明显的黑白分界线使其非常容易被辨认

初生幼体体重：8—10千克

成体体重：40—50千克

食性：小鱼，枪乌贼幼体，虾

群体大小：2—10头，进食时最多可达35头

主要威胁：被缠在刺网和拖网中

IUCN濒危等级：数据缺乏

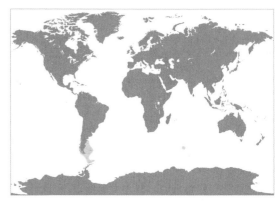

分布范围和栖息地 栖息在南美地区的亚种主要出没在阿根廷沿岸，从内格罗河到合恩角、麦哲伦海峡以及福克兰群岛。栖息在凯尔盖朗群岛的亚种活动在凯尔盖朗群岛沿岸。两个亚种都经常出没于水深浅于100米的水域。

物种识别特征：
- 体形小——分布在南美海域的亚种体长短于1.5米
- 背鳍后缘凸起
- 明显的黑白体色

解剖学特征

康氏矮海豚体形小，且头部较钝，体色有明显的黑白分布，背鳍后缘凸起，鳍肢圆润。幼崽出生后通体呈灰色，在6个月后逐渐褪色变为成体的浅灰色。在凯尔盖朗群岛的康氏矮海豚，这种出生时的深色会一直持续到成年。该海域的个体体形较大，可超过1.7米，重达86千克。

行为

尽管人们曾观察到康氏矮海豚在团队捕食时群体可达到30头以上的规模，但它们的群体规模通常较小（2—10头）。这些海豚经常出现在近岸海域，有时会在海藻中捕食或者在开阔的海岸冲浪。康氏矮海豚好奇心很重，会被船只所吸引而在船舷或船尾徘徊。它们会在快速游弋时跃出水面，跃水高度通常较为低平。康氏矮海豚的声音是一种高频窄带宽的嘀嗒声。该属的海豚不会如大多数其他海豚一样发出哨叫声。

食物和觅食

康氏矮海豚展现出了各种各样的捕食行为。它们可以单独地进行长时间潜水在海底觅食，也可以团队协作在表层捕鱼。这些海豚的适应性极高，并会利用任何可用的障碍（抛锚的船只、码头、岩岸）以困住鱼群。它们以各种各样的鱼、乌贼、虾为食。有时会群体合作共同围捕小型鱼群。个体地区性较强，小范围内种群间很少混交。

生活史

康氏矮海豚在5—8岁达到成熟，雌性会平均每2—4年产一崽。妊娠期为12个月。记载的最大年龄为18岁。

保育和管理

康氏鼠海豚曾一度因被用作螃蟹的饵料而被捕杀。其最主要的威胁是误捕。在南美地区，它们会被用于捕虾的刺网以及中底层的拖网困住。目前种群大小还未可知，但它们很有可能是喙头海豚属中丰富度最高的物种。

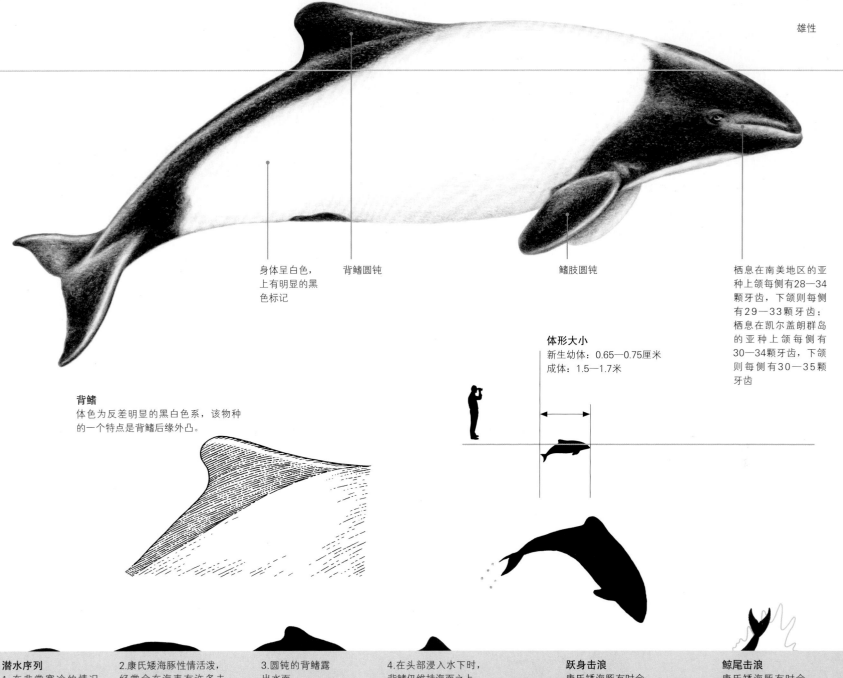

雄性

身体呈白色，上有明显的黑色标记

背鳍圆钝

鳍肢圆钝

栖息在南美地区的亚种上颌每侧有28—34颗牙齿，下颌则每侧有29—33颗牙齿；栖息在凯尔盖朗群岛的亚种上颌每侧有30—34颗牙齿，下颌则每侧有30—35颗牙齿

体形大小
新生幼体：0.65—0.75厘米
成体：1.5—1.7米

背鳍
体色为反差明显的黑白色系，该物种的一个特点是背鳍后缘外凸。

潜水序列
1.在非常寒冷的情况下，小气柱或许可见。

2.康氏矮海豚性情活泼，经常会在海表有许多击水和翻滚的行为。

3.圆钝的背鳍露出水面。

4.在头部浸入水下时，背鳍仍维持海面之上。

跃身击浪
康氏矮海豚有时会垂直跃身击浪。

鲸尾击浪
康氏矮海豚有时会有鲸尾击浪的行为，它们以最大的力气翻转身体用尾叶拍打水面。

智利矮海豚

科名：海豚科

拉丁名：*Cephalorhynchus eutropia*

别名：黑海豚

分类：与康氏矮海豚亲缘关系最近

近似物种：皮氏斑纹海豚和棘鳍鼠海豚，但近距离观察时其圆滑的背鳍辨识度很高，不会与其他物种混淆

初生幼体体重：8—10千克

成体体重：60—70千克

食性：小型鱼类，乌贼幼体，虾

群体大小：2—10头，偶尔进食时可达25头

主要威胁：刺网缠绕

IUCN濒危等级：近危

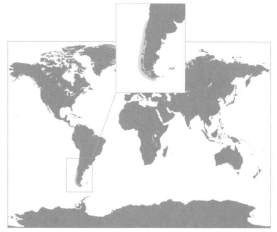

分布范围和栖息地 该物种栖息在智利从瓦尔帕莱索到合恩角的海湾以及开阔沿岸水域。

物种识别特征：
- 体形小，体长短于1.7米
- 背鳍后缘凸起
- 身体呈深灰色，鳍肢、尾鳍以及背鳍为黑色

解剖学特征

智利矮海豚具有其属海豚所有典型的特征——体形小、头部圆钝、鳍肢圆润，同贺氏矮海豚和康氏矮海豚一样，背鳍后缘凸起。体色大体上与贺氏矮海豚相似，只是颜色分界较模糊，颜色更深。智利矮海豚也被偶尔称作"黑海豚"，但这个名字是不恰当的。其身体主要呈深灰色，死后才会很快变黑。

行为

智利矮海豚通常群体较小（2—10头），进食时会有更多的个体聚集在一起。相比其他喙头海豚属的物种，可能是由于之前曾被大量捕杀，智利矮海豚有点胆小，不敢接近船只。然而，在某些固定区域的海豚还是会主动靠近船的。它们的声音是一种高频窄带宽的嘀嗒声。该属的海豚不会如大多数其他海豚一样发出哨叫声。在奇洛埃岛的智利矮海豚，个体留居性极高。

食物和觅食

有报道称智利矮海豚喜欢栖息在潮流湍急的水域以及海峡入口处的以基石为底的浅水处。它们进食各种各样的的鱼类、枪乌贼以及虾。有时它们会共同协作围捕小型的鱼群（如沙丁鱼群）。目前没有证据显示它们会进行季节性的迁徙。

生活史

有限的信息显示智利矮海豚与贺氏矮海豚相似，会在7—9岁达到成熟，在此之后雌性会至少平均每2—4年产一崽。关于其年龄的信息相对较少，其中最长寿命统计为18年，但它们极有可能能活到25岁。

保育和管理

智利矮海豚曾一度因被用作螃蟹捕捞业中的饵料而被刺网捕杀。目前的丰富度处于未知状态，极有可能最多只有几千头。它们也曾因北部海湾集中化水产养殖的飞速发展而被迫改变栖息地。

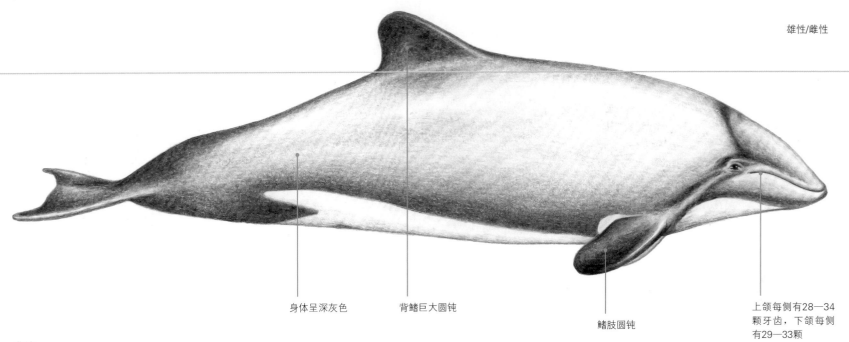

雄性/雌性

身体呈深灰色

背鳍巨大圆钝

鳍肢圆钝

上颌每侧有28—34
颗牙齿，下颌每侧
有29—33颗

背鳍
其背鳍的形状十分独
特，高耸，后缘外凸。

体形大小
新生幼体：0.7—0.75米
成体：1.5—1.7米

潜水序列
1.智利矮海豚在呼吸
的时候，吻部会露
出海面。在非常寒
冷的天气里，气柱
可见。

2.然后，额隆的顶
端会露出水面。

3.而后，其高耸
圆钝的背鳍会随
之露出水面。

4.当头部浸入水下
时，背鳍仍在水
面之上。

5.最终，消失在海
面。

跃身击浪
智利矮海豚不经常
跃出水面。其最典
型的行为是单次垂
直跃出水面，头部
会首先入水。

海氏矮海豚

科名：海豚科

拉丁名：*Cephalorhynchus heavisidii*

别名：海威氏海豚

分类：与贺氏矮海豚亲缘关系最近

近似物种：外表与暗色斑纹海豚相似，但近距离观察海氏矮海豚时，其三角形背鳍与暗色斑纹海豚后弯的背鳍有很明显的差异

初生幼体体重：8—10千克

成体体重：60—75千克

食性：底栖的鱼类，尤其是鳕鱼的幼体、章鱼以及乌贼

群体大小：2—10头，偶尔可达30头

主要威胁：刺网，拖网缠绕

IUCN濒危等级：数据缺乏

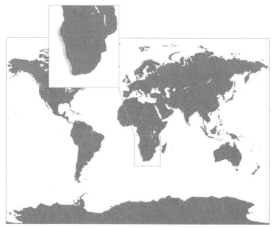

分布范围和栖息地 该物种栖息在非洲西南部南纬17° 附近的水域，主要活动在水深浅于100米的海域。

物种识别特征：
- 体形小——体长短于1.8米
- 明显的几近三角形的背鳍
- 头部呈浅灰色，侧面有深色（几近黑色）岬状从呼吸口沿两侧的延伸

解剖学特征

海氏矮海豚是其属中唯一一个没有圆滑背鳍后缘凸起特征的海豚种。其背鳍几近三角形且底边较长。它们的体色呈三重颜色——背侧几近黑色，头部及喉部为灰色，腹侧有复杂的纯白色图案。

行为

海氏矮海豚通常群体较小（2—10头），偶尔也发现过更大的群体。海氏矮海豚好奇心很重，会被船只所吸引，并且同其他喙头海豚属海豚一样，喜好冲浪。该属的海豚都不会如长吻飞旋海豚或暗色斑纹海豚表演杂技般的动作，但在一些特定的社会环境下，它们也会表现出一些跳跃以及尾部击浪的行为。它们的声音是一种高频窄带宽的嘀嗒声。

食物和觅食

虽然海氏矮海豚食性很广，但是与喙头海豚属其他的种相比，它们是一类专食性的物种，主要以鳕鱼幼体为食。该种鳕鱼的昼夜垂直迁徙（夜晚近水面）也驱使海氏矮海豚进行相应的昼夜移动。至少在其分布区域的南侧，它们曾被观察到白天主要在近岸活动，下午之后由于要进食，主要在离岸较远的水域活动。然而，并不是所有种群都有这种昼夜性的迁徙行为。个体的地区性较强，活动范围在沿岸80千米之内。

生活史

海氏矮海豚的相关信息较少，但极有可能海氏矮海豚的生活史与其属内其他海豚大体相似，相似程度未可知。因此，预期海氏矮海豚会在5—8岁达到成熟，并在此之后雌性会平均每2—4年产一崽。

保育和管理

历史上，海氏矮海豚曾被渔民猎捕。此外也会在刺网、拖网或围网的情况下被误捕，但具体危害程度还未知。目前，种群数量也未可知。非洲西南部无遮蔽的海岸无法为近海渔船提供庇护，相比喙头海豚属的其他海豚，渔网误捕对海氏矮海豚而言很有可能不是最主要的威胁。

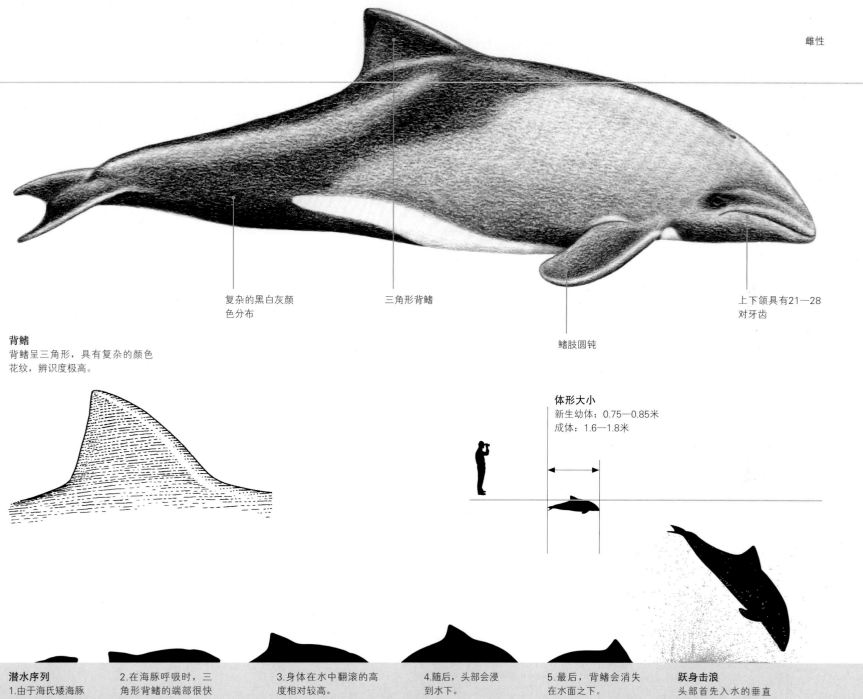

雌性

复杂的黑白灰颜
色分布

三角形背鳍

上下颌具有21—28
对牙齿

鳍肢圆钝

背鳍
背鳍呈三角形，具有复杂的颜色
花纹，辨识度极高。

体形大小
新生幼体：0.75—0.85米
成体：1.6—1.8米

潜水序列
1.由于海氏矮海豚
刚开始是以缓慢
翻滚的形式露出
海面，因此水柱
不可见。

2.在海豚呼吸时，三
角形背鳍的端部很快
露出水面。

3.身体在水中翻滚的高
度相对较高。

4.随后，头部会浸
到水下。

5.最后，背鳍会消失
在水面之下。

跃身击浪
头部首先入水的垂直
跳跃是其最常见的空
中行为。

贺氏矮海豚

科名：海豚科

拉丁名：*Cephalorhynchus hectori*

别名：新西兰海豚，毛伊海豚（北岛亚种）

分类：两个亚种分布在南岛与北岛西海岸（从遗传学角度上讲，南岛贺氏矮海豚分三个种群，西海岸、东海岸、南海岸，与海氏矮海豚亲缘关系最近）

近似物种：该种的特征十分明显——新西兰水域只有贺氏矮海豚的背鳍是圆滑的

初生幼体体重：8—10千克

成体体重：雌性47千克，雄性43千克

食性：小鱼，乌贼幼体

群体大小：2—10头，偶尔会有几十头尾随近岸拖网

主要威胁：被缠在刺网和拖网中

IUCN濒危等级：贺氏矮海豚濒危，毛伊海豚极危

分布范围和栖息地 该物种主要栖息在新西兰近岸水深浅于100米的水域。毛伊海豚仅生活于北岛中部西海岸。

物种识别特征：
- 体形小——体长短于1.5米
- 背鳍后缘凸起
- 身体呈浅灰色，鳍肢、尾翼以及背鳍均呈黑色，呼吸孔处有黑色新月形标记

解剖学特征

贺氏矮海豚在所有海豚中体形最小。它们娇小的身体以及圆滑的背鳍使得它们极具辨识度。2个亚种（贺氏矮海豚与毛伊海豚）外表相同，但毛伊海豚的个头会稍大一些。幼崽在出生时呈深灰色，之后的6个月内逐渐变浅直至成体的浅灰色。

行为

贺氏矮海豚通常群体较小（2—10头），偶尔会群体间合并，并经常在合并之后交换群体成员。这种海豚游动时声音较小，每次下潜1—2分钟，进行5—8次的连续呼吸后，才会再次下潜。其社交行为包括嬉戏追逐、用尾叶拍水、探出水面窥视以及跃水。这些行为看起来是为了制造尽可能大的溅水声。贺氏矮海豚经常会在开阔海岸离岸冲浪。它们好奇心很重，会被慢行的船只所吸引。与大多数海豚不同，它们并没有丰富多样的发声行为，仅有高频窄带的嘀嗒声。贺氏矮海豚以及毛伊海豚的个体均地区性较强，活动范围在沿海岸50英里（80.5千米）之内。

食物和觅食

贺氏矮海豚的两个亚种食性都很广，进食各种各样的鱼以及乌贼幼体。大部分的被捕食者个体都小于10厘米，大部分为底栖生物，但也有可能分布于各个水层。在不同水域，由于食物的可获得性不同，贺氏矮海豚的捕食对象存在差异。

生活史

贺氏矮海豚在7—9岁达到成熟。雌性会在此之后每2—4年产一崽。其最大寿命约为30年，虽然大部分的个体基本活不过20年。贺氏矮海豚是喙头海豚属中被研究得相对最为透彻的海豚。

保育和管理

贺氏矮海豚以及毛伊海豚被缠在捕鱼工具中会造成较大的损伤，特别是刺网和拖网。为了减少这方面的伤害，大量近岸水域已停止使用刺网。目前世界上只有约50头毛伊海豚，该物种正处于灭绝的边缘。

雄性

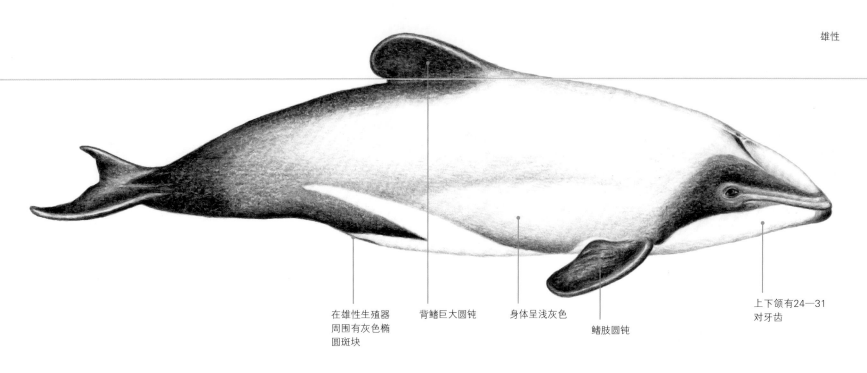

在雄性生殖器
周围有灰色椭
圆斑块

背鳍巨大圆钝

身体呈浅灰色

鳍肢圆钝

上下颌有24—31
对牙齿

背鳍
背鳍后缘明显外凸

体形大小
新生幼体：0.6—0.75米
成体：雌性体长为1.35—1.5米，雄性体长为1.2—1.35米

潜水序列
1.当海豚出水时气柱
通常不可见。

2.大部分出水过程较
为缓慢，无水花。

3.而后会露出圆
钝的背鳍。

4.紧随其后，头部
潜至水下。

5.最后，背鳍消失
在水下。

跃身击浪
多数跃水行为都是垂直跳跃
且头部先入水，它们可能会
连续10次重复同样的动作。

长吻真海豚

科名：海豚科

拉丁名：*Delphinus capensis*

别名：无

分类：与短吻真海豚亲缘关系最近，目前长吻真海豚有两个亚种*D. c. capensis*和
D. c. tropicalis（仅生活于印度洋）

近似物种：该种很容易与短吻真海豚混淆，二者的花纹颜色也相同

初生幼体体重：未知

成体体重：150—235千克

食性：小型鱼群（沙丁鱼、凤尾鱼、鳕鱼），乌贼

群体大小：10—500头

主要威胁：在秘鲁海域被大量捕捞，用作食物以及鲨鱼的饵料

IUCN濒危等级：数据缺失

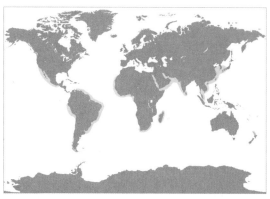

分布范围和栖息地 该物种栖息在大西洋、太平洋以及印度洋的热带以及亚热带水深较浅的水域。

物种识别特征：
- 侧面为深灰色，浅灰色以及黄色交错
- 丰满的额隆
- 体形体形健壮呈流线型
- 长吻
- 镰状背鳍，位于背侧中部

解剖学特征

长吻真海豚与其姊妹种短吻真海豚十分相似，二者的主要差异在于长吻真海豚的体形较大，喙部较长且牙齿比其他海豚更多（多达60个）。其复杂的体色花纹也与短吻真海豚有所差别，眼部条纹从眼睛一直延伸到鳍状肢，颜色更深且更宽。

行为

该种的行为与短吻真海豚十分相似。它们可以组成较小的群体（10—30头个体，按年龄或性别划分）或者较大的群体（包含几百甚至几千头个体）。长吻真海豚非常活泼，经常跃出水面，船首乘浪。

食物和觅食

它们主要进食乌贼和小型鱼群——例如沙丁鱼、凤尾鱼以及鲱鱼。其食谱随着地理环境和猎物的可获得性而变化。它们主要在水深较浅的水域进食。

生活史

该物种约在体长达到2米时性成熟。妊娠期为10—11个月，而后会有1—3年的育崽期。哺乳期一般从春季到秋季。寿命大约为40年。

保育和管理

虽然该物种并不像短吻真海豚一样被充分地研究，但是其数量很可能不如短吻真海豚。它们在秘鲁和委内瑞拉海域被捕杀，但是目前被捕杀的数量仍然是未知的。它们也曾在南加州海域被刺网误捕。

雄性/雌性

通常身侧有短吻
真海豚所没有的
深色条纹

侧面有十字形颜色分布，形似沙
漏，由一个深色的背部斑块、一
块黄色的胸侧斑块、一块浅灰色
的胁腹斑块以及白色的腹部组成

深色的眼部条纹

背鳍中间可能有一块
灰色或偏白色区域

体色分布
长吻真海豚的吻部细长，且面部颜色分
布独特——眼部具有一条较宽颜色较深
的条纹一直延伸至鳍状肢，相较短吻真
海豚更长。

长吻真海豚

短吻真海豚

体形大小
新生幼体：0.8—1米
成体：雌性体长为1.9—2.2米，雄性体长为2—2.4米

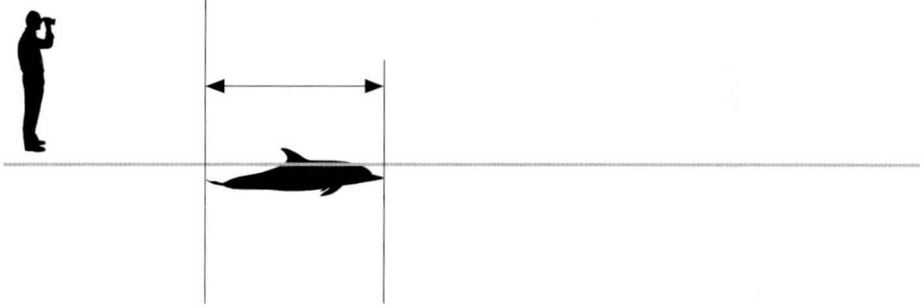

潜水序列

1.当长吻真海豚在海面游弋
时，其背鳍以及深色的背部
是在海面上最常见的特点。

2.在跃水过程中，它们
通常会首先露出它们的
吻部。它们的头部的颜
色分布辨识度极高。

3.跃水时，它们整个身体都会跃出，在
水面之上，这也使得辨识更加容易。

短吻真海豚

科名：海豚科

拉丁名：*Delphinus delphis*

别名：短喙真海豚，鞍背海豚

分类：与长吻真海豚亲缘关系最近（目前有两个已知亚种，*D. d. delphis* 是全球分布，*D. d. ponticus* 仅生活在黑海）

近似物种：该种很容易与长吻真海豚混淆，二者的花纹颜色也相同

初生幼体体重：未知

成体体重：150—200千克

食性：小型鱼群（沙丁鱼、凤尾鱼、鳕鱼），乌贼

群体大小：100—500头

主要威胁：在渔业捕捞（使用刺网、围网与拖网）过程中被误捕的事件在世界各地时有发生

IUCN濒危等级：无危

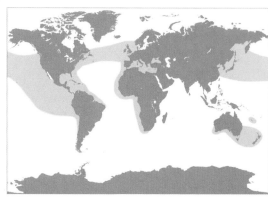

分布范围和栖息地 该物种栖息在大西洋和太平洋的温热带到冷温带离岸大洋性海域。

物种识别特征：
- 身体侧面深灰色、浅灰色与黄色交错
- 丰满的额隆
- 体形健壮呈流线型
- 中等长度的喙
- 镰状背鳍，位于背侧中部

解剖学特征

短吻真海豚姊妹种长吻真海豚十分相似，二者的主要差异在于短吻真海豚的体形较小且喙部较短。这两种海豚均可依据其身体上复杂的花色图纹（侧面黄色和灰色的沙漏状图等）而轻易地与其他物种区分开来。该物种身体上的颜色比长吻真海豚更为鲜艳。

行为

该种的行为与长吻真海豚十分相似。它们会组成较大的群体（包含几百甚至几千头个体）。群居的小群体通常有10—30头海豚，可能是按年龄和性别进行划分。这些海豚也会与其他物种互动，如领航鲸、条纹海豚以及瑞氏海豚。它们经常船首乘浪。

食物和觅食

该种海豚主要进食乌贼和小型鱼群，例如沙丁鱼、凤尾鱼以及鲱鱼。其食性会随地理分布以及它们对近岸或离岸水域的偏好而改变。

生活史

雄性通常在3—12岁性成熟，雌性则为2—7岁。妊娠期为10—11个月，而后会有至少10个月的哺乳期，育崽期为1—3年。寿命大约为35年。

保育和管理

在黑海和地中海地区，由于栖息地的退化、食物短缺以及渔业的影响，该地区种群数量正在逐年递减。在其他区域，该物种主要受渔业误捕的影响，特别是在澳大利亚南侧海域以及东热带太平洋。

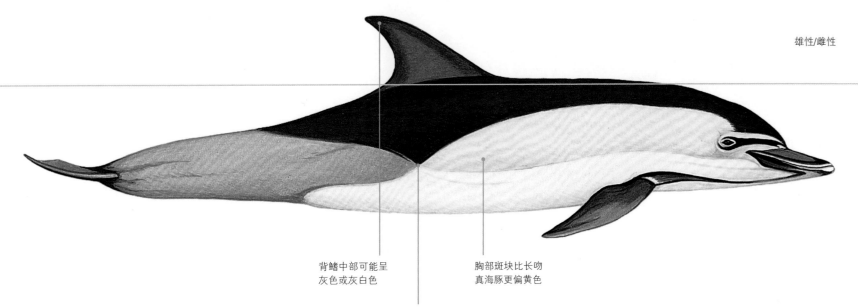

雄性/雌性

背鳍中部可能呈
灰色或灰白色

胸部斑块比长吻
真海豚更偏黄色

侧面由黄色的胸部斑块和
浅灰色的侧面斑块形成沙
漏状图案，腹部呈白色

头骨形状
长吻真海豚的头骨狭长，牙齿较多
（47—67对），而短吻真海豚的头骨
则相对更短、更宽，且上下颌牙齿更少
（41—57对）。

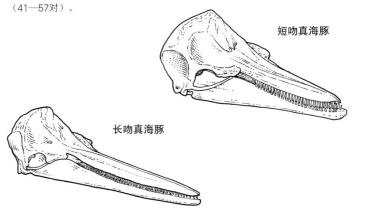

短吻真海豚

长吻真海豚

体形大小
新生幼体：0.8—1米
成体：雌性体长为1.9—2.2米，雄性体长为2—2.4米

潜水序列
1.与长吻真海豚相似，
短吻真海豚在海面游弋
时，通常能在海面上看
到其背鳍和背角。

2.在跃水过程中，短吻
真海豚通常会先露出喙
部，此时可以通过它们
头部的颜色进行鉴种。

3.随后它们整个身体
跃出水面，此时更
有益于物种辨认。

小虎鲸

科名：海豚科

拉丁名：*Feresa attenuata*

别名：侏虎鲸，黑鲸（其他物种也有同样的别名），海狼

分类：与其他海豚的亲缘关系较近

近似物种：很容易与瓜头鲸和伪虎鲸混淆

初生幼体体重：未知

成体体重：110—170千克

食性：主要以头足类和小型鱼类为食

群体大小：通常10—20头个体，也曾发现过更大的群体

主要威胁：在日本、印度尼西亚以及加勒比海域，会有商业捕捞与渔业误捕

IUCN濒危等级：无危（2017年评估）

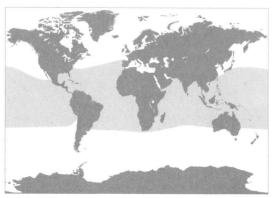

分布范围和栖息地 该物种分布于热带、亚热带海域，主要栖息在离岸的深水区，也有部分种群分布在靠近海岛的近岸海域（如夏威夷）。

物种识别特征：
- 体色主要呈深灰色到黑色，同时腹部有白色或灰色斑块
- 成体的喙部为白色
- 体形光滑粗壮
- 鳍肢丰满圆滑
- 背鳍位于背部中央

解剖学特征

由于具有相似的体形大小及颜色，小虎鲸经常与瓜头鲸相混淆。小虎鲸的额隆更为宽厚丰满且鳍肢更为圆滑。在光线较好的条件下，小虎鲸的背鳍的形状很好辨识，其背鳍下的坡度较缓。相较之，瓜头鲸的背鳍坡度较陡。

行为

小虎鲸群体通常较小，一般少于50头个体，也会出现超过100头个体组成的群体。相比瓜头鲸，它们在海表并不十分活跃。在大部分海域，它们会避开船只，而且很少有船舶乘浪的行为，较常浮窥。

食物和觅食

小虎鲸食物组成的相关信息较少，推测该物种可能在较深海域或夜间捕食枪乌贼和小型鱼类。有部分证据显示，它们或许会攻击体形较小的海豚。

生活史

目前对于该种的生活史几乎一无所知。已知的非常有限的信息也都是来源于搁浅的小虎鲸。已知体形最小的哺乳期的雌性个体长2.04米，搁浅于加勒比地区。而已知体形最小的成熟雄性个体长2.07米，搁浅在佛罗里达。

保育和管理

在加勒比、印度尼西亚以及斯里兰卡地区，人们会利用鱼叉和流刺网对小虎鲸进行捕杀，以供人类食用或用作延绳钓具的饵料。渔民在其分布区域捕捞其他物种时，小虎鲸也会经常被误捕。由于小虎鲸捕食对象处于较低营养级，其体内累积的污染物浓度可能不像其他物种那么高(如伪虎鲸)。该物种在其大部分分布区域仍不是很常见。

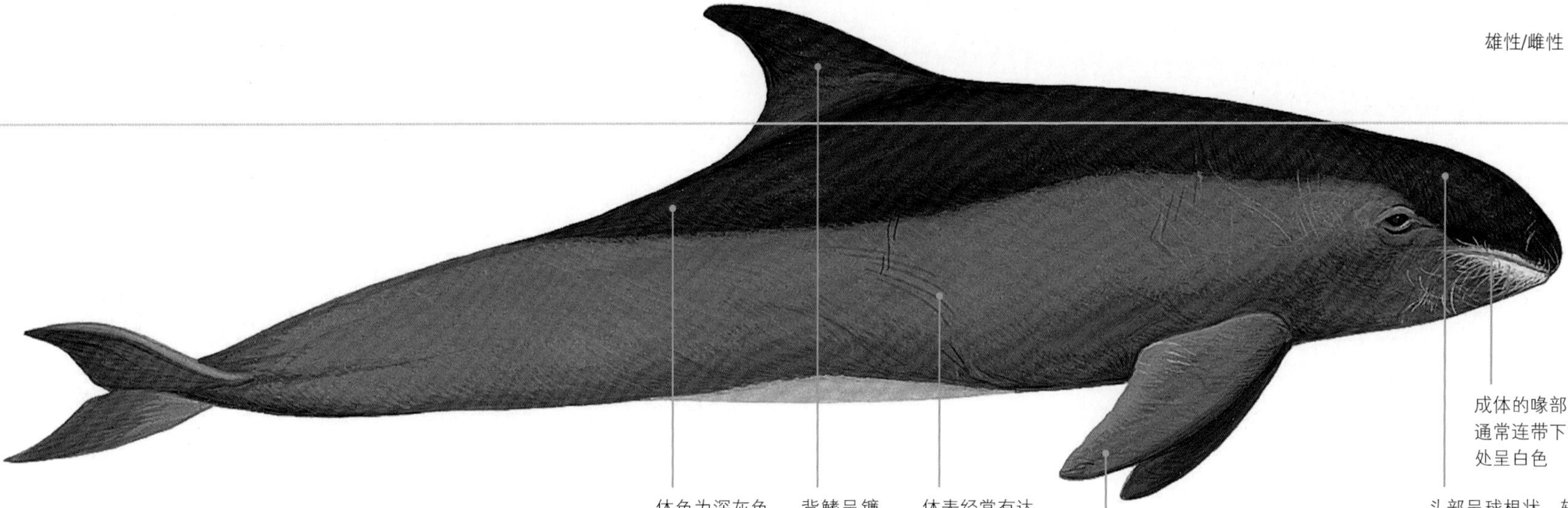

雄性/雌性

成体的喙部，通常连带下颌处呈白色

头部呈球根状，较瓜头鲸更为丰满

鳍肢狭长，端部圆钝

体色为深灰色到黑色，有明显的背角

背鳍呈镰状，微尖

体表经常有达摩鲨的咬痕

头部形状

小虎鲸的头部圆润，从上方或侧面观测时略呈球根状。瓜头鲸的头部从侧面观察则更尖锐，且从上面观察时似三角形。

瓜头鲸

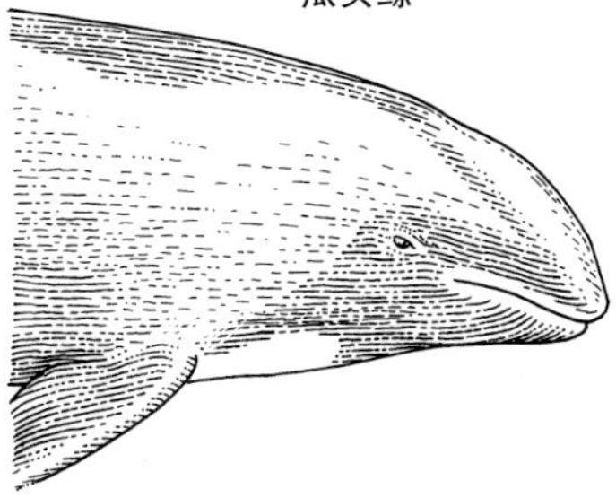

小虎鲸

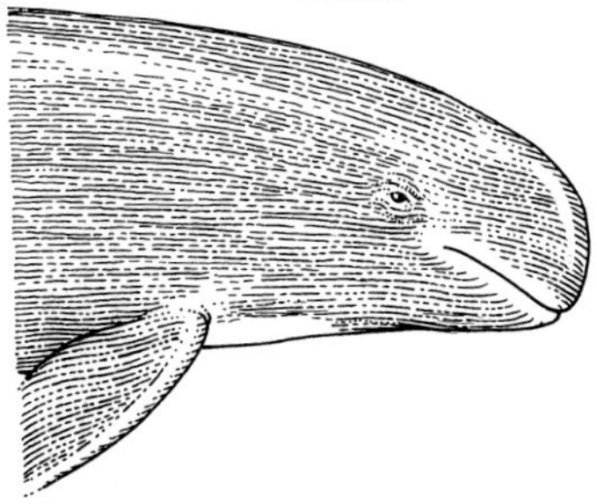

体形大小

新生幼体：0.8米
成体：2.1—2.6米

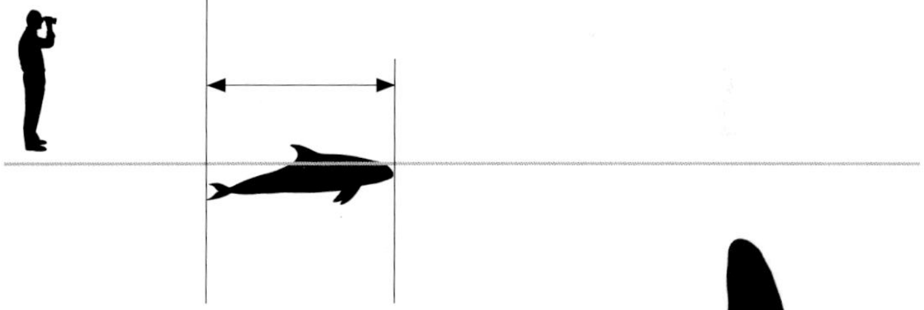

潜水序列

1.在出水时，该物种较为谨慎且出水较低。

2.其丰满的头部顶端先露出水面。

3.随后背鳍全部露出水面。

4.背角露出水面。

5.再次入水时，动物身体随入水动作轻微翻滚。

海表行为

小虎鲸常成对的同步出水，也经常出现轻轻甩尾的行为，偶有跃身击浪行为，同时尾部很少完全露出水面。在休息时，小虎鲸常有侧身翻滚行为，同时头部分或完全露出水面。

短肢领航鲸

科名：海豚科

拉丁名：*Globicephala macrorhynchus*

别名：黑鲸（其他物种也有同样的别名），领航鲸，大吻领航鲸，大吻巨头鲸

分类：与长肢领航鲸的亲缘关系最近（在日本海域，从基因学角度存在两个亚种，然而从分类学角度并没有进行区分）

近似物种：很容易在长肢领航鲸与短肢领航鲸分布重叠的区域与长肢领航鲸混淆，与伪虎鲸也十分相似

初生幼体体重：60千克

成体体重：1000—3000千克

食性：主要以枪乌贼、鱼类以及其他头足类为食

群体大小：通常15—50头个体

主要威胁：渔业（直接捕捞与误捕），污染

IUCN濒危等级：无危（2018年评估）

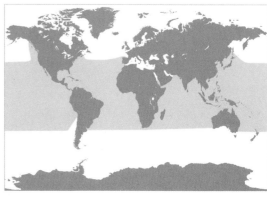

分布范围和栖息地　该物种分布在世界性的热带以及温带水域。它们主要出没于离岸深水区，但有时也会出现在海岛附近。

物种识别特征：
- 体形巨大粗壮，身体呈深灰色到黑色
- 方形球根状头部，喙部稍微或完全不凸出
- 背鳍较低，基部宽，呈镰刀状
- 鳍肢平均为体长的1/6
- 背鳍在背部距头部1/3处

解剖学特征

短肢领航鲸的雌性和雄性之间存在体形差异，成年雄性通常会比成年雌性体形更大、更重。雄性的额隆更为凸出，背鳍更大。此外，不同地理区域的短肢领航鲸，体形和体色存在差异。

行为

照相识别和基因水平的研究显示，短肢领航鲸的社会群体中包含雌性和雄性，且群体维持相对稳定。雌性通常留在其出生的群体，雄性则没有这一特性。群体中个体的数量一般保持在15—50头，但有时会更多。同其他群居的齿鲸一样，短肢领航鲸很容易集体搁浅。目视考察表明，它们白天会经常在海面休息。从被标记的个体返回的数据显示该物种会经常在夜间到深处捕食。

食物和觅食

该物种主要进食乌贼，但偶尔也会进食头足类或鱼类。

生活史

短肢领航鲸在8—9岁（雌性），13—17岁（雄性）达到性成熟。妊娠期约为15个月，且全年都有幼崽出生。南半球的产崽高峰期为春季和秋季，北半球为秋季和冬季。通常每5—8年产一崽，哺乳期持续至少2年。该物种寿命可达60年，雌性通常在40多岁停止生殖行为。

保育和管理

几个世纪以来，在日本海域短肢领航鲸一直被大量捕杀（通过捕鲸叉捕获以及推动渔业发展的方式）。它们在小安的列斯群岛、斯里兰卡以及印度尼西亚也曾被捕杀或渔业误捕。

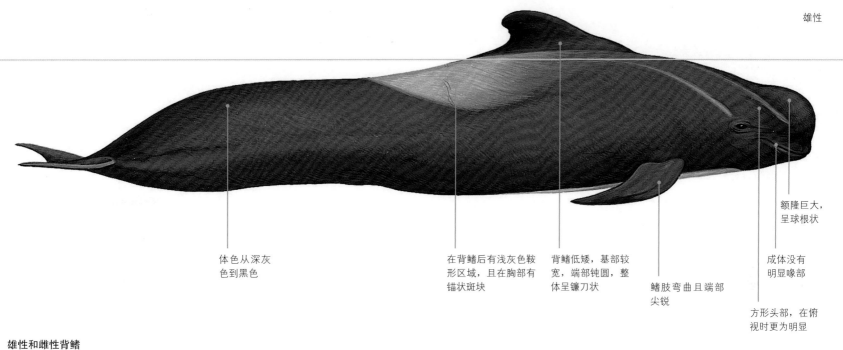

雄性

体色从深灰
色到黑色

在背鳍后有浅灰色鞍
形区域，且在胸部有
锚状斑块

背鳍低矮，基部较
宽，端部钝圆，整
体呈镰刀状

鳍肢弯曲且端部
尖锐

额隆巨大，
呈球根状

成体没有
明显喙部

方形头部，在俯
视时更为明显

雄性和雌性背鳍
成年雄性领航鲸的背鳍明显大于雌性。
雄性背鳍较高，基部较宽且且背鳍端部
相较于雌性更接近镰刀状。

雌性背鳍

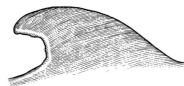

雄性背鳍

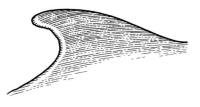

体形大小
新生幼体：1.4—1.9米
成体：最大体长，雌性为5.1米，雄性为7.3米

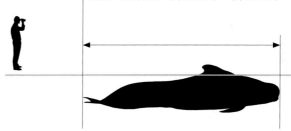

 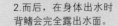 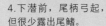

潜水序列
1.最初，其头部和额隆
会高高地露出水面。气
柱明显，且低矮浓密。

2.而后，在身体出水时
背鳍会完全露出水面。

3.由于其身体圆滑，
背鳍显得更为突兀。

4.下潜前，尾柄弓起，
但很少露出尾鳍。

海表行为
短肢领航鲸常与其他动物一同出水，
也常出现单独或多个个体共同浮窥的
行为。不像许多其他的小型海豚，短
肢领航鲸极少有高难度的杂耍行为。
出现跃身击浪行为的通常为幼年个
体，且动物不会完全跃出水面。

长肢领航鲸

科名：海豚科

拉丁名：*Globicephala melas*

别名：黑鲸（其他物种也有同样的别名），领航鲸，大吻领航鲸，大吻巨头鲸

分类：与短肢领航鲸的亲缘关系最近且具有三个已知亚种，G. m. edwardii（南半球）、G. m. melas（北大西洋）、G. m. un-named subsp（北太平洋）

近似物种：很容易在长肢领航鲸与短肢领航鲸分布重叠的区域与短肢领航鲸混淆，与伪虎鲸也十分相似

初生幼体体重：75—100千克

成体体重：雌性1300千克，雄性2300千克

食性：主要以枪乌贼以及鱼类为食

群体大小：通常10—20头

主要威胁：渔业（直接捕捞以及误捕），污染

IUCN濒危等级：无危（2018年评估）

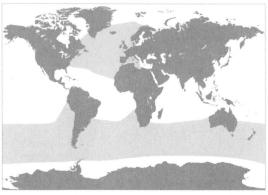

分布范围和栖息地 该物种分布在冷温带和亚极地海域。它们主要出没于离岸深水区，但有时也会出现在沿岸海域。

物种识别特征：
- 体形巨大粗壮，身体呈深灰色或黑色
- 球根状头部
- 背鳍低矮，基部较宽，呈镰刀状
- 鳍肢平均为体长的1/5
- 背鳍在背部距头部1/3处

解剖学特征

长肢领航鲸是海豚科中最大的物种之一。同短肢领航鲸一样，长肢领航鲸的雌性和雄性之间具有一定的体形差异，成年雄性通常会比成年雌性体形更大。虽然所有的亚种均有灰色到白色的鞍状区域以及眼部条纹，但是栖息在南半球的亚种比北大西洋的亚种的色彩更为明显，即南半球亚种的鞍状区域与眼部条纹更为明显。

行为

虽然也曾观测到几百头个体的群体，但长肢领航鲸通常会组成少于50头个体的紧密社交群体。它们的群体为稳定的母系群体。它们经常会集体搁浅，尤其在其分布范围内的某些特定区域，例如马萨诸塞州的科德角。长肢领航鲸通常游速较慢，经常在水面休息、浮漂。两个最常见的海表行为是浮窥和鲸尾击水。

食物和觅食

该物种主要进食头足类（枪乌贼），特别是在南半球。在北大西洋，长肢领航鲸会进食小型或中型鱼类，但枪乌贼仍是其最主要的食物来源。

生活史

雌性会在8岁左右达到性成熟而雄性则为12岁。雄性的寿命约为35—45年，而雌性寿命可以超过60年。长肢领航鲸的繁殖行为全年皆可发生，高峰期为夏季。妊娠期约为16个月。平均3—5年产崽一次，雌性的生殖行为可以持续至40—50岁。

保育和管理

在全球一些推动渔业发展的地区，长肢领航鲸会被直接捕获中捕杀最严重的地区是法罗群岛。由于延绳钓、流网以及拖网的使用，误捕的事件也偶有发生。此外，它们也会受到体内积累的高浓度的有机氯类杀虫剂DDT、多氯联苯PCB以及其他有毒物质的危害。

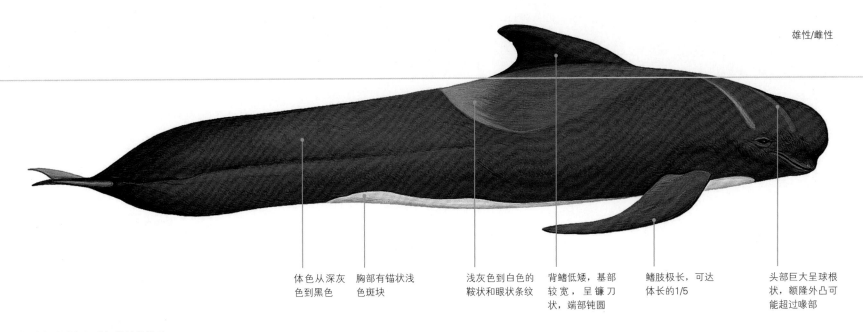

雄性/雌性

体色从深灰
色到黑色

胸部有锚状浅
色斑块

浅灰色到白色的
鞍状和眼状条纹

背鳍低矮，基部
较宽，呈镰刀
状，端部钝圆

鳍肢极长，可达
体长的1/5

头部巨大呈球根
状，额隆外凸可
能超过喙部

长肢领航鲸与短肢领航鲸的鳍肢
长肢领航鲸和短肢领航鲸的鳍肢均为镰状，鳍肢
前缘弯曲角度较大，且端部尖锐。长肢领航鲸鳍
肢长度约为体长的1/5，短肢领航鲸鳍肢长度约为
体长的1/6。

短肢领航鲸鳍肢

长肢领航鲸鳍肢

体形大小
新生幼体：1.6—2.0米
成体：雌性体长为3.8—5.7米，雄性体长为4—7.6米

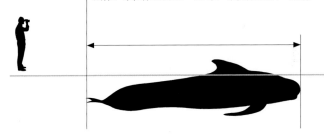

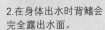

潜水序列
1.最初，其头部和额隆会
高高地露出水面。气柱
低矮浓密，在天气晴朗
时半英里外即可见。

2.在身体出水时背鳍会
完全露出水面。

3.由于其身体圆滑，
背鳍显得更为突兀。

4.下潜前，尾柄弓
起，偶尔会有鲸尾
扬升的行为。

海表行为
长肢领航鲸很少有高能耗的行
为，例如跃身击浪或跃水。

瑞氏海豚

科名：	海豚科
拉丁名：	*Grampus griseus*
别名：	灰海豚
分类：	与伪虎鲸和领航鲸的亲缘关系最近
近似物种：	瓶鼻海豚
初生幼体体重：	20千克
成体体重：	300—500千克
食性：	主食枪乌贼，也进食章鱼、墨鱼、凤尾鱼以及磷虾
群体大小：	平均3—30头，偶尔群集1000头的超大群体
主要威胁：	海洋噪声，渔业误捕，猎捕，水族馆展示
IUCN濒危等级：	无危（2018年评估）

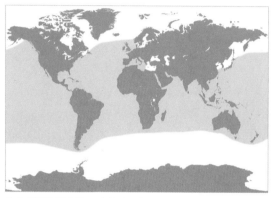

分布范围和栖息地　该物种栖息在具有陡峭海底地形的大陆坡和外陆架（水深400—1000米）。它们的活动范围在北纬60°到南纬60°之间。关于其季节性迁徙的信息人们所知甚少，但很有可能受到海洋地质变化和食性转化的影响。

物种识别特征：
- 球根状头部处有垂向折痕
- 身体呈深灰色，有大量白色伤痕和圆形标记
- 鳍肢狭长，尖直
- 无喙

解剖学特征

瑞氏海豚体形粗壮，尾柄狭长。雄性和雌性个体体形大小基本相同。背鳍呈镰状、高耸，位于背侧中部。身体上布满由枪乌贼，达摩鲨，七鳃鳗和其他瑞氏海豚造成的抓痕，咬痕，斑点，和环形标记。幼鲸体表没有伤痕，但是随着年龄的增长它们的体色会从深灰色逐渐变为浅灰色甚至灰白色。通常，它们的上颌没有牙齿，下颌有2—7对牙齿。

行为

瑞氏海豚生性腼腆，极少主动接近船只。它们存在多种海表行为，如跃水、跃身击浪以及浮窥。瑞氏海豚有记录的最高下潜深度为300米，持续时间为30分钟。它们会维持稳定长久的联系，并形成特定年龄，性别组成的社交群体。

食物和觅食

瑞氏海豚偏好离岸较深海域，其分布和活动范围受主要食物源——集群性鱿鱼和巨型鱿鱼的驱动。声学研究显示，它们会在夜晚进食，早上社交，行进，下午休息。

生活史

在西北太平洋海域，产崽季为夏季到秋季；在南非海域及加州沿岸海域则为夏季。瑞氏海豚会在8—10岁达到性成熟。妊娠期为13—14个月，平均寿命为30—34年。

保育和管理

瑞氏海豚分布范围广，且局部海域丰富度高，目前被列在低危的名单里。但是因为其下潜深度较深，因此非常容易受到军用声呐系统和地震测量的影响。除此之外，它们还会受到其他威胁，如驱赶式渔业的发展、蓄意捕猎、渔业误捕以及气候变化，这些都会造成局部海域的瑞氏海豚数量下降。

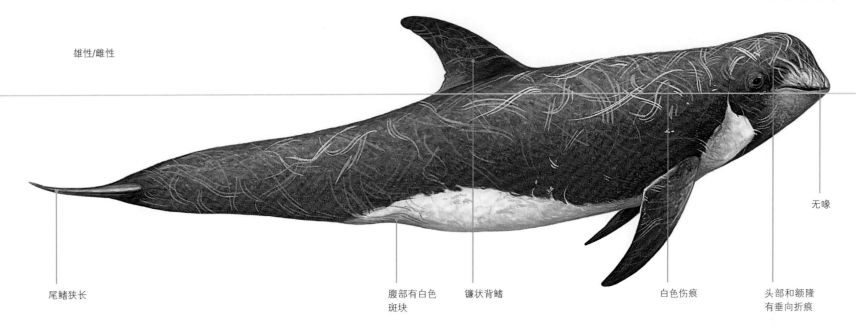

雄性/雌性

无喙

尾鳍狭长

腹部有白色
斑块

镰状背鳍

白色伤痕

头部和额隆
有垂向折痕

垂向折痕
瑞氏海豚的标志性特征就是其头
部和额隆有特殊的垂向折痕，而
且随着年龄增长体表会有大量的
白色伤痕。

体形大小
新生幼体：1.1—1.7米
成体：2.6—4米

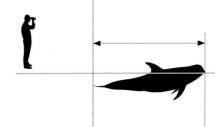

潜水序列
1.在缓慢的出
水过程中，其
头部会首先露
出水面。

2. 随后，其明显的
背鳍以及方形的头
部会露出水面，狭
长的鳍肢端部会指
向水面。

3.头部再次没入水面下
的同时，背部弓起，
背鳍更显著。

4.最后，仅有背鳍
仍在水面之上。

海表行为
瑞氏海豚经常会将头部露出水面
与水面成45°。有时，它们会缓
慢地将头部垂直地露出水面。

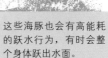

这些海豚也会有高能耗
的跃水行为，有时会整
个身体跃出水面。

弗氏海豚

科名：海豚科

拉丁名：*Lagenodelphis hosei*

别名：沙捞越海豚

分类：与原海豚属、瓶鼻海豚属、真海豚属以及驼海豚属的亲缘关系较斑纹海豚属更近，在日本海域与菲律宾海域的种群之间存在形态学差异

近似物种：远距离观测，从眼部到肛门的条纹与条纹海豚相似

初生幼体体重：20千克

成体体重：160—210千克

食性：底栖鱼类、枪乌贼以及虾

群体大小：100—500头，最多可达1000头

主要威胁：直接捕获（在日本被围捕，在斯里兰卡以及小安的列斯被鱼叉捕捞），刺网误捕，海洋垃圾，船只撞击

IUCN濒危等级：无危（2018年评估）

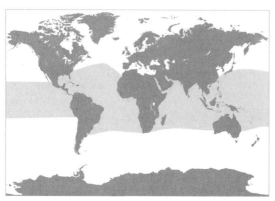

分布范围和栖息地 主要分布在热带大洋性海域，偶尔也会在近岸深水区域出没。经常在水深700—3500米范围内活动。

物种识别特征：
- 体形矮壮
- 喙部短而独特
- 背鳍矮小，呈三角形，有些个体呈轻微的镰刀状
- 鳍肢和尾鳍较小
- 雄性成体从眼部到肛门有明显的黑色条带
- 从眼部到鳍肢有黑色条纹
- 背部呈深灰到棕灰色
- 腹部呈白色，有些个体呈粉色

解剖学特征

弗氏海豚的体色因年龄和性别的不同而有所差异。成年雄性有明显的从面部延伸至肛门的黑色斑纹。然而这种斑纹在雌鲸、青年个体以及幼鲸身上并不明显，部分甚至没有这种斑纹。成年雄性会有一条深色条纹，从下颌中部延伸至鳍肢前段，有时会与侧面的条纹形成"盗贼面具"的花纹。成年雄鲸的肛后隆起发育良好，但在雌性和幼体上这种隆起并不明显或没有这种隆起。该种上颌有两个褶沟，与真海豚相似。

行为

弗氏海豚擅长游泳，在群体快速游动时有跃水行为。群体中个体数量一般较多，通常为100—500头，有时甚至可以多达1000头。它们通常会与其他物种混游，特别是瓜头鲸以及短肢领航鲸。

食物和觅食

弗氏海豚主要以海洋中层鱼类、甲壳类以及头足类（枪乌贼）为食。其生理适应性机制使弗氏海豚能够在较深海域捕食。在东太平洋热带海域，它们会在两个不同深度的水层进食（250米和500米）。在菲律宾海域，弗氏海豚的捕食深度能够达到600米。据观察，在南非以及加勒比海域活动的个体会在海表进食。

生活史

弗氏海豚的寿命可达19年甚至更长，体长可达2.7米。雄性约在7—10岁时达到性成熟，雌性约在5—8岁达到性成熟。群体中会包含不同年龄的个体，且雄性和雌性的比例为1∶1。妊娠期为12.5个月，产崽间隔为2年。产崽的高峰季节随地理分布而有所差异——在日本海域的产崽高峰季节为春季和秋季，而在南非海域则为夏季。

保育和管理

主要威胁包括日本刺网捕鱼过程中被误捕，部分地区被捕用于制作食物或鲨鱼饵料。在东南亚已有提议指出，国际合作有助于弗氏海豚的保护。

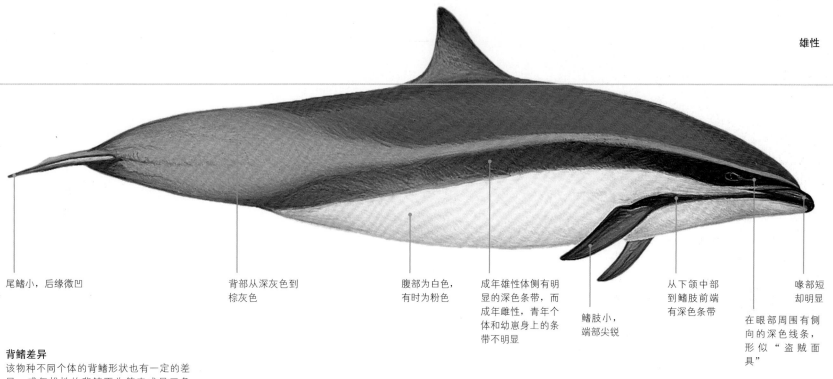

雄性

尾鳍小，后缘微凹

背部从深灰色到
棕灰色

腹部为白色，
有时为粉色

成年雄性体侧有明
显的深色条带，而
成年雌性，青年个
体和幼崽身上的条
带不明显

鳍肢小，
端部尖锐

从下颌中部
到鳍肢前端
有深色条带

喙部短
却明显

在眼部周围有侧
向的深色线条，
形似"盗贼面
具"

背鳍差异
该物种不同个体的背鳍形状也有一定的差
异。成年雄性的背鳍更为笔直或呈三角
形，而雌性和青年个体的背鳍则通常更加
弯曲或呈镰刀状。

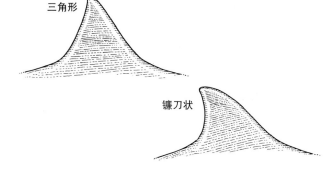

三角形

镰刀状

体形大小
新生幼体：1.0—1.1米
成体：雌性体长为2.1—2.2米，雄性体长为2.2—2.4米

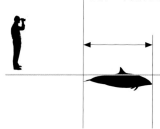

潜水序列
1.首先，在下潜深度
较浅时，仅有头部和
背部露出水面。

2.当身体弓起时，
背鳍露出水面。

3.背部更加明显
地弓起。

4.最后，在浅潜之
前仅有背鳍的端部
仍露在水面之上。

跃身击浪
该物种有时会跃身击
浪，引得水花四溅。

大西洋斑纹海豚

科名：海豚科

拉丁名：*Lagenorhynchus acutus*

别名：跳跃海豚（名字也同样适用于白喙斑纹海豚）

分类：斑纹海豚属的物种的分类和命名尚不确定

近似物种：与白喙斑纹海豚的体形大小、外形以及分布区域相似

初生幼体体重：24千克

成体体重：雌性为180千克，雄性为230千克

食性：鲱鱼、鲭鱼、鳕鱼、香鱼、枪乌贼、玉筋鱼、虾、无须鳕

群体大小：可聚集形成2—10头的小群体，50—500头的群体，偶尔也会出现上千头的群体

主要威胁：历史上曾被大量捕杀，如今受渔网、拖网缠绕，以及由于气候变化，化学污染导致的栖息地丧失的影响

IUCN濒危等级：无危（2019年评估）

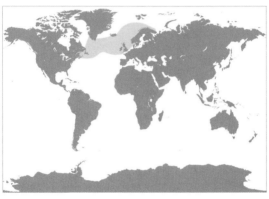

分布范围和栖息地 该物种通常栖息在冷温带到亚极地的大陆架和陆坡水域，偶尔会出现在水深较浅的沿岸水域或北大西洋中部。

物种识别特征：
- 背部、背鳍、鳍肢以及尾鳍均为深灰色或黑色
- 腹部与下颌为白色
- 体形矮壮，喙部圆钝
- 侧面中间有横向的亮白色条纹
- 有土黄色条纹从白色条纹末端向尾部延伸

解剖学特征

大西洋斑纹海豚体形相对较大，健壮，有明显的体色分布。其喙部短而钝圆，上下颌分别有29—40对，31—38对小型圆锥状牙齿。它们有15条肋骨，77—82节椎骨（所有海豚中椎骨最多）。

行为

不同地区的群体大小不同。在大西洋东部以及冰岛周围，群体通常少于10头个体，而在新英格兰周围海域，群体通常包括40头以上个体。通过对集体搁浅数据的分析显示，群体内的个体存在性别和年龄分隔，在同时含有成年雌性和雄性以及幼体的群体中，几乎不存在体形较大的青年个体。这些海豚可能与大型须鲸共同进食，且与其他海豚物种联系紧密。

食物和觅食

该物种由于潜水时间一般不会超过1分钟，因此不会在较深的水层进食。食物种类包括短肢枪乌贼、鲱鱼、香鱼、银鳕鱼、玉筋鱼以及各种虾类和枪乌贼。

大西洋斑纹海豚的分布区域存在季节性的南北变化，该行为可能是受到其主要捕食对象的丰富度以及密度变化相关。在20世纪70年代，其栖息地的变动可能与陆架水域玉筋鱼数量的增长相关。

生活史

该物种的雄性较雌性体形更大且更重，雌性个体均在5岁左右达到性成熟。哺乳期一般为18个月，但是部分个体会每年生育一次。平均寿命在22—27岁。

保育和管理

据估计，大西洋斑纹海豚物种数量为数十万头。它们曾被大规模地捕捞，但现在直接捕猎的事件相对较少。由于刺网以及拖网误捕造成的死亡事件偶有发生，且多达100头个体的集体搁浅事件在该物种中也较为常见。包括杀虫剂在内的有毒物质在动物体内的积累，可能会导致海豚个体出现免疫抑制现象，从而增加其感染疾病的风险。

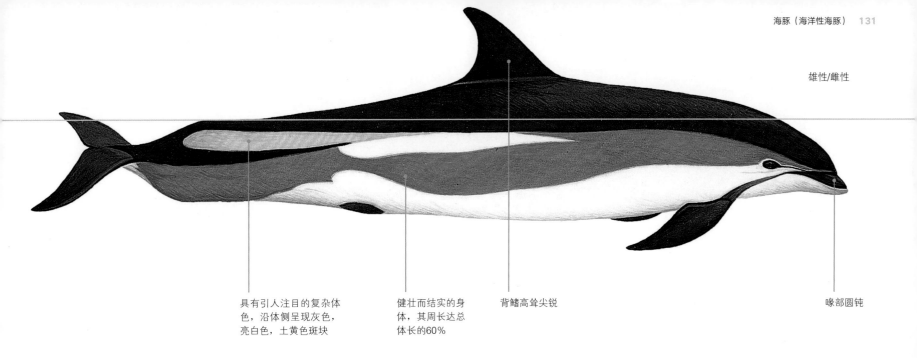

雄性/雌性

具有引人注目的复杂体色，沿体侧呈现灰色，亮白色，土黄色斑块

健壮而结实的身体，其周长达总体长的60%

背鳍高耸尖锐

喙部圆钝

头部、喙部以及眼睛颜色
其眼部周围有黑色的环形斑块，喙部与上颌间有一条细线相连向前延伸,且有一条更细的线向后延伸至外耳的位置。有一条倾斜的灰色条带从眼睛延伸至鳍肢。

体形大小
新生幼体：1—1.2米
成体：雌性体长为2.5米，雄性体长为2.8米

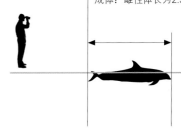

喷气
行为通常发生在头部接近水面时。游速较低时，该物种会在头部露出水面吸气前在水下喷气，喷气过程可能会形成一个单独的气泡或是一串气泡。

潜水序列
1.在喷气之后或在喷气过程中，整个背部的前半部分——从喙部到背鳍后缘会同时露出水面。

2.游速较慢或中等时，在喷气后其身体明显弯曲使得身体可在尾鳍不露出水面的情况再次入水。

3.在游速较快时，背部后半部分和背鳍可能会短暂地露出水面。

跃身击浪
不像其他海豚那样在空中出现各种行为，但是这些海豚有时会整个身体跃出水面，有时会在入水时，出现"腹部拍水"的行为激起水花。

次表层翻滚
当在船艏乘浪或靠近静止的船只时，这些海豚可能会在次表层游弋，有时在船侧翻滚，向上看观察者，为人们仔细观察它们体侧独特的条带提供有利条件。

鲸尾击水
当与一艘船（以及其他海豚）互动时，这些海豚会有意识地用它们的尾鳍激起水花，或侧面翻滚，或扭动身体来激起白色水花。

白喙斑纹海豚

科名：海豚科

拉丁名：*Lagenorhynchus albirostris*

别名：白鼻海豚，乌贼猎手，白喙鼠海豚

分类：分子数据显示与其他斑纹海豚属物种的亲缘关系较近

近似物种：可能会与体形相近的斑纹海豚相混淆

初生幼体体重：20—40千克

成体体重：雌性为180—290千克，雄性为230—350千克

食性：鱼类（主要为鳕鱼类），枪乌贼

群体大小：1—10头

主要威胁：海洋污染，噪声污染，全球变暖

IUCN濒危等级：无危（2018年评估）

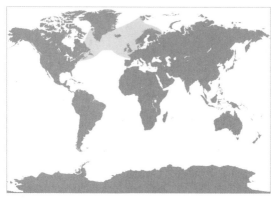

分布范围和栖息地　主要分布在北大西洋的温带以及亚极地水域，主要分布在大陆架海域。

物种识别特征：	● 身体呈黑色，有灰色和白色的斑纹
	● 体形短矮粗壮
	● 背鳍位于背部中间（体长一半的位置），高耸，呈镰刀状
	● 喙部短厚，呈白色或接近白色
	● 鳍肢较长，端部尖锐

解剖学特征

该物种的两侧以及腹部有不同的黑白色斑纹。最显著特征为白色的喙部，有时也会渐变为深灰色。雄性体长大于雌性。与其他海豚相比，它体形更为粗壮、肌肉更为发达。它有多达93节脊椎，脊椎骨数量仅次于白腰鼠海豚。大量短小的脊椎骨被认为是一种适应快速、敏捷游动的演化。其上下颌有25—28对牙齿。

行为

该物种游速快，也会经常展示一些在海豚中比较常见的空中动作，例如跳跃、跃身击浪和环形运动。它经常靠近船只并在船舶乘浪。据观察，它们经常与其他鲸类物种一起嬉戏玩耍，例如长须鲸、大翅鲸以及其他海豚。

食物和觅食

白喙斑纹海豚主食鳕鱼类，例如牙鳕和黑线鳕。此外，它们也会进食其他远洋和深水底栖型鱼类和鱿鱼。它们通常在在靠近海底的区域捕食，且存在合作捕食的行为。

生活史

白喙斑纹海豚通常在盛夏时节进行交配和产崽。其妊娠期约持续11个月。性成熟时，雄性体长达到2.3—2.5米，雌性体长达到2.3—2.4米，雌雄个体均在7—9岁达到性成熟。雌性的产崽间隔可达几年。该物种寿命估计至少为40年。

保育和管理

白喙斑纹海豚受气候变化的影响，例如，它们需要与亚热带和温带水域物种争夺日益减少的鱼类资源。处于青年阶段的海豚被误捕的事件也时有发生。海洋污染对它们的生活也会有所影响。

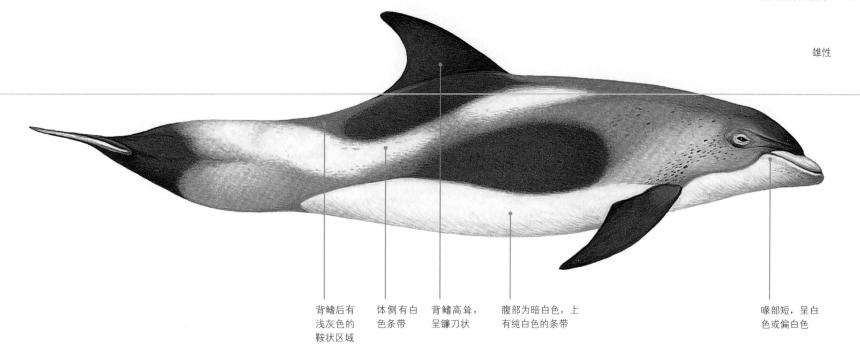

雄性

背鳍后有浅灰色的鞍状区域

体侧有白色条带

背鳍高耸，呈镰刀状

腹部为暗白色，上有纯白色的条带

喙部短，呈白色或偏白色

喙部颜色差异

尽管名字中有"白喙"二字，但是其不同个体间喙部颜色仍有所差异，从白色到烟灰色。其喙部的颜色也可能延伸至超过喙部分范围，至额隆的前端。

灰色　　白色　　烟灰色

体形大小

新生幼体：1.1—1.3米
成体：雌性体长为2.3—2.8米，雄性体长为2.4—3.1米

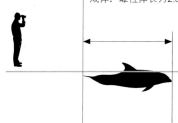

潜水序列
1.气柱不可见。头部和背部前端会首先露出水面。通常喙部不会出现在水面之上。

2.高耸呈镰状的背鳍露出水面。

3.当海豚在海表翻滚时，背鳍清晰可见。

4.白喙斑纹海豚通常游速较快且其潜水动作也非常迅速。

跃身击浪
白喙斑纹海豚经常会展示一系列的行为，包括垂直跃身击浪和各种跃水行为。

皮氏斑纹海豚

科名： 海豚科

拉丁名： *Lagenorhynchus australis*

别名： 黑颊海豚

分类： 与暗色斑纹海豚以及沙漏斑纹海豚亲缘关系较近，目前斑纹海豚属的分类标准正在修订中

近似物种： 容易与暗色斑纹海豚混淆，也可能会与斑纹海豚相混淆

初生幼体体重： 未知

成体体重： 雌性为100—115千克，雄性成体体重未知

食性： 鱼类，头足类，甲壳类

群体大小： 1—15头，偶尔可多达100头

主要威胁： 误捕，栖息地丧失，全球变暖

IUCN濒危等级： 无危（2018年评估）

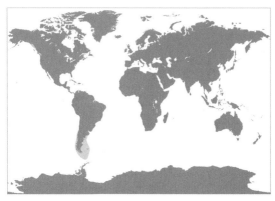

分布范围和栖息地 皮氏斑纹海豚在南美洲两侧沿岸海域均有所出没，主要活动在深水区、西南部峡湾以东南部的浅海陆架（通常浅于200米）。

物种识别特征：
- 体形粗壮
- 背部呈深灰色或黑色
- 两侧有浅色区域
- 面部为深色
- 喙部较短
- 鳍肢下侧有白斑
- 背鳍高耸，呈镰刀状

解剖学特征

皮氏斑纹海豚是分布于南半球的3个斑纹海豚属物种中体形最粗壮的。它们的体色复杂且个体间有所差异，花纹主要分布在喉部斑块的后端，侧面以及生殖器周围。该种的牙床异常地宽大扁平，这易于其捕食小型章鱼而不用将其挤碎。鳍肢与背鳍主体呈黑色，后缘颜色较浅。幼年个体的体色相较于成年个体更浅。

行为

据观察，皮氏斑纹海豚经常在沿岸海藻床或其附近缓慢地游动。它们有时会非常活跃，会晃动头部，翻滚、跃水、浮窥以及旋转。在行进过程中，它们用头部向各个方向溅水，"犁头海豚"的名号也由此得来。此外，它们也经常与其他鲸类物种一起嬉戏，例如康氏矮海豚，它们经常沿着火地岛北岸一同游弋。

食物和觅食

在南大西洋西南海域，皮氏斑纹海豚在沿海生态系统觅食，主要以底栖的鱼类为食，例如南部的鳕鱼以及巴塔哥尼亚长尾鳕鱼；同样，还有章鱼、枪乌贼和虾，上述食物均在皮氏斑纹海豚的胃含物中检测到。它们在沿岸海藻床或其附近及开阔大洋协作进食，例如采取排成一条直线和围成一个巨大的圆环的方式捕食，或是一大群海豚包围猎物采用"星爆式"捕食。

生活史

皮氏斑纹海豚通常会组成较小的群体（2—5头个体），有时也会集成多达100头个体的大型群体。该物种繁殖，哺乳季节的相关信息还很匮乏。通过3头雌性个体的卵巢的研究显示雌性很有可能在体长达到1.9米时达到性成熟。但是关于雄性性成熟方面的信息还一无所知。据观察，从春季到秋季均有新生幼崽出没。目前有记录的年龄最大的个体为13岁，但该种的最大寿命有可能会大于13年。

保育和管理

皮氏斑纹海豚曾被大量地捕杀以用作南半球帝王蟹的饵料，特别是在智利南部。但是在近几年，这种捕杀行为已经有所减缓。虽然该种在其地理分布范围内十分常见，但是目前并没有针对该物种总丰富度的评估，只知道在智利南部当地的种群约有200头个体。

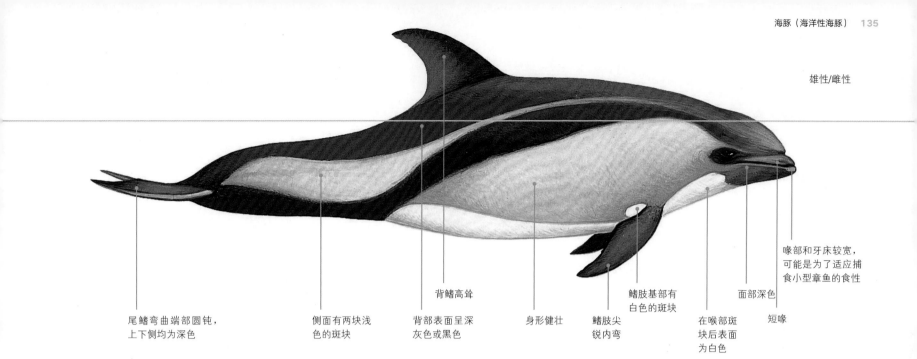

雄性/雌性

尾鳍弯曲端部圆钝，
上下侧均为深色

侧面有两块浅
色的斑块

背部表面呈深
灰色或黑色

背鳍高耸

身形健壮

鳍肢尖
锐内弯

鳍肢基部有
白色的斑块

在喉部斑
块后表面
为白色

面部深色

短喙

喙部和牙床较宽，
可能是为了适应捕
食小型章鱼的食性

宽大的喙部和牙床
皮氏斑纹海豚的一个明显的
解剖学特征是其牙齿和喙部
边缘的"平台"较宽。牙齿
均位于上下颌的喙部边缘。
这个特征相较于其他海豚十
分特别。

牙龈宽扁，呈黑色

3.2厘米

右

口腔顶部

左

3厘米

每侧距离2.5厘米

体形大小
新生幼体：约1米
成体：1.8—2.1米

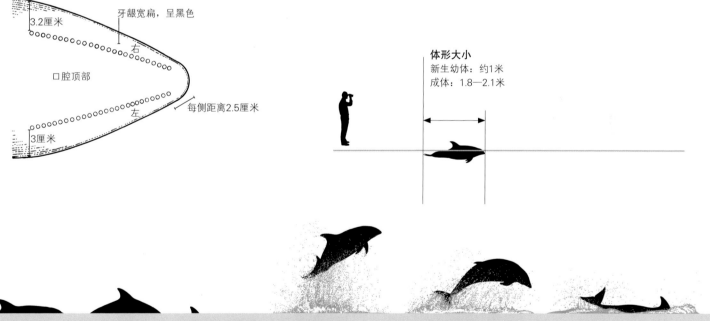

潜水序列
1.当上升到海面时，海
豚首先会将头部露出水
面。由于该物种体形较
小，通常气柱不可见。

2.在头部仍可
见的状况下，
背鳍和背部露
出水面。

3.头部下潜至水
面下，背部和背
鳍仍在水面上。

4.最后，海豚潜到
水面之下。有时尾
鳍在下潜过程中会
露出水面甚至会有
击水的行为。

海表行为
皮氏斑纹海豚会进行常见的跃
水以及其他的空中行为，包括
跃身击浪、浮窥、头部击水以
及旋转。它们经常会重复地跃
水，并用体侧或腹部击水。

沙漏斑纹海豚

科名：海豚科

拉丁名：*Lagenorhynchus cruciger*

别名：无

分类：与暗色斑纹海豚以及皮氏斑纹海豚亲缘关系较近，目前斑纹海豚属的分类标准正在修订中

近似物种：可能会与暗色斑纹海豚或皮氏斑纹海豚相混淆

初生幼体体重：未知

成体体重：88—94千克

食性：小型鱼类，枪乌贼，甲壳类

群体大小：1—10头，偶尔可多达100头

主要威胁：暂无已确认的主要威胁

IUCN濒危等级：无危（2018年评估）

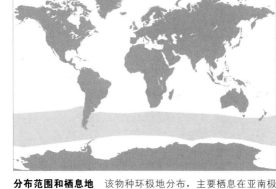

分布范围和栖息地　该物种环极地分布，主要栖息在亚南极以及南极水域（南纬40°至南纬67°的范围之内）。这些海豚主要活动在大洋性水域并潜入深水层，但也会出没于近岸或浅滩。

物种识别特征：
- 体形粗壮
- 背部呈黑色，腹部呈白色
- 体侧有两个白色区域延伸形成沙漏形图案
- 喙部较短为黑色
- 背鳍和尾鳍全部为黑色
- 背鳍高耸内弯，位于背部中间

解剖学特征

沙漏斑纹海豚体形粗壮，背鳍高耸内弯。其背鳍的形状随性别和年龄的不同，呈现从竖直到勾状的不同形态。尾柄通常呈龙骨状，尤其是成年雄性。体色主要为黑色或深色，侧面有两个由一条白线相连的白色区域其尾鳍和背鳍全是黑色，但是鳍肢的下侧有部分白色区域。其腹部也大体为白色。幼体的体色花纹还不清楚。

行为

沙漏斑纹海豚性格活泼，游泳迅速。它们经常在船艏乘浪或在船尾跟随时跃出水面。该物种经常与其他鲸类物种混游，特别是长须鲸、领航鲸以及海鸟，例如信天翁、大海燕和岬海燕。

食物和觅食

从不同区域采集的5个沙漏斑纹海豚的胃部样本中发现有小型鱼类、枪乌贼以及甲壳类。通常，它该物种会和集大群的海鸟合作捕食。

生活史

这些海豚通常会组成2—8头个体的群体，但是也曾出现过60—100头个体的群体。虽然它们较为常见，但是沙漏斑纹海豚是研究最少的海豚之一。与其繁殖相关的唯一有效数据也是基于对4个未知年龄标本（两头雌性、两头雄性）的研究。一头体长1.6米的雌性个体还未达到性成熟，而另外一头体长1.8米的雌性接近性成熟。两头雄性（体长分别为1.7米和1.9米）均已达到性成熟。在1—2月可以观察到新生幼崽。

保育和管理

除了5头个体曾以科学研究为目的被捕获以及个别的误捕事件外，目前还没有人类活动对该物种造成主要威胁的相关报道。唯一的种群丰富度估算是在南极辐合带南侧，夏季时约有14.4万头沙漏斑纹海豚出没。

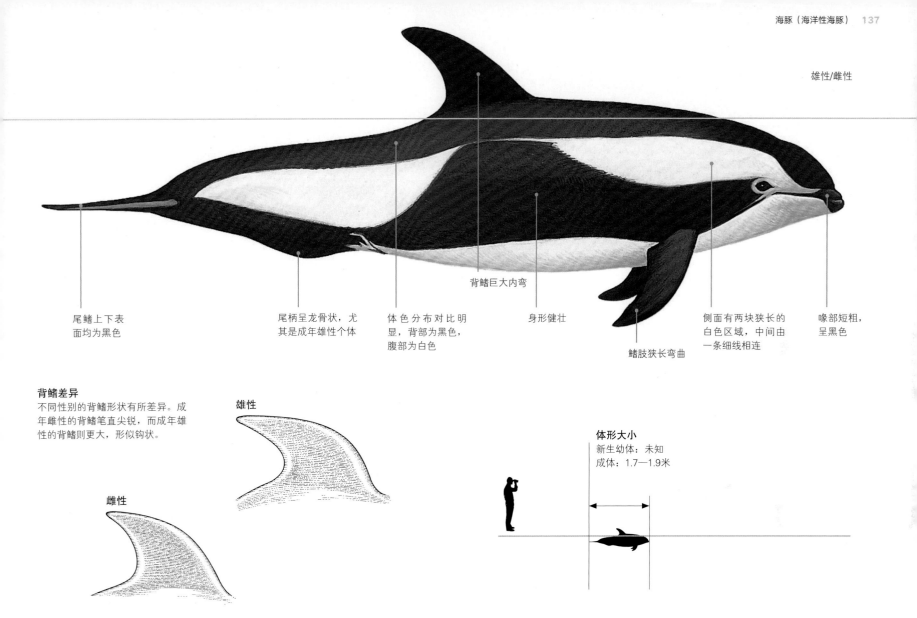

雄性/雌性

背鳍巨大内弯

尾鳍上下表
面均为黑色

尾柄呈龙骨状，尤
其是成年雄性个体

体色分布对比明
显，背部为黑色，
腹部为白色

身形健壮

鳍肢狭长弯曲

侧面有两块狭长的
白色区域，中间由
一条细线相连

喙部短粗，
呈黑色

背鳍差异
不同性别的背鳍形状有所差异。成
年雌性的背鳍笔直尖锐，而成年雄
性的背鳍则更大，形似钩状。

雄性

雌性

体形大小
新生幼体：未知
成体：1.7—1.9米

潜水序列
1.当上升至水面时，海豚的
头部会首先露出水面。而后
在头部仍可见的情况下背鳍
以及背部随之露出水面。由
于该物种体形较小，通常气
柱不可见。

2.当背鳍和背部仍在
水面之上时，头部
下潜到水面之下。

3.最后，海豚潜到
水面之下。有时尾
鳍在下潜过程中会
露出水面甚至有击
水的行为。

海表行为
沙漏斑纹海豚常出现船首逐浪行为。它们
经常在船只的后方冲浪。它们也在大型鲸
类周围游弋嬉戏。

太平洋斑纹海豚

科名：海豚科

拉丁名：*Lagenorhynchus obliquidens*

别名：镰鳍斑纹海豚

分类：由于斑纹海豚属内各物种的关系尚不明确，提出了一个新的属名 *Sagmatias*（太平洋斑纹海豚与暗色斑纹海豚亲缘关系最近）

近似物种：栖息在南半球的暗色斑纹海豚

初生幼体体重：15千克

成体体重：135—180千克

食性：头足类（如枪乌贼），灯笼鱼或灯笼鱼科，集群性鱼类（如美洲鳀）

群体大小：10—100头的群体常见，偶尔可达上千头

主要威胁：刺网，中底层拖网误捕，气候变化

IUCN濒危等级：无危（2018年评估）

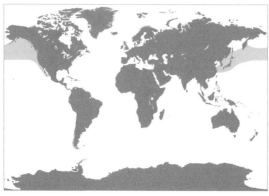

分布范围和栖息地　该物种通常栖息在在北太平洋的冷温带海域，从加利福尼亚到白令海，向南至中国台湾海域，它们通常出现在大陆架，陆坡海域、陆坡水域以及开阔大洋。

物种识别特征：
- 背鳍巨大呈镰状，位于背部中间
- 背部有明显的形似背带的浅灰色条纹
- 腹部为白色，背鳍为灰色和白色两种颜色，尾鳍有V形凹槽
- 喙部较小，唇部为黑色

解剖学特征

太平洋斑纹海豚的体形较它们的姊妹物种暗色斑纹海豚更大。已知有两种形态（南半球和北半球的海豚），栖息在加利福尼亚半岛以北的海豚头部更小，但二者在海上无法区分。该物种喙部较短，上下颌具有23—32对小圆锥形牙齿。体表有两种颜色，背鳍呈镰刀状，尾鳍中央有V形凹槽。

行为

该物种喜群居，会展示杂耍动作，经常与其他物种（如瑞氏海豚或北露脊海豚）组成一个超大群体。它们对海洋变化较为敏感，会随着其猎物进行季节性的移动。它们可以发出两种不同的声音。不同于多数海豚，太平洋斑纹海豚极少发出哨叫声。相反，它们主要利用回声定位或声呐的嘀嗒声来觅食或交流。

食物和觅食

该物种的捕食行为较为灵活，既可在夜间进食，也可在白天进食。它们主要以各种集群性鱼类（例如凤尾鱼、沙丁鱼、鲱鱼和太平洋鳕鱼）为食。在夜间，它们猎食上层水体中做垂直迁徙的生物，主要为栖息在中层水中的鱼类以及枪乌贼。太平洋斑纹海豚能够根据猎物的大小和密度，通过合作将鱼群围起来或将其分割成较小的鱼群进行捕食。

生活史

雌性在11岁左右达到性成熟，而雄性则在10—11岁达到性成熟。交配季通常为夏末到秋初。妊娠期约为11.5个月，生产间隔为3年。平均寿命在36—40年。

保育和管理

由于该物种相对较为丰富且分布广泛，它们目前并没有受到威胁。在太平洋中部和西部海域，该物种在流网，刺网捕捞鲑鱼和枪乌贼的渔业活动中也被大量捕捞。但是这种捕捞从1993年开始被禁止。现今在太平洋东部海域，少数的太平洋斑纹海豚被捕捞长尾鲨，剑鱼的流网，刺网以及捕捞底栖鱼类的拖网误捕致死，但对该物种的种群影响不大。

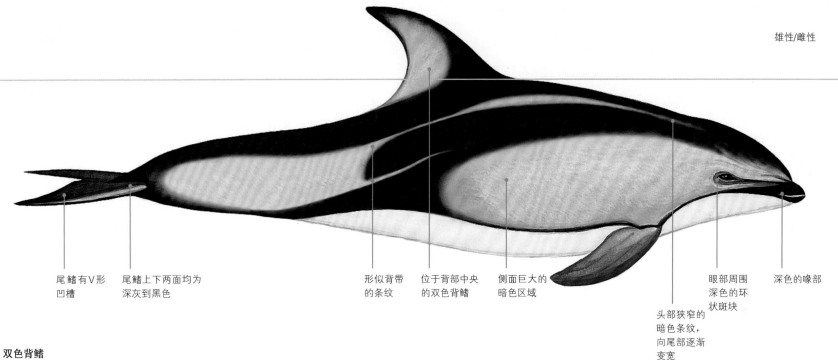

雄性/雌性

尾鳍有V形
凹槽

尾鳍上下两面均为
深灰到黑色

形似背带
的条纹

位于背部中央
的双色背鳍

侧面巨大的
暗色区域

头部狭窄的
暗色条纹，
向尾部逐渐
变宽

眼部周围
深色的环
状斑块

深色的喙部

双色背鳍

太平洋斑纹海豚的镰刀状背鳍位于背部中
央，且呈现出独特的双色特征，易于辨认。

体形大小

新生幼体：1—1.2米

成体：雌性体长为1.7—2.5米，雄性体长为2.3米

潜水序列

1.当海豚出水时，其头部顶端会首先露出水面。

2.随后，其双色背鳍也会暴露在空气中。值得注意的是，其背鳍大小与体形大小相对应。

3.海豚下潜时，它们会弓起身子，使得背鳍更加明显。

海表行为

它们经常会翻筋斗或整个身体翻过来，即腹部完全暴露在水面之上。

该物种游速快行动敏捷，经常会在海表有跃水的行为，即弓着身子整个跃出水面，与水面平行。

这些海豚精力充沛，会主动展示一系列的海表行为。

暗色斑纹海豚

科名：海豚科

拉丁名：*Lagenorhynchus obscurus*

别名：暗色海豚

分类：*Sagmatias*是部分斑纹海豚物种的另一个提议的属名，暗色斑纹海豚目前已知有4个亚种，南美亚种*L. o. fitzroyi*、非洲亚种*L. o. obscurus*、秘鲁/智利亚种*L. o. posidonia*和新西兰亚种*L. o. unnamed subsp*。

近似物种：栖息在北半球的太平洋斑纹海豚

初生幼体体重：10千克

成体体重：69—85千克

食性：头足类（如枪乌贼），灯笼鱼或灯笼鱼科，凤尾鱼集群性鱼类（如沙丁鱼）

群体大小：20—1000头的群体，偶尔可达上千头

主要威胁：刺网以及拖网误捕，气候变化，水产业以及旅游业

IUCN濒危等级：无危（2018年评估）

分布范围和栖息地 该物种栖息在南半球的冷温带水域，它们通常出现在靠近大陆架和陆坡水深达2000米左右的水域。它们零散地分布在新西兰、澳大利亚、南美洲、非洲南部以及海岛附近。

物种识别特征：
- 双色镰刀状背鳍，前缘颜色较深，后缘偏灰白色
- 从背鳍后方至尾柄有明显的白色火焰状条纹
- 喉部和腹部为白色
- 喙部和下颌为深色

解剖学特征

暗色斑纹海豚的体形较多数其他海豚更小。栖息在南非以及新西兰海域的个体较秘鲁海域的个体，体长小8—10厘米。雄性的背鳍大于雌性，但是在海上难以辨识。暗色斑纹海豚的喙部相较其姊妹物种太平洋斑纹海豚更为狭长。

行为

该物种是最善于展示杂耍动作的物种之一。经常会展示一系列跃水动作，这些动作可能会影响群体的团结。暗色斑纹海豚经常在新西兰凯库拉海域组成大型群体，有时其中还会包括一些真海豚以及南露脊海豚。

食物和觅食

群体大小和结构受活动能力、食物资源以及地理位置影响。在部分海域，海豚会组成小型群体，并在白天合作将鱼群逼成猎物球后进食。在其他海域，暗色斑纹海豚会形成超过500头的较大型群体，夜间在离岸水深超过5000米海域的营养丰富的上升流中捕食枪乌贼和中层鱼类时，该大型群体会分裂为数个小型群体。

生活史

同多数海豚一样，其繁殖以及产崽行为有季节性。在新西兰海域，雌性以及雄性约在7—8岁达到性成熟。而在秘鲁海域，雄性和雌性在3—5岁就可达到性成熟。它们通常在夏末初秋的时节交配。妊娠期大约为11个月。平均寿命据估计在36—40岁。

保育和管理

关于它们的丰富度以及全球分布的数据不完整。主要的威胁仍为商业捕捞和刺网、中层拖网的误捕。新西兰的海洋贝类养殖场对其造成的影响也正日益显露，可能会影响海豚的觅食行为并使其栖息地受限。

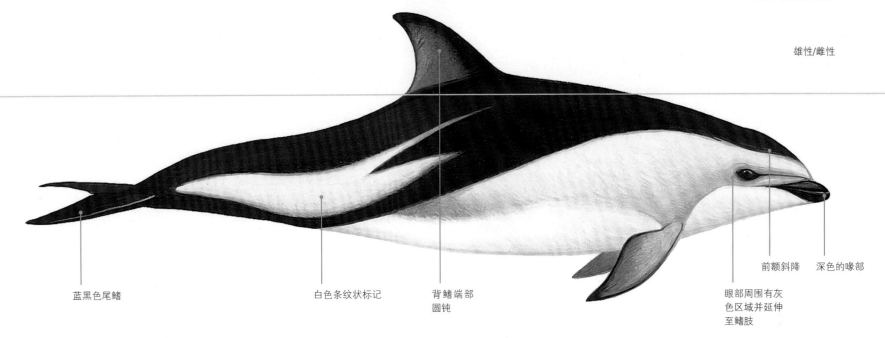

雄性/雌性

背鳍端部
圆钝

前额斜降　　深色的喙部

白色条纹状标记

眼部周围有灰
色区域并延伸
至鳍肢

蓝黑色尾鳍

条纹状标记

头部从呼吸孔到喙部平缓地斜
降，从尾部到背侧基部有偏白色
的条带或条纹状标记，这也是暗
色斑纹海豚最典型的特征。

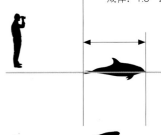

体形大小

新生幼体：0.8—0.92米
成体：1.8—2.1米

潜水序列

1.它们出水或在海
表快速游弋时，斜
降的额头以及白色
的条纹状标记清晰
可见。

2.它们游速较快，仅
在休息时才会在海表
将游速慢下来。

跳跃

暗色斑纹海豚是海洋中的体操
运动员，会展示各种难以置信
的跃水行为，群体中的许多个
体的跃水频率会惊人的一致，
并在落水时激起水花。

它们独特的跃水行为包括多
种杂技行为和高度协调统一
的空中动作，主要取决于其
行为类型，例如进食、交
配、游弋或社交。

北露脊海豚

科名：	海豚科
拉丁名：	*Lissodelphis borealis*
别名：	无
分类：	无亚种，种群结构未知，与南露脊海豚的亲缘关系最近
近似物种：	从远处观察，可能与海狮或海豹混淆，跃出水面时均只露出少部分背部轮廓且无背鳍
初生幼体体重：	未知
成体体重：	115千克
食性：	枪乌贼，深水鱼群
群体大小：	少至几头个体，多到几百头个体，通常为10—50头个体的群体
主要威胁：	深海陆架边缘朝海方向的捕鱼流网
IUCN濒危等级：	无危

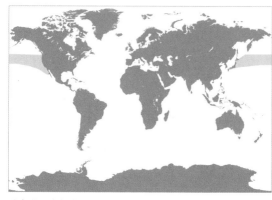

分布范围和栖息地 该物种分布于北太平洋温带海域，从北纬30°到北纬51°，偶尔也会向北延伸至北纬55°。它们主要栖息在较深的大洋性水域，沿着大陆架边缘或在偏大陆坡的水域。

物种识别特征：
- 除腹侧的白色条带（从喉部延伸至尾鳍）以及下巴处的白色斑块之外，通体呈黑色
- 体形异常苗条，身体狭长，头部较小，尾柄修长
- 喙部较短，与额隆连接处有一道浅褶
- 无背鳍
- 鳍肢和尾鳍较小，狭长

解剖学特征

北露脊海豚无背鳍、背部凸起或隆脊。这也使得露脊海豚在众多齿鲸中如此特别。它们体形呈流线型，鳍肢呈锥形，附肢较小，被形容成"与鳗鱼相似"。唇线笔直，上下颌均有37—56对小型细长尖锐的牙齿，通常上颌牙齿会比下颌牙齿多。

行为

该种海豚喜群居，经常混杂在超过1000头个体的鲸群中。据观察，它们经常与太平洋斑纹海豚一同游弋。也正是太平洋斑纹海豚的加入才给它们以足够的勇气在船舶乘浪（详见第56页）。否则，北露脊海豚通常会躲避航速较快的（航速超过每小时30千米）船只。它们在海表的游弋可快可慢。在游速较慢时，它们几乎不会扰动水面，游弋时只会露出头部和呼吸孔。当游速较快时，它们会迅速地在海表下方游移，并以优雅地姿势低角度跃出水面换气。游速较快的海豚有时会展示腹部拍水以及侧面或尾鳍拍水的行为。

食物和觅食

虽然目前并没有关于北露脊海豚南北迁徙规律的明确记载，但是这些海豚通常会在冬季时向南靠岸迁徙，在夏季时向北离岸迁徙。它们的主食是枪乌贼以及深水鱼类，特别是灯笼鱼。觅食时可以下潜至200米甚至更深。

生活史

雌性和雄性均会在10岁左右达到性成熟。妊娠期约为1年，大部分雌性每隔1年产一崽。该物种的自然寿命至少为42年。

保育和管理

目前该物种最主要的威胁是被流网误捕。在20世纪80年代，由于流网的使用每年可以造成多达15000—24000头北露脊海豚的死亡。也因此联合国于1994年提议禁止在公海大规模地使用流网，但据当时估计北太平洋中部的北露脊海豚的数量已经减少了30%。最新的统计数据显示，在整个北太平洋目前约有68000头北露脊海豚。

雄性/雌性

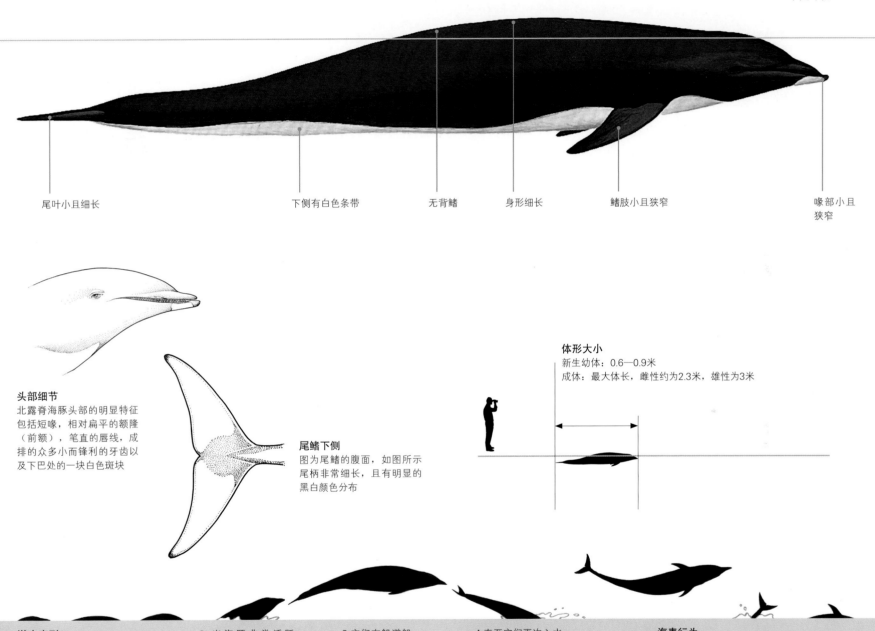

尾叶小且细长

下侧有白色条带

无背鳍

身形细长

鳍肢小且狭窄

喙部小且
狭窄

头部细节
北露脊海豚头部的明显特征
包括短喙，相对扁平的额隆
（前额），笔直的唇线，成
排的众多小而锋利的牙齿以
及下巴处的一块白色斑块

尾鳍下侧
图为尾鳍的腹面，如图所示
尾柄非常细长，且有明显的
黑白颜色分布

体形大小
新生幼体：0.6—0.9米
成体：最大体长，雌性约为2.3米，雄性为3米

潜水序列
1.在缓慢的出水过程中，这
些海豚不起眼的无背鳍的黑
色背部，即使在海况相当平
静时也很容易被看漏。

2.当海豚非常活跃
时，它们通常在水下
游速极快。

3.它们在躲避船
只时，会优雅地
低角度跃水。

4.直至它们再次入水，
它们给人的总体印象是
全黑、细长，类似鳗鱼
的外形。

海表行为
游速较快的海豚有时会重复地展
示腹部拍水以及侧面或尾鳍拍水
的行为。

南露脊海豚

科名：海豚科

拉丁名：*Lissodelphis peronii*

别名：无

分类：无亚种，种群结构未知，与北露脊海豚的亲缘关系最近

近似物种：从远处观察，可能与海狮或海豹混淆，跃出水面时均只露出部分表面轮廓，且无背鳍

初生幼体体重：未知

成体体重：115千克

食性：枪乌贼，深水鱼群

群体大小：少至几头，多到几百甚至1000头

主要威胁：深海陆架边缘朝深海方向的捕鱼流网（特别是用于捕枪乌贼或剑鱼的流网）

IUCN濒危等级：无危

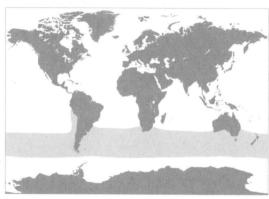

分布范围和栖息地 该物种环极地分布，主要栖息在南大洋的温带冷水区以及亚极地水域。它们的活动范围向北可以延伸至冷边界流处，例如西非的本格拉海流以及南美西侧的洪保德海流。

物种识别特征：	
	● 背部呈黑色，面部以及喉部一直延伸至鳍肢、腹部以及两侧均为白色
	● 体形异常苗条狭长，略扁平，至头部逐渐变小，尾部非常修长
	● 喙部较短，一条浅的褶皱将额隆明显地与周围区分开来
	● 无背鳍
	● 鳍肢和尾鳍较小，狭长

解剖学特征

露脊海豚无背鳍或背部凸起、隆脊，在众多齿鲸中十分特殊。它们体形呈流线型，鳍肢呈锥形，附肢较小，被形容成"与鳗鱼相似"。唇线笔直，上下颌均有39—50对小型细长尖锐的牙齿。

行为

该种海豚喜群居，有时候会聚集超过1000头个体。群体共有4种结构：队形紧密，无可辨识亚群体；明显由不同亚群体集结构成；V字队形；排列有序地组成一条直线。这些海豚经常与长肢领航鲸以及暗色斑纹海豚一同嬉戏游弋。在阿根廷离岸水域的观察结果显示，它们偶尔会与暗色斑纹海豚进行种间交配。与北露脊海豚相似，南露脊海豚游速快且泳姿优美，会在游动时跳出水面以及低角跳跃。游速较快时通常会连番展示腹部拍水以及侧面或尾鳍拍水的行为。在"节能"模式时，它们会几乎不扰动水面，只露出头部和呼吸孔。

食物和觅食

相较北露脊海豚，目前对于南露脊海豚食性的研究还不够深入。但就目前的研究结果显示，它们会下潜至200米深处捕食枪乌贼以及小型鱼群。有观察指出南露脊海豚倾向于在强上升流区活动，且会根据觅食环境的变化而做季节性南北或近岸离岸迁徙。

生活史

其大多数生活史特征与北露脊海豚相似，雌性和雄性均在10岁左右达到性成熟，妊娠期约为1年，雌性会每隔两年或更久产一崽。

保育和管理

该物种在部分海域（如南美西南部海域）十分常见，但目前并没有对于该物种数量的准确估计。它们极易被困在离岸的流网中。20世纪90年代，在智利北部海域流网大肆进行剑鱼的捕捞时，大量的南露脊海豚因此丧命。

雄性/雌性

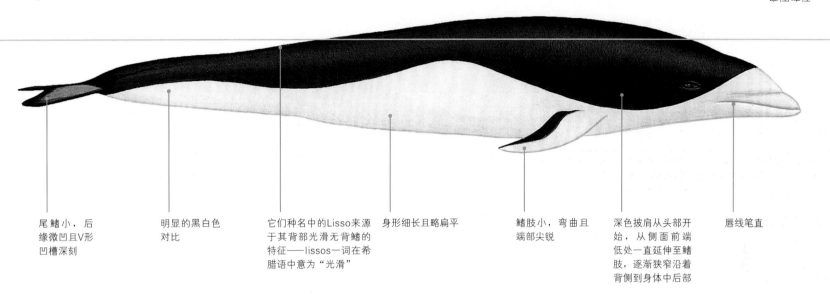

尾鳍小，后缘微凹且V形凹槽深刻

明显的黑白色对比

它们种名中的Lisso来源于其背部光滑无背鳍的特征——lissos一词在希腊语中意为"光滑"

身形细长且略扁平

鳍肢小，弯曲且端部尖锐

深色披肩从头部开始，从侧面前端低处一直延伸至鳍肢，逐渐狭窄沿着背侧到身体中后部

唇线笔直

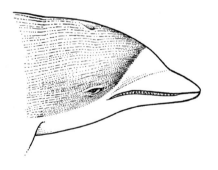

头部以及唇线细节
南露脊海豚具有短喙，相对扁平的额隆（前额），笔直的唇线，成排的众多小而锋利的牙齿。《白鲸记》的作者赫尔曼·梅尔维尔称之为"食肉的鼠海豚"，因为它的白色的脸看起来好像"刚刚逃离了凶恶的猎杀现场"。

体形大小
新生幼体：0.60—0.9米
成体：最大体长，雌性约为2.3米，雄性为3米

潜水序列
1.在缓慢的出水过程中，这些海豚不起眼的无背鳍的黑色背部，即使在海况相当平静时也很容易被看漏。

2.当海豚非常活跃时，例如有船只靠近时，它们通常在水下极快地游离并在躲避船只时以优雅的低角度跃水。其黑白颜色分布的外表尤其醒目。

海表行为
游速较快的海豚有时会重复地展示腹部拍水以及侧面或尾鳍拍水的行为。

伊河海豚

科名：海豚科

拉丁名：*Orcaella brevirostris*

别名：无

分类：与澳大利亚矮鳍海豚的亲缘关系最近

近似物种：与矮鳍海豚的外形相似，但是两者的分布区域无重叠（伊河海豚可能会与江豚混淆，但是江豚无背鳍）

初生幼体体重：10—12千克

成体体重：130千克

食性：小型鱼类，甲壳类，头足类

群体大小：通常为2—6头，部分地区进食时可以聚集多达25头

主要威胁：捕鱼工具缠绕，特别是刺网，以及在河流以及河口区域水坝的建设

IUCN濒危等级：濒危（在马拉帕亚海峡、宋卡湖或潟湖以及湄公河、伊河以及马哈坎河流域的5个种群被评估为极危）

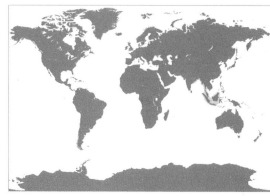

分布范围和栖息地 该物种栖息在东南亚以及南亚的近岸水域。此外它们也出没于三大河流伊河、湄公河与马哈坎河区域，以及两个咸水潟湖利卡潟湖与宋卡潟湖。

物种识别特征：
- 体形中等粗壮，头部呈球根形，颈部有轻微的褶皱，无喙部
- 背鳍较小，呈三角形，后侧边缘呈镰状，端部圆钝，位于背侧中央偏后位置
- 鳍肢宽大，边侧圆滑
- 尾鳍宽大，有明显的V形凹槽
- 整体呈灰色，但腹部颜色略浅

解剖学特征

由于只有最前端两节椎骨固定在一起，伊河海豚颈部十分灵活。除伊河海豚外，淡水豚类、一角鲸与白鲸也有此特征。而其他鲸豚类物种的演化将其椎骨固定使颈部僵直以提升游速。伊河海豚的喙部长度也与矮鳍海豚有所不同。

行为

在河流中，伊河海豚偏向于栖息在河流交汇处。在孙德尔本斯红树林，它们可能随淡水流入所引起的盐度变化而改变栖息地选择。该物种对于淡盐水体的亲和性极有可能是基于其对于食物的倾向性。伊河海豚喜群居，个体间常有肢体互动。

食物和觅食

伊河海豚为杂食者。它们会向一个方向吐水以将鱼类聚集到一起。有些地方，这些海豚会与撒网的渔民合作捕猎。海豚可以轻易地捕食那些因撒下的渔网而晕头转向的鱼群。而且当海豚与渔民协作时，渔民的捕获量也可以成倍增加。

生活史

这些海豚全年均在产崽期，但产崽的高峰期在季风季前期。妊娠期约为14个月，产崽后哺乳期为2年。伊河海豚寿命约为30年。

保育和管理

伊河海豚的保护区已经建立，尤其是在大江大河和红树林区中，但是执行渔业法规、限制船只航行和保护重要的栖息地仍充满挑战。伊河海豚如今已被视为水生保护的旗舰生物，也是监测气候变化影响的重要物种。

雄性/雌性

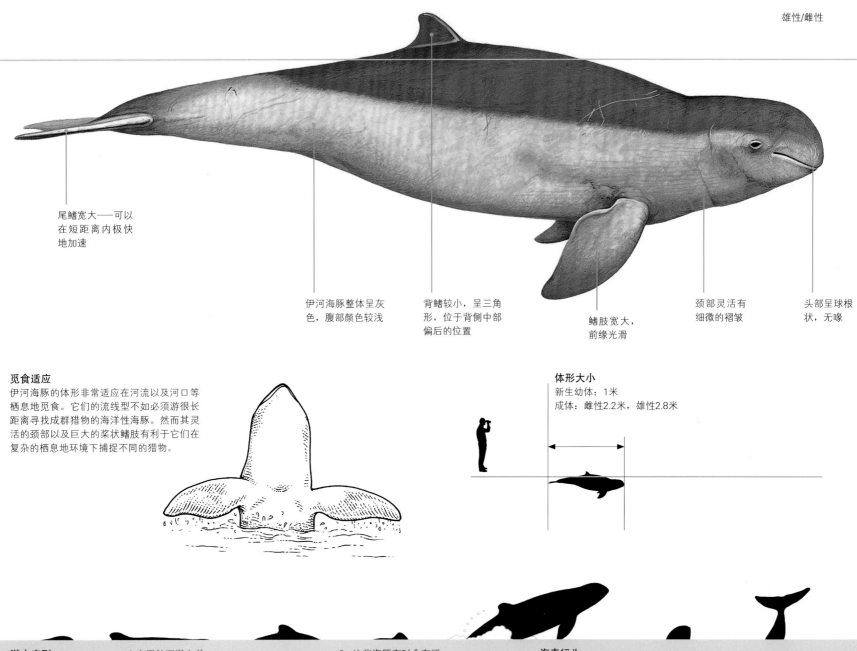

尾鳍宽大——可以在短距离内极快地加速

伊河海豚整体呈灰色，腹部颜色较浅

背鳍较小，呈三角形，位于背侧中部偏后的位置

鳍肢宽大，前缘光滑

颈部灵活有细微的褶皱

头部呈球根状，无喙

觅食适应

伊河海豚的体形非常适应在河流以及河口等栖息地觅食。它们的流线型不如必须游很长距离寻找成群猎物的海洋性海豚。然而其灵活的颈部以及巨大的桨状鳍肢有利于它们在复杂的栖息地环境下捕捉不同的猎物。

体形大小

新生幼体：1米

成体：雌性2.2米，雄性2.8米

潜水序列

1.伊河海豚在次表层游弋，通常会首先将它们的头部顶端露出水面。

2.在开始下潜之前，它们会小幅前翻，露出它们的背鳍。

3. 这些海豚有时会有浮窥或将其尾鳍扬出水面的行为，特别是在进食时，偶尔在受惊的情况下会有跃水的行为。

海表行为

在进食和社交时较为活跃，会在海表表现活泼并在水面露出更多身体部分。它们通常会将尾鳍扬出水面，浮窥时将头部高高露出水面。在极少数情况下（通常是在受惊时），伊河海豚会跃出水面。

澳大利亚矮鳍海豚

科名：海豚科

拉丁名：*Orcaella heinsohni*

别名：澳大利亚短鼻海豚

分类：伊河海豚属的海豚最近被分为两个物种，澳大利亚矮鳍海豚、伊河海豚

近似物种：在其大部分分布区域可能与儒艮混淆

初生幼体体重：10—12千克

成体体重：114—190千克

食性：鱼类，乌贼以及枪乌贼

群体大小：1—10头，聚集时多达15头

主要威胁：刺网误捕，栖息地退化和丧失，沿海地区发展，污染，海上交通以及全球变暖

IUCN濒危等级：近危

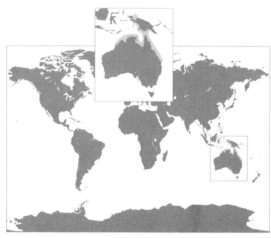

分布范围和栖息地　该物种主要栖息在北澳大利亚沿岸或河口等浅水水域，它们也会出没于巴布亚新几内亚西南侧海域、巴布亚西侧海域以及苏拉威西岛周围海域。

物种识别特征：
- 身体呈浅灰或棕灰色
- 喙部较钝，头部圆滑
- 背鳍较小，呈三角形略偏镰状，位于身体背侧中央偏前的位置
- 鳍肢宽大，呈桨状

解剖学特征

矮鳍海豚体形中等大小，具有圆钝的喙部和丰满的头部。它们的背鳍较小，位于背部偏前。它们具有渐变的三个色调的体色分布，背岬呈深棕色，侧面为浅灰色到棕灰色过渡，腹部为白色。其鳍肢宽大、呈桨状且极具灵活性。

行为

矮鳍海豚通常比较害羞且难以捉摸，有避船的行为。其海表行为通常不易察觉且不好预测，跃起时出水高度较低，只露出小部分的头部、背部和背鳍。然而，在快速游弋、社交以及进食时，个体会在下潜时露出它们的背鳍和尾鳍。它们在群体社交时极为活跃，会展示跃水、鲸尾击浪以及浮窥等行为。

食物和觅食

通过对搁浅死亡个体的胃容物进行分析，结果显示澳大利亚矮鳍海豚是通食的机会主义者，会在沿岸河口等浅水区域进食各种各样的鱼类与头足类。据

观察，澳大利亚矮鳍海豚与其亲缘关系最近的伊河海豚相似，为了捕食猎物偶尔有吐水的行为。

生活史

澳大利亚矮鳍海豚通常会组成2—6头个体的小型群体，然而也曾观察到过多达15头个体的群体。矮鳍海豚的社交系统也相对稳定，个体间会形成牢固持久的联系。矮鳍海豚在出生后4—6年长至成年体长，自然寿命至少为30年。

保育和管理

目前并没有对全球种群数量的准确估计——在澳大利亚局部区域有发现大小为50—200头的种群。由于沿海地区的发展、港口与船舶运输业的建设以及船只活动的增多造成了澳大利亚矮鳍海豚栖息地的退化甚至丧失。在其分布区域，栖息地的退化和丧失被视为澳大利亚矮鳍海豚最主要的威胁之一。

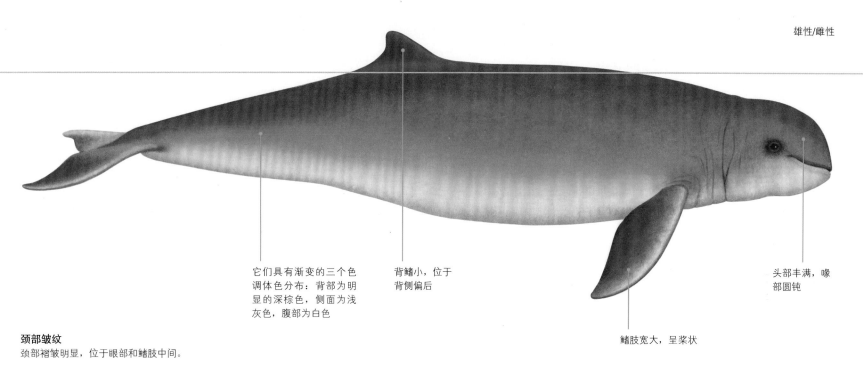

雄性/雌性

它们具有渐变的三个色调体色分布：背部为明显的深棕色，侧面为浅灰色，腹部为白色

背鳍小，位于背侧偏后

头部丰满，喙部圆钝

鳍肢宽大，呈桨状

颈部皱纹
颈部褶皱明显，位于眼部和鳍肢中间。

体形大小
新生幼体：1米
成体：2—2.7米

潜水序列
1.头顶会首先露出水面，有时整个头部都会露出水面。

2.然后身体略微弓起，慢慢地将背部以及背鳍露出水面。在海表时，通常不会明显地弓起身体，只露出背侧前部以及背鳍端部。

3.当背鳍浸到水下之后会弓起尾部，仅露出背侧的尾鳍。在笔直下潜的过程中，尾鳍会露出水面。

海表行为
矮鳍海豚极少整个身体跃出水面；跃身击浪时通常跃起较低，弓起身体部分身体露出水面（到鳍肢）而后腹侧或侧面落水。它们有时也会浮窥。

虎鲸

科名：海豚科

拉丁名：*Orcinus orca*

别名：杀手鲸

分类：物该物种包含至少六个生态型，其中可能存在不同的物种或亚种

近似物种：无

初生幼体体重：200千克

成体体重：6600千克

食性：主食鱼类、海洋哺乳动物，或者二者均食，取决于生态型

群体大小：1—100头甚至更多，通常为5—20头

主要威胁：渔业过度捕捞，狩猎（对于食鱼生态型的虎鲸），污染（对于食哺乳动物生态型的虎鲸）

IUCN濒危等级：数据缺乏（至少一个种群被评估为极危）

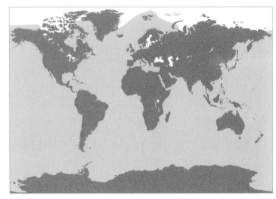

分布范围和栖息地　该物种是分布最为广泛的鲸种，出没于世界各地的近岸以及离岸水域。主要常见于高纬度地区以及近岸水域。

物种识别特征：
- 体形较大，成体平均体长为6—9米
- 体色为对比强烈的黑白色
- 背鳍非常巨大——高达1—2米，雄性的背鳍大于雌性
- 眼部周围有白色斑块
- 喙部极不明显或无喙部

解剖学特征

虎鲸在海豚中体形最大。其雌性和雄性之间有明显的差异，成年雄鲸比雌鲸体长长1米，体重为雌性的两倍。雄性的背鳍具有极其显著的特征——笔直呈三角形，且雄性背鳍的高度可以是雌性的两倍。此外，雄性的鳍肢和尾鳍也都比雌鲸要大很多。虎鲸的上下颌均有10—12对牙齿，牙齿较大，约长10—12厘米，呈圆锥形。

行为

除非正在捕食，虎鲸群体中的个体在游弋时会非常紧密地聚集在一起。但捕食时，它们可以分散超过几英里。它们终生生活在具有亲缘关系的群体中，由最年长的母鲸及其子代，和它雌性子代的子代组成。群体内部个体间不会繁殖产生后代。群体成员依靠水下声音的沟通交流来保持凝聚力。主食鱼类生态型的虎鲸会持续发声，并利用回声定位系统来找寻猎物，因为鱼类的听觉系统并不发达。相反，主食哺乳动物生态型的虎鲸在觅食时通常比较安静，以避免被水下听力极佳的猎物发现。但是它们会在发动袭击的过程中以及捕食结束之后发声。

食物和觅食

一些种群中的虎鲸是杂食者，其余的则主食鱼类或者哺乳动物。它们会协作捕食体形较大的猎物并在猎物到手后共同分食。其猎物包括海鸟、海龟、海豹、海狮、鲨鱼、大型鲸类、海豚以及海牛。虎鲸的攻击行为不常被观察到，但是主食哺乳动物的虎鲸在捕食体形大游速快的猎物时尤其活跃。

生活史

雌性会在12—14岁第一次繁育；而雄鲸则在15岁或更年长时。雄性可以活50—60年，而雌性的寿命可长达80—90年。虎鲸的妊娠期为15—18个月。雌性平均每5年产一崽，一生可以繁育5个后代。幼崽一般在出生1—2年后断奶。

保育和管理

由于对海洋哺乳动物的保护措施初见成效，进而使食物增多，所以大部分主食哺乳动物的虎鲸的种群状况都很好。然而，主食鱼类的虎鲸由于在某些情况下需要跟人类争夺资源，所以种群数量有所下降。因为它们寿命长且在食物链的顶端，对于一些种群来说，污染物质在体内的积累是一个潜在的威胁。

雄性

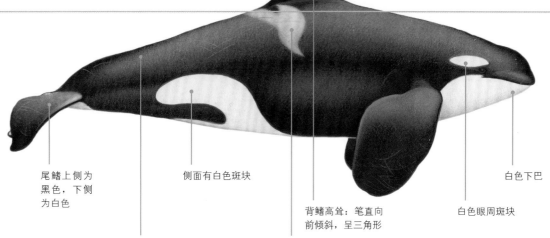

尾鳍上侧为
黑色，下侧
为白色

侧面有白色斑块

背鳍高耸：笔直向
前倾斜，呈三角形

白色下巴

白色眼周斑块

多数种群的个体体表为有
光泽的黑色，其余的为两
种浓淡不同的灰色

灰色鞍状斑块

背鳍

不同性别个体的背鳍具有明显的差异：雌性
（以及青年个体）背鳍较短呈镰状，而雄性
的背鳍高度几近雌性的两倍，笔直有时甚至
会向前倾斜。

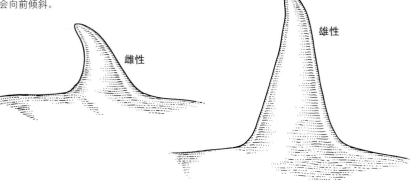

雌性

雄性

体形大小

新生幼体：2—2.5米
成体：雌性为5.6—7.7米，雄性为6—9米

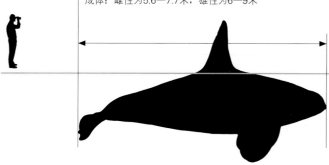

潜水序列
1.缓慢游弋是虎鲸
最常被观察到的
行为。

2.进食时，其身体
会弓起，将尾柄露
出水面。气柱低矮
浓密。

3.虎鲸通常不会
鲸尾击水，但是
在下潜时会在空
中挥舞尾叶用以
社交。

海表行为
它们偶尔有跃身
击浪的行为，身
体大部分都会露
出水面——尤其
是青年虎鲸。

它们偶尔有浮窥
的行为，通常将
头露出水面观察
水上的情况。

它们追击行动迅速的猎
物时（例如海豹或鼠海
豚），可能会跃水——快
速地跃出水面并以头部
着水的方式再次入水。

主食哺乳动物的
虎鲸会用头将正
在高速游动的猎
物猛顶出水面。

虎鲸捕猎时会用尾鳍将
海豹和海狮甩至空中。
主食鱼类的虎鲸有时会
将鱼（图中为鲑鱼）叼
出水面。

瓜头鲸

科名：海豚科

拉丁名：*Peponocephala electra*

别名：黑鲸（虽然其他物种也有此别名），伊列特拉海豚，多齿黑鲸，夏威夷黑鲸，夏威夷鼠海豚，印度宽喙海豚

分类：与其他的海豚（海洋性海豚）亲缘关系较近

近似物种：经常与小虎鲸相混淆

初生幼体体重：15千克

成体体重：160—225千克

食性：枪乌贼，小型鱼类，甲壳类

群体大小：从独行的个体到上千头的超大群体，但通常为100—500头

主要威胁：渔业（直接捕捞和误捕），人为的海洋噪声

IUCN濒危等级：无危（虽然对大部分种群还不是很了解）

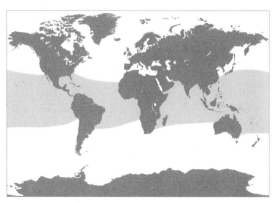

分布范围和栖息地 该物种栖息在热带以及亚热带大洋性水域。它们主要出没于离岸的深水区。部分种群生活在大洋岛屿附近水域，例如夏威夷和波利尼西亚。

物种识别特征：
- 身体呈深灰色，腹部呈浅灰色
- 成体喙部周围有白色色素的沉积
- 头部略呈球根状，无明显喙部
- 鳍肢端部凸出
- 背鳍位于背侧中间位置

解剖学特征

瓜头鲸外形与小虎鲸最为相似，并且在某些程度上与伪虎鲸和领航鲸也略有相似——4个物种均有"黑鲸"这个别名。与其他海豚（海洋性海豚）相比，瓜头鲸的体色更深且无明显喙部。在唇部周围有白色的色素沉积，年老的个体尤其明显。雄性的体形比雌性略长也更为健硕，背鳍更高且头部也更加丰满。雄性的肛门前端有明显的腹部龙骨。

行为

瓜头鲸经常以几百头个体成群的形式出没，偶尔这些群体会聚集在一起组成上千头个体的超大群体。它们经常会与其他鲸种共同嬉戏，特别是弗氏海豚或糙齿海豚。该物种集体搁浅的可能性很高，在世界范围内，已知至少发生过35起集体搁浅事件。

食物和觅食

对该物种的胃容物分析结果显示，瓜头鲸主要捕食那些生活在200—1000米水深范围内的中层水鱼类以及枪乌贼。它们偶尔也会捕食甲壳类动物。

生活史

关于瓜头鲸生活史的已知信息均来自对搁浅个体的研究。通过对1982年在日本集体搁浅的119头个体检验得出，年龄约在11.5—44.5岁的雌性均处于性成熟状态。而雄性则为16.5—38.5岁。

保育和管理

目前瓜头鲸的生存仍受到种种威胁。在世界各地，包括日本、圣文森特以及印度尼西亚，少量的瓜头鲸个体仍被捕捞。夏威夷海域的瓜头鲸群体背鳍的伤口情况表明其受到渔业活动的影响。此外，有记录指出，被流网、刺网、多钩长线以及围网误捕的事件在全世界的热带水域均有发生。

瓜头鲸对人为噪声十分敏感。2004年考艾岛的搁浅事件以及2008年马达加斯加岛的搁浅事件，均与中高频声呐的使用有关。

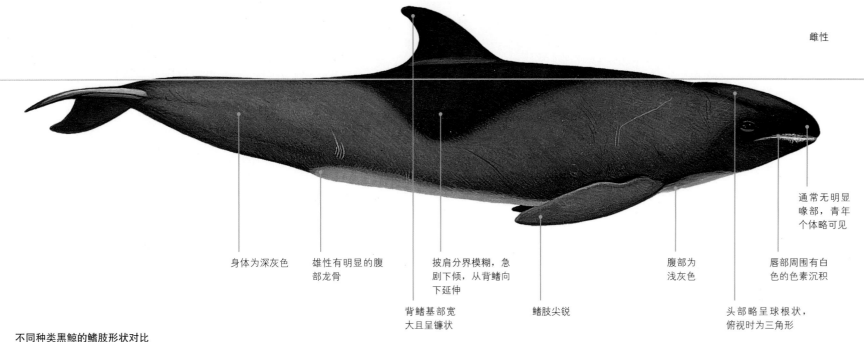

雌性

身体为深灰色

雄性有明显的腹部龙骨

披肩分界模糊，急剧下倾，从背鳍向下延伸

背鳍基部宽大且呈镰状

鳍肢尖锐

腹部为浅灰色

通常无明显喙部，青年个体略可见

唇部周围有白色的色素沉积

头部略呈球根状，俯视时为三角形

不同种类黑鲸的鳍肢形状对比
鳍肢形状与黑鲸的种类密切相关。瓜头鲸的鳍肢长且尖，而小虎鲸的鳍肢短而圆钝。伪虎鲸的鳍肢则为S形。

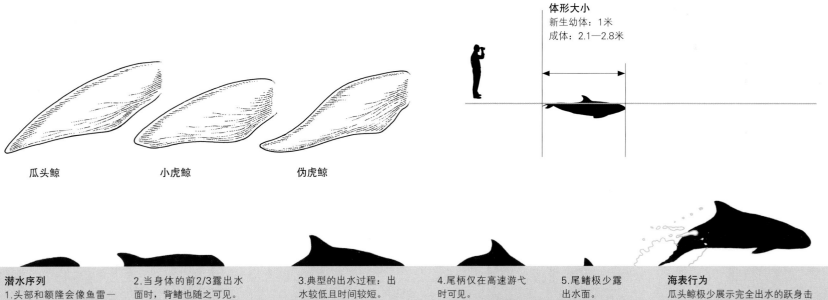

瓜头鲸

小虎鲸

伪虎鲸

体形大小
新生幼体：1米
成体：2.1—2.8米

潜水序列
1.头部和额隆会像鱼雷一样露出水面；通常无可见气柱。

2.当身体的前2/3露出水面时，背鳍也随之可见。

3.典型的出水过程：出水较低且时间较短。

4.尾柄仅在高速游弋时可见。

5.尾鳍极少露出水面。

海表行为
瓜头鲸极少展示完全出水的跃身击浪行为。在高速游弋的过程中，它们经常会跃水，多半个甚至全部身体都跃出水面。在较大型的群体中通常会群集小组共同游弋。

伪虎鲸

科名：海豚科

拉丁名：*Pseudorca crassidens*

别名：黑鲸（虽然其他物种也有此别名）

分类：与其他的海豚（海洋性海豚）亲缘关系较近

近似物种：经常与领航鲸、小虎鲸以及瓜头鲸相混淆

初生幼体体重：80千克

成体体重：1000—2000千克

食性：鱼类（包括大型鱼类例如金枪鱼）和枪乌贼

群体大小：通常为10—40头，也曾记载过超过300头的群体

主要威胁：多钩长线误捕，渔民的直接捕捞以及污染

IUCN濒危等级：全球范围内无危（夏威夷附近具有独特基因型的种群被评估为濒危）

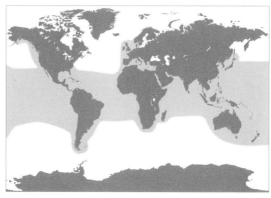

分布范围和栖息地 该物种出没于世界范围内的热带以及温带水域。它们主要栖息在深水区，有时也会在海岛附近活动。

物种识别特征：
- 身形苗条细长，体色为均匀的黑色
- 头部狭窄呈锥形，额隆呈球根状
- 背鳍为镰状，且端部圆钝
- 鳍肢为S形
- 背鳍位于背侧中间位置

解剖学特征

伪虎鲸在识别时经常与领航鲸、小虎鲸以及瓜头鲸相混淆。伪虎鲸背鳍的基部比领航鲸狭窄，且身体和头部的形状相较之下更为细长。领航鲸的头部更偏向于球根状。

行为

伪虎鲸极喜群居，性情活泼，经常可以观测到它们在海水中快速游弋低跃。该物种经常靠近船只且会在船艏乘浪。大群的伪虎鲸通常包括几个分隔数英里的小型群体。同其他喜群居的物种相同，伪虎鲸集体搁浅事件偶有发生，最多的一次有超过800头个体集体搁浅。

食物和觅食

伪虎鲸捕食各种各样的鱼类以及枪乌贼，包括大型海钓鱼类，例如鲯鳅以及金枪鱼。它们会协助捕食，经常分散开间距许多英里，之后共同分食。在部分地区，据观察它们会攻击其他种的海豚。

生活史

关于伪虎鲸生活史的已知信息均来自对搁浅个体以及采集样本的研究。依据牙齿估计，已知年龄最大的雄性约58岁，而已知年龄最大的雌性约63岁。雌性约在8—11岁达到性成熟，而雄性则须等到18岁。妊娠期约持续14个月。

保育和管理

在热带水域，伪虎鲸经常从渔网中捕食。这种行为使得它们极易被困在捕鱼工具中。此外，由于伪虎鲸捕食体形较大的猎物，其体内累积的污染物以及毒素均可以对它们造成很大的威胁——重金属和毒素会在其体内逐渐积累，使得它们容易感染疾病或引发其他的健康问题。

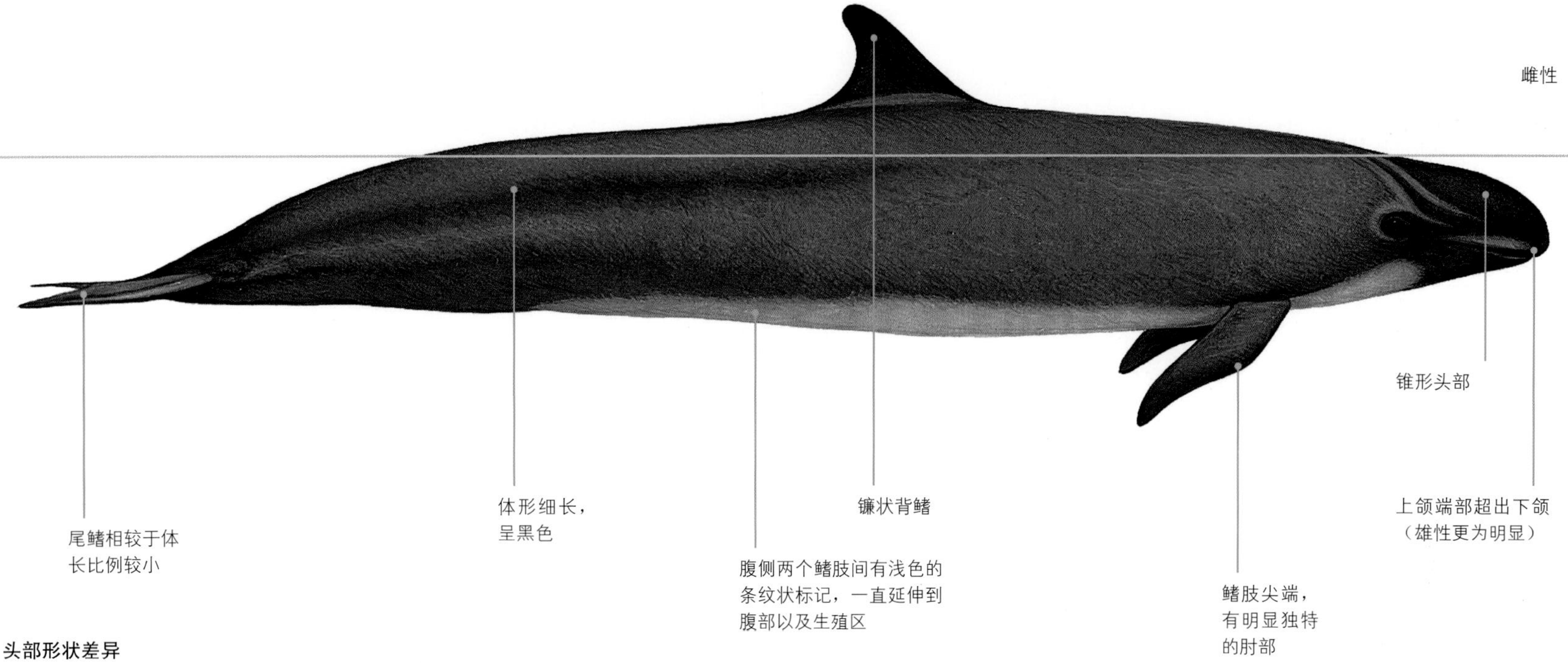

雌性

锥形头部

上颌端部超出下颌
（雄性更为明显）

鳍肢尖端，
有明显独特
的肘部

镰状背鳍

腹侧两个鳍肢间有浅色的
条纹状标记，一直延伸到
腹部以及生殖区

体形细长，
呈黑色

尾鳍相较于体
长比例较小

头部形状差异
雌性和雄性的头部形状有细微的差
别。雄性的额隆相较于雌性更类似于
球根状，且雄性上颌超出下颌部分更
为显著。

雄性

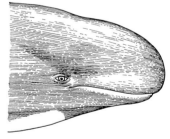

雌性

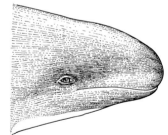

体形大小
新生幼体：1.5—1.9米
成年：雌性3.5—5米，雄性3.7—6.1米

潜水序列
1.其头部和额隆首
先露出水面，眼睛
可见。

2.气柱明显，浓密。

3.在身体露出水面的
短暂过程中，背鳍会
完全露出水面。

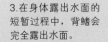

4.极少将尾鳍扬
出水面。

海表行为
伪虎鲸经常会有跃身击浪的行为，它们
在追逐猎物时的空中行为极其显著。据
观测，它们会将猎物撞出水面并同时跃
出水面咬食猎物。小型群体经常共同游
弋扫荡几英里海域。船舶乘浪的行为较
为常见。

土库海豚

科名： 海豚科

拉丁名： *Sotalia fluviatilis*

别名： 无

分类： 与其相似的圭亚那海豚最近被列为独立物种

近似物种： 与圭亚那海豚十分相似（圭亚那海豚体形更大），但两个物种不会一同出现

初生幼体体重： 8千克

成体体重： 35—45千克

食性： 进食体长达约35厘米的鱼类

群体大小： 通常为2—5头个体，多时可达20头

主要威胁： 渔业误捕，部分地区仍被捕捞用作鱼饵

IUCN濒危等级： 濒危

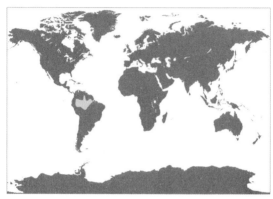

分布范围和栖息地 该物种只分布于淡水水域。它们出没于巴西的亚马孙盆地、哥伦比亚、秘鲁以及厄瓜多尔。它们也有可能生活在哥伦比亚的奥利诺克盆地和委内瑞拉。

物种识别特征：
- 体形小
- 背侧为灰色，腹侧为粉色
- 背鳍呈三角形，且位于背侧中间位置
- 游速较快，经常跃水
- 无可见气柱

解剖学特征

该种身体僵硬，体形呈流线型，具有明显的背鳍，与相同分布范围内的亚河豚有很大的不同。身体上方呈深灰色，下部为粉色。这种精力充沛体形较小的海豚的上下颌均有26—35对较小的牙齿。

行为

土库海豚泳姿华丽，其在表面活动时常发出较重的呼吸声，且经常有跃水的行为。同其他海豚一样，它们会利用咔嗒声和啸叫声进行视觉范围外（在浑浊的亚马孙流域，其可视范围极其有限）的群体内交流。土库海豚既不会与亚河豚同游（二者会经常遇到），也不会主动靠近船只。与许多生活在海洋的近亲不同，它们不会在船舶乘浪。

食物和觅食

土库海豚会列队整齐地进行捕食，它们经常在次表层突袭追赶猎物，使鱼偏离原路。据了解，它们会捕食生活在封闭的湖区和海峡以及生活在急流的河中的30种不同的鱼类。

生活史

相较于它们的体形大小，该物种雄性的睾丸较大。雌性的体形大于雄性，且体表无打斗的痕迹，这就意味着雄性间的竞争是以精子竞争的形式存在，而非彼此间的打斗攻击。雌性的妊娠期大约为11个月，生殖期具有季节性。目前已知最年长的个体为36岁。

保育和管理

所有土库海豚的威胁均是人为造成的。经过数十万年的演化，土库海豚逐渐适应了淡水生活，但如今它们所赖以生存的家园遭到了严重的破坏——原生栖息地仅剩不到1%，这些海豚的命运岌岌可危，该种最主要的死亡原因是被刺网误捕，这是该流域所有社区必备的捕鱼工具。近年来，被捕捉用于制作鱼饵也对其造成重大威胁。

雄性/雌性

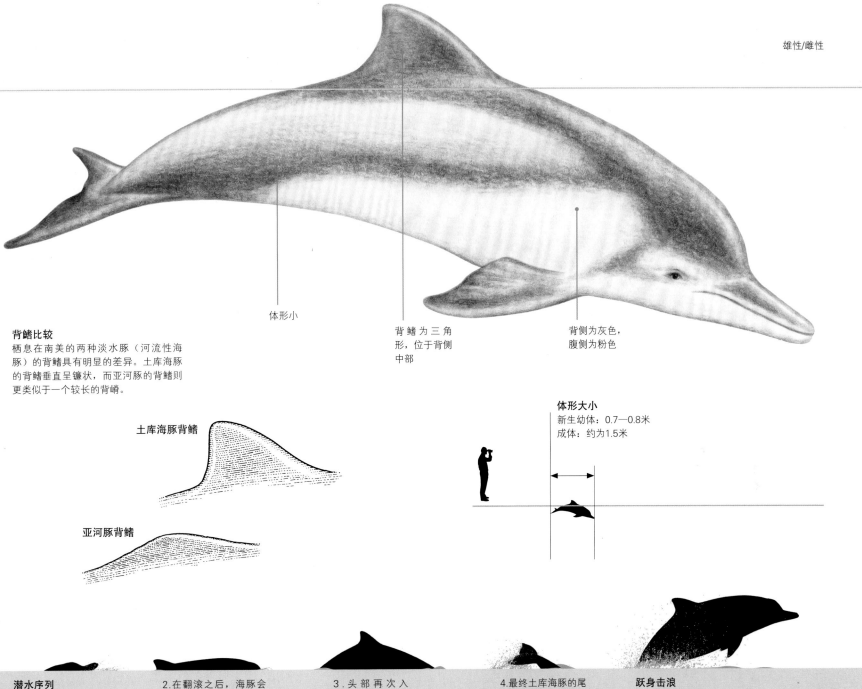

体形小

背鳍为三角形，位于背侧中部

背侧为灰色，腹侧为粉色

背鳍比较
栖息在南美的两种淡水豚（河流性海豚）的背鳍具有明显的差异。土库海豚的背鳍垂直呈镰状，而亚河豚的背鳍则更类似于一个较长的背嵴。

土库海豚背鳍

亚河豚背鳍

体形大小
新生幼体：0.7—0.8米
成体：约为1.5米

潜水序列
1.该物种的出水过程不超过一秒钟，且同时向外呼气。

2.在翻滚之后，海豚会吸气并露出其背部。

3.头部再次入水，在开始下潜时弓起背部。

4.最终土库海豚的尾柄消失在水下。

跃身击浪
土库海豚经常整个身体跃出水面，落水后在水面激起水花。但是稍不注意你就会错过它，这种小型海豚动作十分迅速。

圭亚那海豚

科名：海豚科

拉丁名：*Sotalia guianensis*

别名：海洋性土库海豚，河口海豚

分类：最近从土库海豚种中独立出来

近似物种：土库海豚，但两个物种不会一同出现

初生幼体体重：12—15千克

成体体重：100千克

食性：主食鱼类，但也会捕食枪乌贼和虾

群体大小：2—10头个体，多时可达60头

主要威胁：渔网缠绕，被捕捞用作鱼饵

IUCN濒危等级：近危

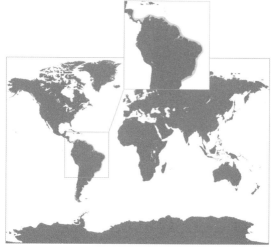

分布范围和栖息地　该物种主要分布在从洪都拉斯到巴西南部的近岸水域。它们也经常出没于海湾和河口地区，且分布区域不连续。

物种识别特征：
- 体形小，体色深灰色
- 背鳍呈三角形，且位于背侧中间位置
- 性格活泼，经常有跃水行为

解剖学特征

该物种体形短小粗壮，喙部较短，背鳍呈三角形，鳍肢狭长。其背侧为深灰色，逐渐变浅过渡至腹侧的浅灰或偏粉的灰色。它们的上下颌有26—30对小牙齿。喙部感觉窝（详见下页）的存在表明其可以感知电场，极有可能是用来在浑浊的水域中感知猎物。

行为

圭亚那海豚喜群居，经常会在河口或海湾成群结队地出没。与它们的淡水种——土库海豚相似，这种海豚在海面十分活跃，经常将整个身体跃出水面，但它们并不会船舶乘浪。经常在它们的皮肤上看到齿痕，但很少看到它们打斗。群体具有极高的地域归属性，因此相较于大多数海洋性海豚，它们的分布区域较小。它们的下潜时间最多可达2分钟。

食物和觅食

据了解，圭亚那海豚会捕食60种不同的底栖的和远洋的鱼群。它们喜食体长约为20厘米甚至更短的小型鱼。它们可能独自觅食，也可能集体觅食。基于不同的环境，不同的海豚种群有自己的觅食策略。目前研究最为透彻的种群会将鱼类围困在沙滩上，然后将自己半搁浅在海滩上几秒抓捕猎物。

生活史

雌性妊娠期为11—12个月；生产间隔为2—3年。繁育时间没有明显的季节性规律。雌性会在5—8岁产第一胎，而雄性则会在7岁左右达到性成熟。已知年龄最大的个体为30岁。较大的雄性睾丸表明极有可能在交配过程中存在精子竞争以及复杂的交配行为。

保育和管理

与其他近岸鲸类动物相同，圭亚那海豚遭受许多人类活动的负面影响。刺网、围网以及捕虾箱误捕每年都会造成许多个体死亡。该种海豚种群分布较为分散，不同种群之间基因交流非常有限，各种群之间相隔很远，因此想要恢复当地的种群数量需要很长一段时间。

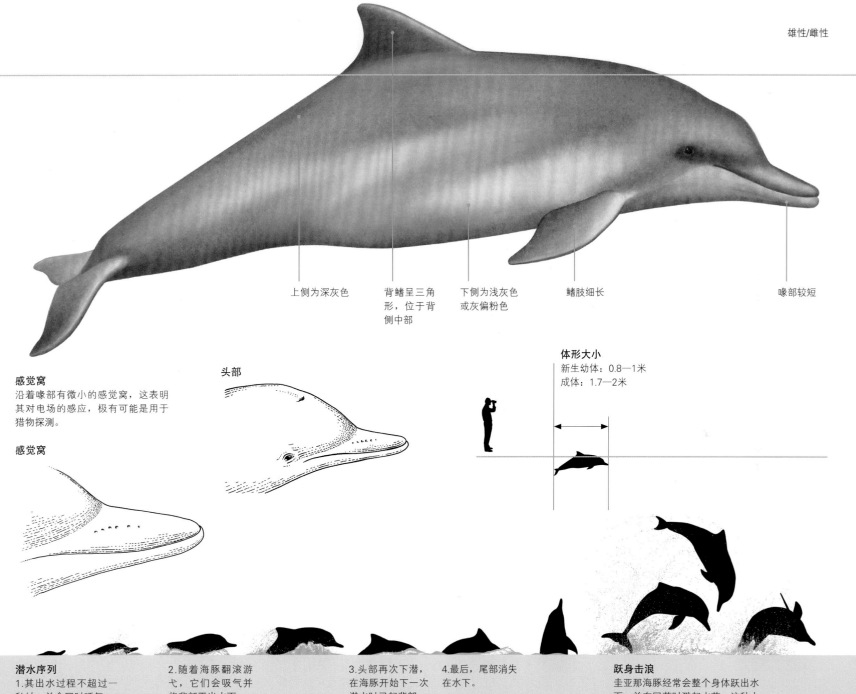

雄性/雌性

上侧为深灰色

背鳍呈三角形，位于背侧中部

下侧为浅灰色或灰偏粉色

鳍肢细长

喙部较短

感觉窝
沿着喙部有微小的感觉窝，这表明其对电场的感应，极有可能是用于猎物探测。

感觉窝

头部

体形大小
新生幼体：0.8—1米
成体：1.7—2米

潜水序列
1.其出水过程不超过一秒钟，并会同时呼气。

2.随着海豚翻滚游弋，它们会吸气并将背部露出水面。

3.头部再次下潜，在海豚开始下一次潜水时弓起背部。

4.最后，尾部消失在水下。

跃身击浪
圭亚那海豚经常会整个身体跃出水面，并在回落时溅起水花。这种小型海豚的动作都十分迅速。

印太驼海豚

科名：海豚科

拉丁名：*Sousa chinensis*

别名：中华白海豚

分类：最近有观点认为驼海豚可分为四个物种，即栖息在大西洋的大西洋驼海豚、栖息在印度洋的印度洋驼海豚、栖息在东印度洋和西太平洋的印太驼海豚、以及栖息在从澳大利亚北部至新几内亚南部海域的萨胡尔大陆架的澳大利亚驼海豚

近似物种：在其分布的大部分区域可能会与瓶鼻海豚相混淆

初生幼体体重：40—50千克

成体体重：230—250千克

食性：鱼类和头足类

群体大小：1—10头，在中国香港海域曾观察到由20—30头组成的大型集群

主要威胁：刺网误捕，栖息地退化甚至丧失，沿岸区域发展，污染，航运以及全球气候变暖

IUCN濒危等级：易危（中国台湾岛东部的亚种群被评估为极危）

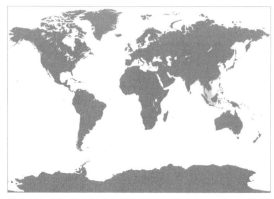

分布范围和栖息地　该物种栖息在热带至温带沿岸水域，包括印度东部至中国中部并贯穿整个东南亚沿海。它们经常出没于近岸浅水区、河口、近海珊瑚礁水域，且常游入内河。

物种识别特征：
- 体形强健，有较长且清晰明确的喙部
- 幼崽和少年个体呈深灰色
- 成体大体呈白色
- 背鳍比其他驼海豚物种大一些，三角形，略呈镰状；其基部较宽，但无背部隆起

解剖学特征

印太驼海豚体形健硕，呈中等大小。体色通常为灰色，但会随年龄及地理分布区域的变化而呈明显变化。大部分栖息在中国南部海域的成体为纯白色，而分布于其他海域的成体则会保留部分深灰色色斑并形成黑色的斑点。印太驼海豚没有大西洋驼海豚和印度洋驼海豚所具有的背部隆起，其背鳍相较更大且更近似三角形。

行为

印太驼海豚通常会避船且行踪难以捉摸，不会在船舶乘浪。然而，它们会展示一系列的空中杂耍动作，包括垂直跃水、侧身跃水以及前后翻筋斗。驼海豚的社交行为包括交配行为的特点是彼此间有非常频繁的肢体互动，包括身体接触（如动物间彼此碰触、撕咬和摩擦身体）和频繁的空中行为（如跃水和翻筋斗）。背鳍和尾鳍经常露出水面。

食物和觅食

该海豚被认为是具有投机性的杂食者，它们会取食各种沿岸-河口以及近岸珊瑚礁鱼类。它们也会取食一些头足类和甲壳类。在中国香港海域，常发现该物种会跟在拖网后面捕食。

生活史

交配和产崽可能在一年中任何时间进行。雌性妊娠期为10—12个月，哺乳期可能会超过2年。雌性性成熟年龄为9—10岁，雄性性成熟年龄为12—13岁，产崽间隔期推测为3年。寿命最少为30年。

保育和管理

目前并没有对整个物种的种群数量进行估计，已知的亚种群数量从几十头到几百头不等，但在珠江口水域至少有1200头以上的个体。由于印太驼海豚的近岸分布习性，它们极易受到各种威胁，包括刺网误捕或用于保护海滨浴场安全的鲨鱼拦网误捕、栖息地退化和丧失、船舶撞击、污染和气候变化。

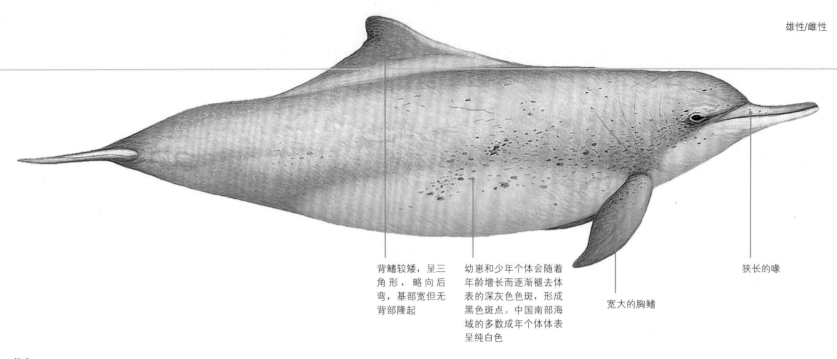

雄性/雌性

背鳍较矮，呈三角形，略向后弯，基部宽但无背部隆起

幼崽和少年个体会随着年龄增长而逐渐褪去体表的深灰色色斑，形成黑色斑点。中国南部海域的多数成年个体体表呈纯白色

宽大的胸鳍

狭长的喙

体色

幼体和少年个体体色为深灰色。成年个体体表的深灰色色斑会全部或部分褪去，大部分（尤其是栖息在中国南部海域的种群）变成白色。

体形大小

新生幼体：1米

成体：2—2.6米

潜水序列

1.首先，狭长的喙部和额隆依次露出水面。有时整个头部都会完全露出水面。

2.当呼吸孔露出水面时，其大部分身体仍处于水面之下。然后，身体弓起，露出背鳍。

3.最后，其头部潜至水下，背部弓得更高一点，随后潜至水下，仅露出尾鳍上侧。下潜时，它们会垂直弓起背部并露出尾鳍，表明在下潜。

跃身击浪

驼海豚通常较少展示空中行为，但它们偶尔会有纵身跳跃、侧身跳跃以及翻筋斗的行为。

印度洋驼海豚

科名：海豚科

拉丁名：*Sousa plumbea*

别名：铅灰色海豚

分类：驼海豚分为四个物种，分别为大西洋驼海豚、印度洋驼海豚、印太驼海豚和澳大利亚驼海豚

近似物种：在其分布的大部分区域可能与瓶鼻海豚相混淆

初生幼体体重：14千克

成体体重：250—260千克

食性：鱼类、头足类

群体大小：1—20头，在阿拉伯海域曾观察到有多达100多头的大型集群

栖息地：通常出没在沙质海岸近岸水域以及河口区域

种群：整个物种的种群大小还未曾估算，亚种群一般在几十头至几百头不等

主要威胁：刺网误捕，栖息地退化甚至丧失，沿岸区域发展，污染，航运，全球气候变暖

IUCN濒危等级：濒危

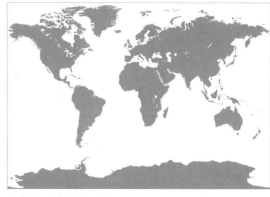

分布范围和栖息地　该物种分布在印度洋沿岸水域，从南非的西南角向东延伸至缅甸海域。

物种识别特征：	● 体形强健，喙部狭长且清晰明确
	● 体色一般呈灰色，腹部呈淡淡的粉白色
	● 具凸出且发达的背部隆起
	● 与印太驼海豚（中华白海豚）背鳍相比，其背鳍小，略呈镰状，非三角形

解剖学特征

印度洋驼海豚在所有驼海豚中体形最大，体长可达2.8米。不管是成体还是年轻个体，其背部均可见凸出且发达的背部隆起。与印太驼海豚（中华白海豚）背鳍相比，其背鳍较小，略呈镰状，非三角形。幼体呈浅灰色且无斑点，而成体呈深灰色但其腹侧面颜色较浅。在其背部和头部经常呈现白色的疤痕。

行为

与其他驼海豚类似，印度洋驼海豚也避船，不会在船艏乘浪。白天，经常可以观察到印度洋驼海豚在沙质、礁石质以及红树林海岸线近岸浅水水域以及河口水域觅食、游弋。社交行为（主要是求偶和交配）通常表现为两个或更多个体长时间的身体接触，活泼地并排游动，侧身翻滚，露出半个身体在水面。随后，在水下缓慢游动和翻滚的同时两个动物个体会将腹部贴在一起长达20—40秒。

食物和觅食

在阿拉伯湾以及巴扎鲁托、莫桑比克，观察到印度洋驼海豚将鱼群驱赶到沙洲，同时将自己搁浅于浅水区以捕捉这些猎物。河口水域的鱼类和头足类动物都曾在搁浅的印度洋驼海豚胃容物中被发现。

生活史

雌性在10岁左右达到性成熟，而雄性性成熟年龄为12—13岁。妊娠期为10—12个月，产崽间隔为3年左右。幼崽在2岁或2岁以上断奶。个体寿命可长达30年以上。

保育和管理

印度洋驼海豚自从印太驼海豚（中华白海豚）独立为一个单独的物种后，其保护状态还未曾被评估。对于印度洋驼海豚，在其分布范围内的威胁包括：渔网误捕；沿海和近海发展（如填海、航道疏通、港口建设、油气开采）导致的生境丧失和退化；污染；航运以及气候变化。

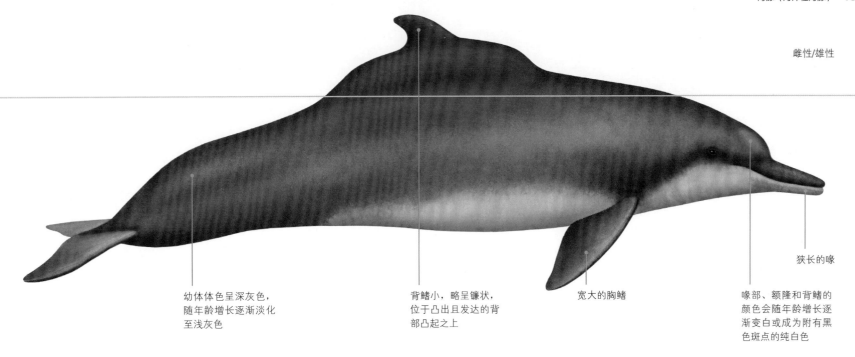

雌性/雄性

狭长的喙

幼体体色呈深灰色，
随年龄增长逐渐淡化
至浅灰色

背鳍小，略呈镰状，
位于凸出且发达的背
部凸起之上

宽大的胸鳍

喙部、额隆和背鳍的
颜色会随年龄增长逐
渐变白或成为附有黑
色斑点的纯白色

背部隆起
凸出的背部隆起是印度洋驼海
豚的物种特异性特征。

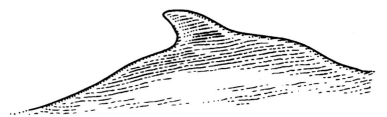

体形大小
新生幼体：1米
成体：2—2.8米

潜水序列
1.首先，其狭长的喙部
和额隆先后露出水面。
有时整个头部会完全露
出水面。

2.当呼吸孔露出水面时，
身体的大部分仍在水面之
下。然后身体弓起，将背
部隆起和背鳍露出水面。

3.最后，其头部潜至水下，
背部弓得更高一点，随后潜
至水下，仅露出尾鳍背部区
域。下潜时，它们会直立地
弓起背部并露出尾鳍，表明
在下潜。

跃身击浪
驼海豚通常较少展示空中
行为，但它们偶尔会有纵
身跳跃、侧身跳跃以及翻
筋斗的行为。

澳大利亚驼海豚

科名：海豚科

拉丁名：*Sousa sahulensis*

别名：萨赫尔驼海豚

分类：澳大利亚水域中的四种驼海豚之一

近似物种：在其分布的大部分区域，可能会与瓶鼻海豚相混淆

初生幼体体重：40—50千克

成体体重：230—250千克

食性：鱼类和头足类

群体大小：1—5头，在昆士兰水域附近观察到多达30—35头在拖网渔船后面捕食的较大群体。

主要威胁：刺网误捕，栖息地退化甚至丧失，沿岸区域发展，污染，航运以及全球气候变暖

IUCN濒危等级：未评估

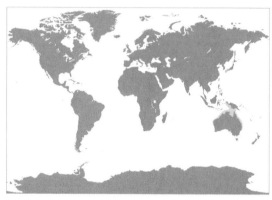

分布范围和栖息地 该物种分布于澳大利亚北部至新几内亚南部海域萨胡尔大陆架的热带以及亚热带水域。栖息在近岸浅水水域、河口以及近岸珊瑚礁水域，并经常会游进内河。

物种识别特征：
- 体形强健，狭长、清晰可辨的吻部
- 体色均匀，呈灰色，两侧向腹部逐渐过渡至灰白色。成体全身体表出现数量不等的白色疤痕和黑色斑点
- 背鳍低，呈三角形，基部宽但无明显背部驼峰

解剖学特征

已知的澳大利亚驼海豚的体形大小在1—2.7米内。背鳍短小，呈三角形，不像大西洋驼海豚和印度洋驼海豚那样具有典型的背部隆起。体色主要为深灰色，两侧向腹部逐渐过渡至浅灰色。从眼睛和颈部上方往下延伸至生殖区域，有一道对角线将深色的背部与浅色的腹部分隔开来。成体的头部、背部、背鳍和尾柄上随处可见白色的疤痕和黑色的斑点。

行为

澳大利亚驼海豚通常以由2—5头个体组成的小型群体出现，但也曾观察到由多达30头个体组成的群体在拖网后捕食。群体大小和个体组成经常会发生改变，个体间的联系通常不会维持很久。它们通常有避船行为，神出鬼没难以接近。曾观察到它们与澳大利亚矮鳍海豚以及瓶鼻海豚之间有社交行为。在澳大利亚西北海域曾有报道雄性驼海豚和雌性矮鳍海豚之间杂交的个例。

食物和觅食

澳大利亚驼海豚被认为是机会主义的通食者、杂食性动物，它们会进食各种沿岸-河口以及近岸珊瑚礁鱼类。它们可在各种类型的栖息地进行捕食——如红树林地带、沙底质河口、海草草甸以及近岸珊瑚礁。捕食时，有时动物分散在大的水域，有时形成紧密的群体瞄准特定的猎物目标。它们偶尔会将鱼群赶到浅水区，然后冲上浅滩以捕捉猎物。

生活史

全年均有交配和繁殖。妊娠期为10—12个月，哺乳期可能会持续2年以上，繁殖间隔期为3年左右。个体寿命为30年以上。

保育和管理

目前还未对整个物种的种群数量进行估计，已知亚种群的种群数量为数百头。由于沿海分布习性，澳大利亚驼海豚极易受到各种威胁，包括刺网及用于保护海滨浴场安全的鲨鱼拦网的误捕、栖息地丧失和退化、船只撞击、污染以及气候变化。

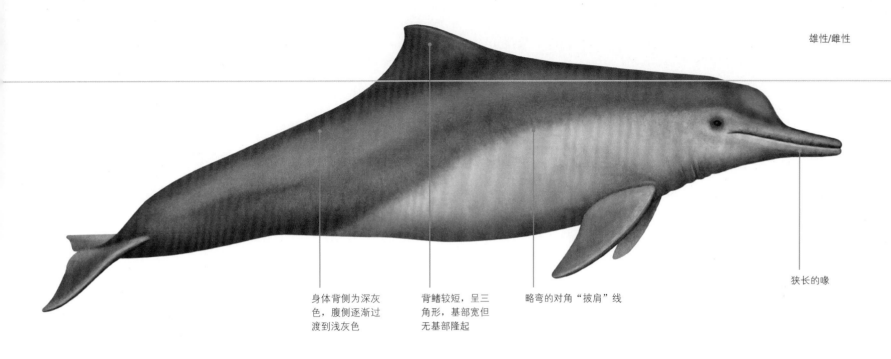

雄性/雌性

身体背侧为深灰
色，腹侧逐渐过
渡到浅灰色

背鳍较短，呈三
角形，基部宽但
无基部隆起

略弯的对角"披肩"线

狭长的喙

背角
深色的身体上侧与浅色的侧腹、腹部之
间由模糊的对角线分开，该特征是其他
驼海豚所没有的。

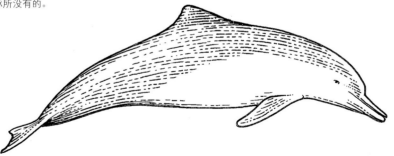

体形大小
新生幼体：1米
成体：2—2.7米

潜水序列
1.首先，其狭长的喙和额隆
先后露出水面，有时其整个
头部会完全露出水面。

2.当呼吸孔露出水面时，
其身体的大部分仍保持在
水下。然后身体弓起，将
背鳍露出水面。

3.最后，其头部潜至水下，背部
弓得更高一点，随后潜至水下，
仅露出尾鳍背部区域。下潜时，
它们会直立地弓起背部并露出尾
鳍，表明在下潜。

跃身击浪
驼海豚通常较少展示空中
行为，但它们偶尔会有纵
身跳跃、侧身跳跃以及翻
筋斗的行为。

大西洋驼海豚

科名：海豚科

拉丁名：*Sousa teuszii*

别名：喀麦隆驼海豚

分类：对该种分类的正确性在过去就受到质疑，但是最近的遗传学和形态学分析提供了令人信服的证据，表明该物种确实有效并且与印度洋、太平洋中的其他驼海豚不同

近似物种：极有可能会与瓶鼻海豚相混淆（二者均分布在近岸水域）

初生幼体体重：10千克

成体体重：250—285千克

食性：鱼类

群体大小：1—40头，通常为3—8头

主要威胁：误捕于刺网，直接捕捞，栖息地的退化甚至丧失，由于过度捕捞而造成的食物短缺以及全球变暖

IUCN濒危等级：易危

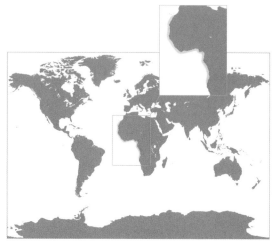

分布范围和栖息地　该物种仅分布于东大西洋的非洲西海岸的热带以及亚热带水域，从撒哈拉西部到安哥拉。它们主要出没于近岸浅水区以及河口区，水深通常小于20米。

物种识别特征：
- 体形强健，界限清晰的喙部
- 背侧普遍为蓝灰色，逐渐过渡至腹部的浅灰色
- 背鳍小，略成镰状或三角形，位于独特且发达的背部隆起上

解剖学特征

大西洋驼海豚的体形与印太驼海豚（中华白海豚）相似。大西洋驼海豚体形健硕，鳍肢宽大，端部圆钝，喙部分界明显，但短于其他的驼海豚。背鳍较小，呈镰状，有明显的发育良好的背部隆起。背部和侧面大体呈蓝灰色，颜色逐渐变浅过渡到腹部的浅灰色。这些海豚的喙部和背鳍颜色会随年龄的增长而颜色变浅。口中的牙齿数量比其他驼海豚少（上颌有27—32颗牙齿，下颌有31—39颗牙齿）。

行为

该物种通常性格腼腆，不会在船舶乘浪，也极少展示各种空中动作。群体通常由1—8头个体组成，但也曾观察到多达20—40头个体的大型群体。在安哥拉，一些个体展示出了极强的地理归属性以及群体稳定性。动物一般在小型海湾、珊瑚断层后遮蔽的水域以及远离干涸河口的区域进食，同时喜欢沿着海岸线游弋。

食物和觅食

这些海豚群体通常在靠近海岸的浅水区甚至在碎波区进食。它们主要以近岸的鱼群为食，例如鲻鱼。

生活史

目前暂无对大西洋驼海豚生活史研究数据的统计。基于对其相近物种印度洋驼海豚的研究，极有可能该种雄性体形大于雌性。

保育和管理

目前并没有对全球范围内种群数量的准确统计，但据估计只有几千头。基于其严格的地理限制，丰富度低且在近几十年数量有明显下滑的现状，大西洋驼海豚被IUCN列为易危物种。误捕于刺网中被认为是其生存的最主要威胁，此外还有直接的捕捞、栖息地的退化甚至丧失、过度捕捞、海洋污染、人为噪声以及全球变暖等威胁。

雄性/雌性

背鳍独特、较小且
呈三角形

狭长的喙部，
分界明显

背侧凸起
大西洋驼海豚和印度洋驼
海豚的物种特征是位于背
鳍前面的明显凸起。

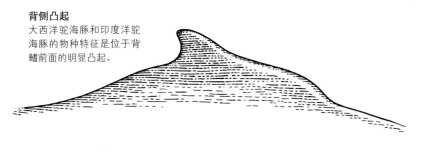

体形大小
新生幼体：1米
成体：1.8—2.8米

潜水序列
1.其狭长的喙部首先
露出水面，紧随之额
隆也会露出水面。有
时其整个头部都会露
出水面。

2.当呼吸孔暴露在空气中
时，其身体的大部分仍
保持在水中。它会弓起
身体，将背鳍露出水面。

3.最后，头部会再次潜
入水中，背部弓起更
高，潜入水中仅露出背
部。

跃身击浪
大西洋驼海豚的空中行为
极少见，但是它们会前后
垂直跳跃。当下潜时，可
能会露出尾鳍。

热带斑海豚

科名：海豚科

拉丁名：*Stenella attenuate*

别名：斑海豚，白色斑点海豚，白吻原海豚、斑点鼠海豚，弱原海豚

分类：目前有两个已知亚种，离岸海洋性物种 *S. a. attenuata* 与主要分布于东热带太平洋的近岸物种 *S. a. graffmani*

近似物种：经常与原海豚属的其他物种相混淆（除此之外，也会与真海豚和瓶鼻海豚相混淆）

初生幼体体重：未知

成体体重：90—120千克

食性：上层和中层鱼类，枪乌贼以及甲壳类动物

群体大小：平均群体大小为70—170头

主要威胁：误捕，捕食者（包括虎鲸、鲨鱼，可能还包括其他黑鲸），在日本、西非、加勒比以及印度尼西亚海域小规模的对该物种的直接捕捞

IUCN濒危等级：无危

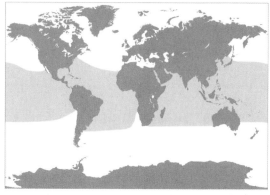

分布范围和栖息地 该物种分布于世界性的热带、亚热带以及温带水域，特别是离岸水域。热带斑海豚墨西哥亚种主要栖息在沿岸水域，出没于东热带太平洋陆架坡折近岸。

物种识别特征：
- 体形苗条细长，拥有狭长的喙部
- 明显的、深色的披肩
- 体表具有斑点（随年龄而增长），通常斑点沿着背角分布
- 成体喙部的前端可能为全白
- 背鳍位于背侧中心

解剖学特征

热带斑海豚是海豚中体形相对较小的物种，它们的体形苗条，喙部细长，成体体表有斑点。体表斑点的多少随地理分布而变化。近岸海豚体表的斑点比离岸较远的海豚更多。由于幼体体表无斑点，因此极有可能被错误地识别为其他物种。但相比于瓶鼻海豚，甚至大西洋斑海豚，热带斑海豚的体形更为娇小。

行为

该物种具有高度的社会性，群体规模从几头到数千头不等。沿岸种群通常相较离岸种群个体数量更少。它们喜群居，有时会与其他海豚联系。分布于东热带太平洋（ETP）的物种经常会与黄鳍金枪鱼和海鸟相联系。此外热带斑海豚性情活泼，经常有跃水等杂耍动作。

食物和觅食

热带斑海豚主要以各种栖息在海洋上层和中层的鱼类、枪乌贼和甲壳类为食。在东热带太平洋，离岸水域的热带斑海豚经常出现在大群黄鳍金枪鱼的附近，但出现这种现象的原因还未知。

生活史

雌性会在9—11岁达到性成熟，而雄性则为12—15岁。妊娠期约为11个月，且没有固定的产崽期。产崽间隔通常为2—3年，哺乳期会持续9个月以上，甚至可以长达2年。

保育和管理

1960—1970年，人们利用围网对金枪鱼进行大量捕捞，热带斑海豚在东热带太平洋的数量下降了约25%。虽然这一点目前已不再对它们构成严重的威胁，但是在日本以及所罗门群岛，人们仍在对这些海豚进行大肆捕捞，以加工成食物或在斯里兰卡、印度尼西亚、小安的列斯以及菲律宾被用作饵料。

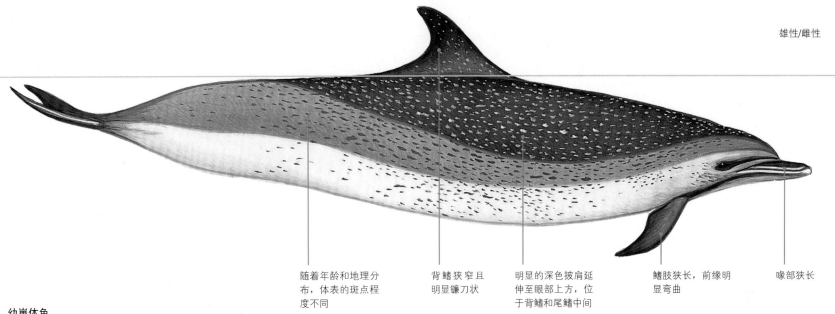

雄性/雌性

随着年龄和地理分布，体表的斑点程度不同

背鳍狭窄且明显镰刀状

明显的深色披肩延伸至眼部上方，位于背鳍和尾鳍中间

鳍肢狭长，前缘明显弯曲

喙部狭长

幼崽体色
幼崽在出生时体表无斑点。身体有两种色调——背侧为深灰色，而腹部为浅灰色到白色。随着它们逐渐成熟，斑点首先会出现在它们的腹侧，而后出现在背侧。

幼崽

体形大小
新生幼体：0.8—0.85米
成体：雌性为1.6—2.4米，雄性为1.6—2.6米

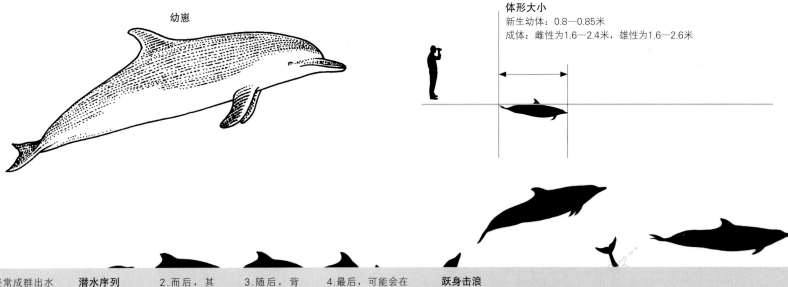

该物种经常成群出水并快速游弋，整个身体跃出水面。在非狩猎区，它们经常会有船舶乘浪的行为。

潜水序列
1.喙部首先露出水面。

2.而后，其头部会完全露出水面。

3.随后，背鳍以及身体也会很快地露出水面。

4.最后，可能会在完全下潜前露出尾部以及尾鳍。

跃身击浪
热带斑海豚经常会有跃身击浪的行为，且个体可能会高高地跃出水面，少年个体尤其倾向于这种空中行为。

短吻飞旋海豚

科名：海豚科

拉丁名：*Stenella clymene*

别名：短鼻飞旋海豚，盔海豚

分类：与长吻飞旋海豚和条纹海豚的亲缘关系密切

近似物种：很容易被误认为是长吻飞旋海豚或真海豚

初生幼体体重：约10千克

成体体重：雌性约75千克；雄性约80千克

食性：水体中的小型鱼类以及枪乌贼

群体大小：60—80头

主要威胁：在委内瑞拉以及西非离岸水域被误捕

IUCN濒危等级：数据缺乏

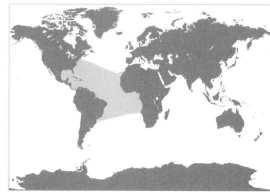

分布范围和栖息地　该物种是大西洋热带和亚热带深水海域的特有种。

物种识别特征：
- 侧面有三种不同的颜色
- 喙部前端有明显的"小胡子"
- 背鳍呈镰状，位于背侧中心

解剖学特征

短吻飞旋海豚体形比大多数海豚短小。其外形与长吻飞旋海豚极为相似，这也是为什么短吻飞旋海豚最近才被列为一个独立的物种。可以通过其深灰色的背角、浅灰色的侧面、白色的腹部等特征进行辨别。其唇部和喙部前端为黑色，形成了一个明显的"小胡子"。

行为

据观察，短吻飞旋海豚会与短吻真海豚以及长吻飞旋海豚共同嬉戏。它们经常展示花样游泳动作，而且可以像长吻飞旋海豚一样旋转。群体中通常只包含某个特定年龄段或性别的个体。

食物和觅食

短吻飞旋海豚主要以水体中的小型鱼类与枪乌贼为食。据了解，它们会在夜间当猎物在水体中垂直迁徙时进行捕食。它们更倾向于在离岸水域进食。

生活史

目前对该种的繁殖信息几乎一无所知。它们约在体长长到1.8米时达到性成熟。最近的遗传学研究指出短吻飞旋海豚有可能最初起源于长吻飞旋海豚和条纹海豚的自然杂交。此外，有证据显示短吻飞旋海豚和长吻飞旋海豚之间也存在着杂交现象。

保育和管理

短吻飞旋海豚是目前研究最少的海豚之一。目前没有已知可以对该物种造成严重伤害的威胁。然而，目前这些海豚在加勒比和西非海域被直接捕捞或误捕是需要留意的潜在威胁。

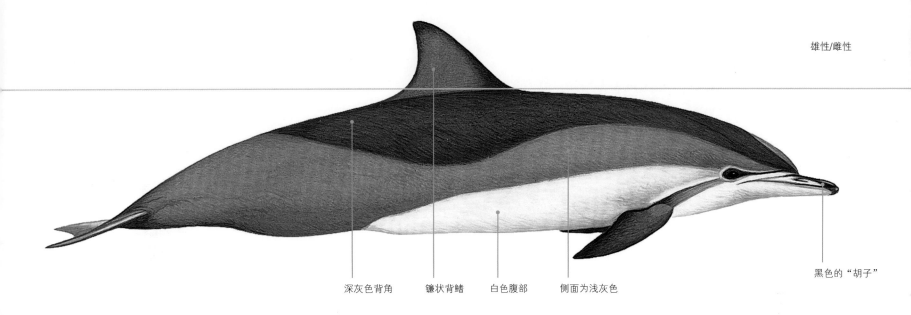

雄性/雌性

深灰色背角　　镰状背鳍　　白色腹部　　侧面为浅灰色

黑色的"胡子"

带"胡子"的喙部
区别短吻飞旋海豚与其他相近物种（例如长吻飞旋海豚）的特征之一就是其鼻口部上方靠近额隆处的深色线条，经常被称为"胡子"。

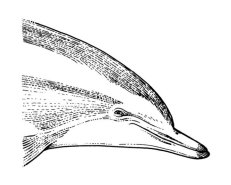

体形大小
新生幼体：暂无数据
成体：雌性为1.9米，雄性为2米

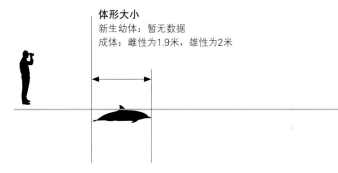

潜水序列
1.喙部会首先露出水面。

2.随后，头部和背侧会露出水面。无明显气柱。

3.最后，尾柄会消失在水面之下，无鲸尾扬升。

跃身击浪
类似于长吻飞旋海豚，短吻飞旋海豚会展示一系列的空中行为，经常跳跃并完全脱离水面。

条纹海豚

科名：海豚科

拉丁名：*Stenella coeruleoalba*

别名：条纹原海豚（古名），条纹鼠海豚（用于热带太平洋捕金枪鱼业）

分类：作为一个大型科以及一个多样性有争议的属的一部分，尚无已知亚种，但是不同种群间存在形态学和遗传学上的差异（与短吻飞旋海豚的亲缘关系最近）

近似物种：容易与其他的"白肚皮"海豚相混淆，其中包括弗氏海豚、短吻飞旋海豚、真海豚以及长吻飞旋海豚

初生幼体体重：7—11千克

成体体重：156千克

食性：各种栖息于海洋中上层或海底的小型鱼类以及枪乌贼

群体大小：群体大小随分布区域变化，部分地区10—30头个体，部分地区上百头个体（偶尔会集群多达500头个体）

主要威胁：在日本海域被猎杀，缠在流网中，体内累积高含量的污染物（20世纪90年代的早期，地中海地区因病毒感染引起的大规模死亡）

IUCN濒危等级：无危（地中海亚种群被评估为易危）

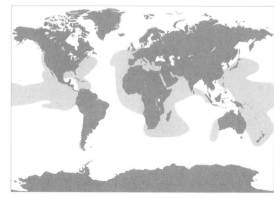

分布范围和栖息地 该物种在世界各地的热带和温带水域十分常见，主要出现在大陆坡和陆架上向海一侧的海洋性水域。

物种识别特征：
- 体形健硕，为典型的海豚的身形
- 喙部中等长度，分界明显
- 背鳍高耸呈镰状，约在背侧中间位置
- 明显的深浅色差对比：喙部、鳍肢以及尾鳍为深灰色或蓝黑色，从眼部到肛门以及眼部到鳍肢的条纹也是相同的深色，深色的背角上有浅灰色或者白色的脊椎条纹状标记

解剖学特征

健硕的身形和独特的体色花纹是该海豚种最显著的特征。它口中有许多小而尖的牙齿——其上颌有39—53对牙齿，下颌有39—55对牙齿。

行为

这些喜群居的海豚性情活泼、精力充沛，且游速快。它们一般以一个密集群体的形式迁徙，在丰富度较高的区域通常超过100头个体。它们也会展示一系列的空中杂耍动作，包括跃水、用下巴拍水以及耍杂技（其中包括一个较高的弓身跳跃，同时在再次入水前快速旋转尾巴）。它们不经常在船舶乘浪。基于在日本海域（每年大量的条纹海豚在这片海域被捕杀，渔民会将整个群体都驱赶至岸边进而捕杀）的观察，它们的群集系统较为复杂。一个群体可能完全由幼年个体或成年个体组成，或者二者均有。成体以及混合幼体与成体的群体会进一步分为繁殖群与非繁殖群。年幼的海豚会在断奶后继续在混合群体中待1—2年，而后加入幼体群，最终加入成体群或混合群。

食物和觅食

条纹海豚会进食种类繁多的小型鱼群以及头足类。它们可以下潜至200—700米深捕食猎物，同时也会在夜间利用深海物种的垂直迁徙性进食深水区的猎物。在其大量分布区域，条纹海豚倾向于在具有季节移动性的暖流所形成的锋面附近活动。

生活史

雌性会在5—13岁达到性成熟，雄性则在7—15岁。妊娠期为12—13个月。据估计，该物种的寿命为57—58年。

保育和管理

这种海豚分布较广，且在全球范围丰富度较高。据估计，在北太平洋西部有超过50万头个体，在北太平洋东部以及热带太平洋有约150万头个体，在地中海西部有约12万头个体。日本海域的大规模捕杀严重地减少了当地的种群数量。在部分地区，大量的海豚因被困在流网、围网以及其他捕鱼工具中而死亡。

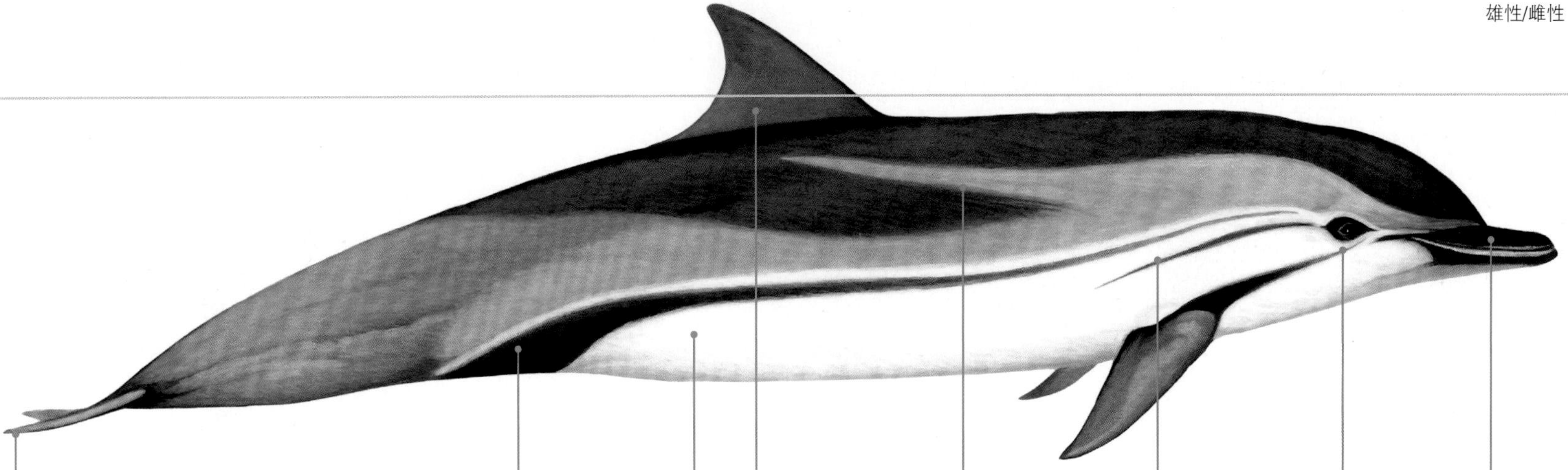

雄性/雌性

尾鳍为深灰色
到蓝黑色

从眼部到肛门有
明显的深色条纹

背鳍高耸，呈镰
状（弯曲），位
于背侧中部

白色腹部

在深色的背角有
明显的浅色脊柱
条纹状标记

从眼部到肛门的条带
分支短细（不普遍）

从眼部到鳍肢有
明显的条带

喙部长度适中，
分界明显

体色分布
虽然在远距离容易与其他白色腹部的海豚相混
淆，但是其侧面眼部到肛门、眼部到鳍肢的明
显条带以及在深色的背角有明显的浅色脊柱条
纹状标记的辨识度极高。

体形大小
新生幼体：0.9—1米
成体：雌性为2.2米，雄性为2.4米

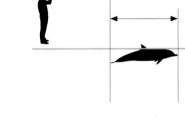

并不是所有精力充沛的
海豚都会如上图般明显
展露出各种特征，但是
群体中的部分个体经常
会显露出足够多的体色
特征。

潜水序列
1.长度适中、分界明
显的喙部露出水面。

2.背鳍而后会露出水面，
白色的腹部与身体其他部
分对比明显。

3.当其跃水时，大部分背部都
会露出水面。或许可以观测到
其侧面条纹或侵入深色的背角
的浅色脊柱条纹状标记。

4.在海豚落水时会溅起水
花。一群快速游弋的条纹
海豚会激起大量的泡沫。

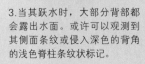

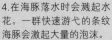

大西洋斑海豚

科名：海豚科

拉丁名：*Stenella frontalis*

别名：白侧海豚

分类：无已知亚种但有两种表现形式，一种为体形较大、体重较沉的近岸种，另一种则为身形苗条的离岸种

近似物种：容易与其他热带斑海豚以及瓶鼻海豚相混淆

初生幼体体重：未知

成体体重：可达143千克

食性：由于分布区域以及栖息地类型不同，食性差异极大，但都包含鱼类、枪乌贼以及海床中的无脊椎动物

群体大小：1—15头，在沿岸水域有时可以多达50头迁徙时可群集100头

主要威胁：暂无已知主要威胁，但是在局部地区渔业导致的意外死亡以及直接捕捞可能会构成一定的威胁

IUCN濒危等级：数据缺乏

分布范围和栖息地　该物种的分布仅限于大西洋的热带以及温带水域，包括墨西哥湾流，但不包括地中海。近岸种主要栖息在大陆架或陆架边缘。离岸种则出没在陆坡以及海岛周围海域。

物种识别特征：
- 典型的健硕型海豚的身材
- 喙部中等长度，分界明显
- 背鳍高耸呈镰状，约在背侧中间位置
- 通常上侧为深色，沿侧面为灰色，下侧为白色，但随着年龄的增长会出现多变的斑点或斑点状阴影
- 基本图纹包括一个从眼部到鳍肢的灰色条带以及背鳍下方深色的披肩中一个浅色的脊椎（肩部）条纹状标记
- 完全生长成形的成体喙部前端为白色

解剖

这种海豚会经历许多体色阶段，从出生后的灰白体色花纹到幼体时体表有零散的斑点（下面有黑色的斑点，上侧的斑点则为白色），再到青年成体的体色斑驳，最后到完全成熟个体的黑白斑点合并。成体喙部前端为明显的白色。其上颌有32—42对牙齿，下颌有30—40对牙齿。

行为

该种较喜群居，且通常以小型群体（多达15头个体）的形式出现，有时可群集50—100头个体。它们会主动在船舶乘浪，并展示一系列的杂耍动作。这些海豚的部分群体会长居于巴哈马浅滩，且不会躲避潜水者。该地也因此适宜旅游业和长期研究调查。它们与其他物种共享栖息地，有时会与瓶鼻海豚共同嬉戏。

食物和觅食

该物种的进食行为十分多样，随着栖息地的不同而有所差异。举例来说，在巴哈马，它们主要在深水区进食，也有可能在夜间趁许多生物都向表层迁徙时进食。然而，在白天，它们不仅在浅而清澈的水域中休息和社交，也会进食底栖生物以及鱼群。在墨西哥湾流，海豚有时会跟着拖网以捡食漏下的食物。它们也会协作围捕鱼群进食。

生活史

雌性在8—15岁达到性成熟，每1—5年产一崽。对于幼崽成功存活的雌鲸来说，平均产崽间隔为3.5年。幼崽会在出生5年之后才断奶。目前已知该物种的最长寿命为23年。

保育和管理

虽然它们仅分布在一个洋盆海域，但该种极为丰富。几个较为精准的数量估计在美国大西洋沿岸约有2.7万头个体，在墨西哥湾流北部约有3.7万头个体。基于它们主要栖息在沿岸水域，这些海豚很容易被缠在捕鱼工具中。

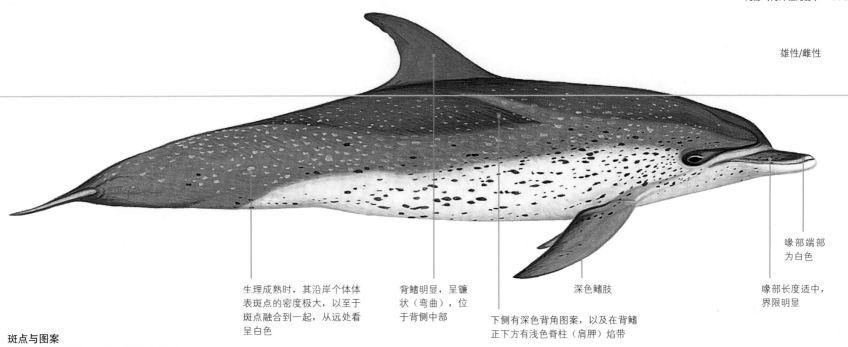

雄性/雌性

喙部端部
为白色

喙部长度适中，
界限明显

生理成熟时，其沿岸个体体
表斑点的密度极大，以至于
斑点融合到一起，从远处看
呈白色

背鳍明显，呈镰
状（弯曲），位
于背侧中部

深色鳍肢

下侧有深色背角图案，以及在背鳍
正下方有浅色脊柱（肩胛）焰带

斑点与图案
大西洋斑海豚体表有一些基本的底
色——深色的背部、浅色的侧面、白色
的腹部。幼崽颜色也是如此，但更为柔
和。随着年龄的增长，它们体表的斑点
和斑驳会更多，并最终如成体般体表布
满斑点，深色和浅色的斑点"融合"。

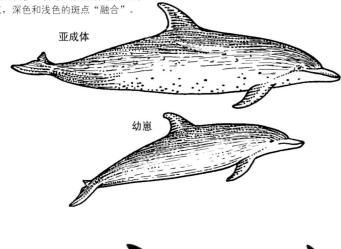

亚成体

幼崽

体形大小
新生幼体：0.9—1.2米
成体：1.7—2.3米

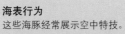

潜水序列
1.这些活泼、精力充沛的
海豚会首先将分界明显的
喙部以及额隆（前额）露
出水面。

2.随后，其相对
较大高耸并位于
背侧中部的背鳍
露出水面。

3.最后，尾柄（背鳍
与尾鳍中间部分）
弯曲，露出水面。

海表行为
这些海豚经常展示空中特技。

这些海豚游速较快且会
主动在船舶乘浪，以它
们的空中行为而闻名。

长吻飞旋海豚

科名：海豚科

拉丁名： *Stenella longirostris*

别名：长鼻海豚，长吻海豚，飞旋小海豚，飞旋原海豚，夏威夷飞旋海豚

分类：包含四个已知亚种，哥氏长吻飞旋海豚、东方长吻飞旋海豚、中美洲长吻飞旋海豚、侏儒长吻飞旋海豚

近似物种：短吻飞旋海豚，热带斑海豚，条纹海豚以及真海豚

初生幼体体重：10千克

成体体重：75千克

食性：主食栖息于中层水的小型鱼类

群体大小：通常为10—50头个体

主要威胁：渔业捕捞（直接捕捞和误捕），污染

IUCN濒危等级：数据缺乏

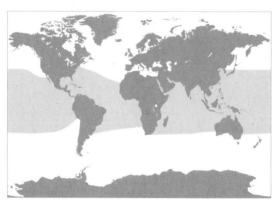

分布范围和栖息地 该物种主要出没在热带以及亚热带海域。它们白天会在浅海湾休息，夜间在离岸较远的水域进食。

物种识别特征：
- 体形小而细长
- 喙部狭长
- 从眼部一直延伸至鳍肢的深色条纹
- 体色随地理分布变化
- 背鳍位于背侧中部

解剖

长吻飞旋海豚的外形特征随地理分布区域的不同而变化。哥氏以及侏儒飞旋海豚体表是三色的，有呈深灰色的披肩呈浅灰色的侧面，偏白色的腹部。哥氏以及侏儒飞旋海豚的背鳍均略呈镰状，但哥氏飞旋海豚更偏向于三角形。东方飞旋海豚体色分布大体均匀，呈深灰色，背鳍为三角形略向前倾斜。成体雄性的背鳍极大地向前倾斜且有发育良好的肛后隆起。中美洲飞旋海豚与东方飞旋海豚大体相似，只是成体雄性肛后隆起不太明显。

行为

飞旋海豚极喜群居，经常混杂在超过1000头个体的鲸群中。通常群体大小为10—50头个体。栖息于海岛周围的飞旋海豚大部分时间在水深较浅的沙底质海湾休憩，并在夜间去离岸的深水区进食垂直迁徙的猎物。

食物和觅食

大部分飞旋海豚主要以栖息在大洋中层水中的鱼类为食，这些鱼类会在夜间垂直迁徙上升至浅水层。侏儒飞旋海豚主要以底栖的鱼类、岩礁鱼类以及无脊椎动物为食。

生活史

长吻飞旋海豚全年均在繁育期，但具体的生产的高峰期因亚种以及分布区域的不同而有所差异。雌性会在4—7岁达到性成熟，雄性则为7—10岁。妊娠期约为10.5个月，平均每3年产一崽。它们的寿命至少为20年。

保育和管理

在20世纪六七十年代，大量的东热带太平洋长吻飞旋海豚因捕金枪鱼围网的使用而丧命。在泰国的海湾，侏儒飞旋海豚经常被缠在用于捕虾的拖网中。在澳大利亚海域它们被困在防鲨鱼的刺网中。此外，在斯里兰卡、加勒比海、印度尼西亚、菲律宾以及偶尔在日本和西非，渔民会对长吻飞旋海豚进行捕捞，将其加工成食物或作为饵料。

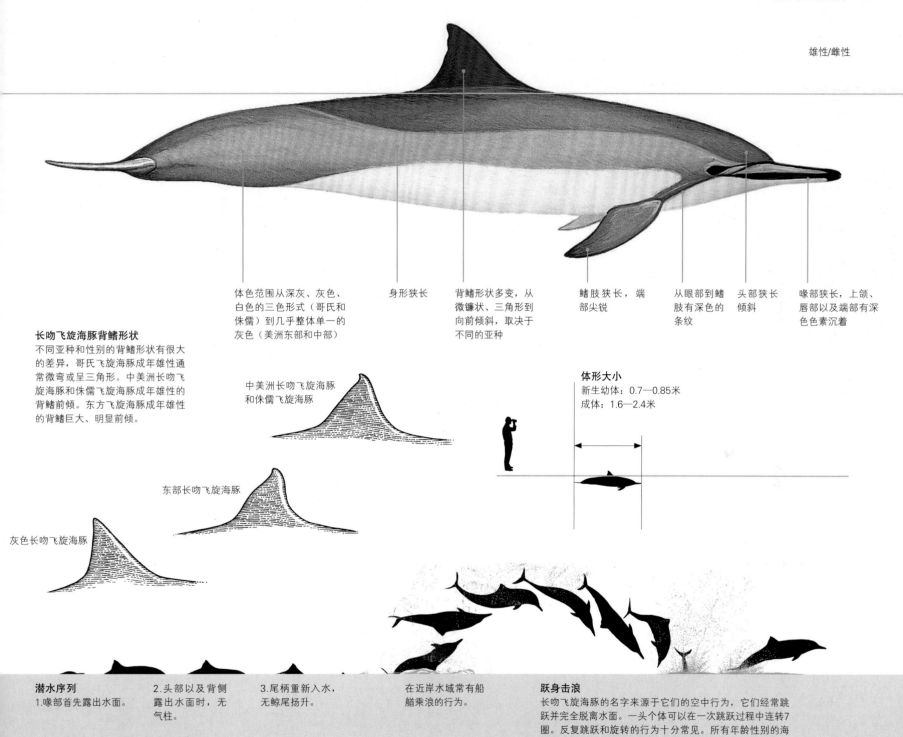

雄性/雌性

体色范围从深灰、灰色、白色的三色形式（哥氏和侏儒）到几乎整体单一的灰色（美洲东部和中部）

身形狭长

背鳍形状多变，从微镰状、三角形到向前倾斜，取决于不同的亚种

鳍肢狭长，端部尖锐

从眼部到鳍肢有深色的条纹

头部狭长倾斜

喙部狭长，上颌、唇部以及端部有深色色素沉着

长吻飞旋海豚背鳍形状

不同亚种和性别的背鳍形状有很大的差异，哥氏飞旋海豚成年雄性通常微弯或呈三角形。中美洲长吻飞旋海豚和侏儒飞旋海豚成年雄性的背鳍前倾。东方飞旋海豚成年雄性的背鳍巨大、明显前倾。

中美洲长吻飞旋海豚和侏儒飞旋海豚

东部长吻飞旋海豚

灰色长吻飞旋海豚

体形大小

新生幼体：0.7—0.85米
成体：1.6—2.4米

潜水序列

1.喙部首先露出水面。

2.头部以及背侧露出水面时，无气柱。

3.尾柄重新入水，无鲸尾扬升。

在近岸水域常有船舶乘浪的行为。

跃身击浪

长吻飞旋海豚的名字来源于它们的空中行为，它们经常跳跃并完全脱离水面。一头个体可以在一次跳跃过程中连转7圈。反复跳跃和旋转的行为十分常见。所有年龄性别的海豚均会有以上行为，这种行为是该物种所特有的。长吻飞旋海豚体表有附着的鲫鱼，飞旋的动作有可能就是为了摆脱寄生在其体表的鲫鱼。

糙齿海豚

科名：海豚科

拉丁名：*Steno bredanensis*

别名：皱齿海豚

分类：与土库海豚属和短吻海豚属的亲缘关系最近

近似物种：从上方观察时很难与瓶鼻海豚区分开

初生幼体体重：未知

成体体重：155千克

食性：小型表层鱼类，大型掠食性鱼类（如鲯鳅，枪乌贼以及其他头足类）

群体大小：平均为10—30头

主要威胁：渔业破坏，夏威夷岛周围以及社会群岛的阿莫雷岛和塔希提岛附近海钓业的发展，发生于毛伊岛的集体搁浅事件，另外也会经常在佛罗里达东海岸搁浅

IUCN濒危等级：无危

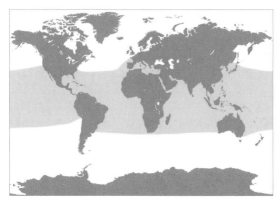

分布范围和栖息地 该物种全球都有分布，主要栖息在热带到温带海域。据观察，它们经常出没在海岛附近的深水区，但有时也会在沿着巴西陆架海的浅水区活动。

物种识别特征：
- 额隆狭窄倾斜
- 体表反荫蔽，腹部为白色，背部呈深灰色
- 在成体的侧面偏下以及下腹部有目视可见的白色斑点
- 背鳍略呈镰状（微微向后弯曲）
- 牙齿上有垂直脊线

解剖

该物种为糙齿海豚属里唯一的物种。头骨与驼海豚几乎完全相同，唯一的区别在于牙齿的数量不同。糙齿海豚的上颌有19—26对牙齿，下颌有19—28对牙齿。其鳍肢的位置比大多数鲸类更偏后，约为体长的17%—19%。

行为

遗传学研究以及照相识别技术结果显示该种的归属性极强，仅在一定范围内活动。这种行为以及其社交规律和独立的基因流都表明糙齿海豚的种群结构极为孤立。此外，照顾伤病个体、花样游泳以及合作捕食大型猎物的行为也同样显示一定程度上社会组织的雏形。这种海豚好奇心重，据观察，它们会将水中的漂浮物视为玩具玩耍。它们会主动靠近船只并在船艏乘浪。然而，据称在夏威夷以及塔西提岛它们会有避船的行为。它们经常会与其他海豚和大翅鲸一同嬉戏。

食物和觅食

它们主要以小型鱼类和枪乌贼为食。据观察，它们会猎食活动在海表的物种，例如颌针鱼以及飞鱼，偶尔也在不同物种混杂的群体中猎食。此外，它们也会合作猎食大型掠食性鱼类（如鲯鳅）。

生活史

糙齿海豚的寿命可长达36年。雄性会在14岁左右达到性成熟，雌性则为10岁左右。雌性每次产一崽，妊娠期周期未知，但可像瓶鼻海豚一样长达12个月。群体通常由10—30头个体组成，虽然偶尔也会有单独或成对的个体出现。已记载的最大群体有出现在夏威夷主岛附近海域的约90头，出现在法属波利尼西亚附近海域的150头，以及出现在东热带太平洋的300头。

保育和管理

一些海岛周围海钓业的发展已逐渐对该种构成威胁。此外，它们也会被困在美属莫西亚以及东热带太平洋的捕鱼工具中。据记载，该物种曾在佛罗里达州东海岸发生过几次集体搁浅事件，还有一次发生在毛伊岛附近。

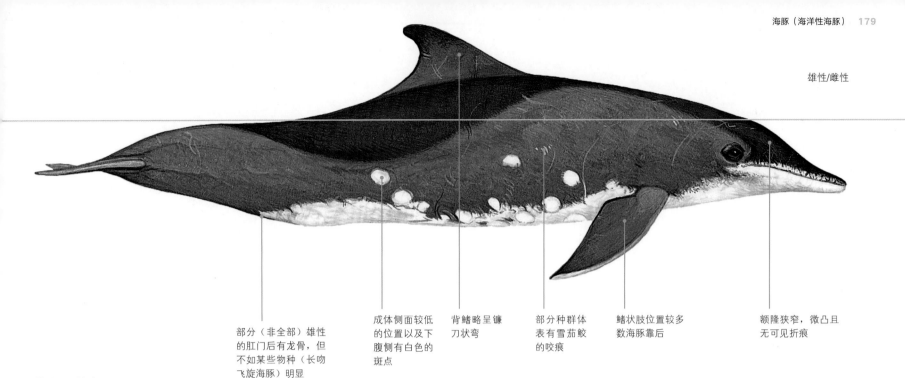

雄性/雌性

部分（非全部）雄性的肛门后有龙骨，但不如某些物种（长吻飞旋海豚）明显

成体侧面较低的位置以及下腹侧有白色的斑点

背鳍略呈镰刀状弯

部分种群体表有雪茄鲛的咬痕

鳍状肢位置较多数海豚靠后

额隆狭窄，微凸且无可见折痕

花纹以及鳍肢

成年海豚的体表具有独特的花纹——侧面较低的位置以及下腹侧有白色的斑点。它们的前鳍肢巨大且位置远后于其他海豚，约为体长的17%—19%。

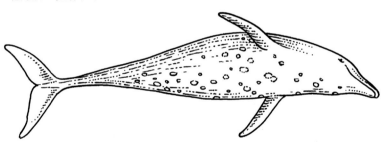

体形大小

新生幼体：1米
成体：体长2.55—2.8米，平均值为雌性2.6米，雄性2.7米

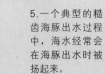

潜水序列

1.头部顶端以及喙部（该物种所独有的特点）会在出水呼吸时首先露出水面。

2.身体随后也露出水面，包括背鳍以及身体的后半部分。

3.呼吸之后，喙部重新入水，背部略弓起。

4.尾鳍可能会或者不会露出水面。

5.一个典型的糙齿海豚出水过程中，海水经常会在海豚出水时被扬起来。

印太瓶鼻海豚

科名：海豚科

拉丁名：*Tursiops aduncus*

别名：印度洋瓶鼻海豚，近海瓶鼻海豚

分类：与其姊妹种瓶鼻海豚的亲缘关系密切

近似物种：瓶鼻海豚

初生幼体体重：9—18千克

成体体重：175—200千克

食性：底栖鱼类、岩礁鱼类、上层鱼类、中层鱼类和头足类

群体大小：1—15头，在极少数情况下曾观察到几百头的大型群体

主要威胁：栖息地退化，渔业发展，生态旅游

IUCN濒危等级：数据缺乏

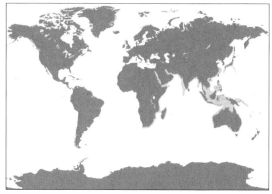

分布范围和栖息地 该物种栖息在温带到热带大陆架上的近岸水域或印度洋以及西太平洋的海岛附近水域。

物种识别特征：
- 体形纤细，喙部细长
- 背侧体表为深灰到中灰色
- 腹侧呈白偏粉色
- 腹侧有潜在的斑点（由年龄决定）
- 相较于瓶鼻海豚偏镰状的背鳍，印太瓶鼻海豚背鳍呈三角形

解剖

相较于近亲（瓶鼻海豚），印太瓶鼻海豚拥有纤细的身形以及细薄的喙部。其背部呈深灰色，背鳍呈三角形或镰状。腹部为浅灰色，部分群体中的成年个体腹部有斑点。

行为

该物种为"即来即去"的群体，即群体成员每天甚至每小时都会变化。雄性和雌性间的联系与雌性的生殖能力相关。成年雄性会组成联盟使得繁育的成功率最大化。成年雌性则十分多变，从个体独居到有一个庞大的附属群体。相似行为模式的幼体则会相互组成联盟并且花一定的时间一起玩耍以增进感情。

食物和觅食

它们主要以底栖、中层以及岩礁鱼类、头足类为食。种群之间和种群内部的捕食策略也有很大的差异。它们可以单独进食，也会合作捕食。其中一种捕食策略被称为"海绵捕食法"，是第一种有记载的鲸类使用工具的方法。海豚在它们的喙上托着一个圆锥形的海绵，从而在海底搜寻猎物时令海绵起保护作用。行为学和遗传学的研究显示这种捕食方法会母子相传（尤其是"母女相传"），代代延续。其他的例子还有将鱼类困在沙滩上进行捕食，跟随在捕捞船后方捡食从网中漏下的食物及乞求等。

生活史

该物种的寿命可长达40年。雌性和雄性会分别在12—15岁和10—15岁达到性成熟。产崽和交配的高峰期与海温最高的月份相一致。妊娠期为12个月。幼崽在出生3—5年后断奶，虽然它们在出生后6个月就开始进食固体食物。产崽间隔期通常为3—6年。

保育和管理

该物种栖息地的主要威胁为由于近岸的发展造成的栖息地退化。其他的威胁包括渔业影响（例如误捕和意外缠在捕鱼工具中）、生态旅游、噪声以及化学污染。

雄性/雌性

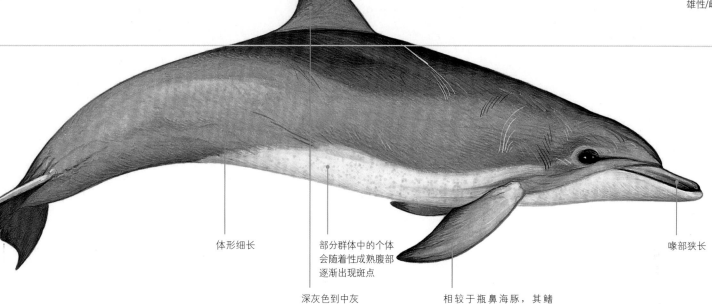

体形细长

部分群体中的个体
会随着性成熟腹部
逐渐出现斑点

深灰色到中灰
色的背鳍，通
常形似背角

相较于瓶鼻海豚，其鳍
肢、背鳍以及尾鳍与体形
大小的比例更大更宽

喙部狭长

背鳍形状
多数个体的背鳍后缘都具有独特的
标识，刻痕和凹槽。这些标识随着
时间的推移而演变，通常是由于个
体间打斗造成，可用于个体识别。

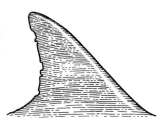

体形大小
新生幼体：0.9—1.25米
成体：1.8—2.5米

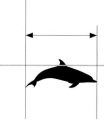

潜水序列
1.一个典型的印太瓶鼻海豚的潜水过
程的开始是其喙部首先露出水面。
在露出水面时，它们通常会呼气。
印太瓶鼻海豚典型潜水次序开始于
其喙部首先露出水面，此时它们通
常会呼气。

2.随后其头部以及背部
也会出水，并会在呼吸
孔露出水面时吸气。

3.在出水过程中，背鳍以及部
分身体均可见。该物种在下潜
时弓起背部，有时也会在完全
入水前露出部分尾部。

下潜觅食
一种典型的下潜觅
食过程可通过尾部
来识别。在下潜
前，可以看见尾部
大部分露出水面。

另外一种典型的下
潜觅食过程为"露
尾"，整个尾鳍均
会露出水面。

这两种下潜形式较
为常见，然而它们
不仅仅与进食行为
相联系，也会出现
在休息和社交的过
程中。

瓶鼻海豚

科名：海豚科

拉丁名：*Tursiops truncates*

别名：宽吻海豚

分类：已知两个亚种，*T. t. ponticus*和*T.t. truncatus*（此外，在部分地区分为近岸和离岸生态型）

近似物种：印太瓶鼻海豚，热带斑海豚，大西洋斑海豚，瑞氏海豚，糙齿海豚

初生幼体体重：14—20千克

成体体重：雌性最大体重为260千克，雄性最大体重为650千克

食性：各种不同集群和非集群鱼类，无脊椎动物如虾、章鱼和枪乌贼

群体大小：2—15头的群体最为常见，在离岸海域可能会集群几百头（群体大小极为多变，主要取决于生殖状态、行为以及栖息地）

主要威胁：栖息地退化甚至丧失，猎捕，活体捕获渔业（用于展示、研究以及军事用途），误捕，人为污染

IUCN濒危等级：无危

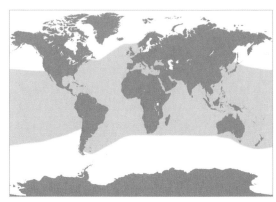

分布范围和栖息地　该物种分布在温带到热带水域，水温为10℃—32℃；主要栖息在陆架上沿岸水域（包括海湾以及河口），但可能会一直延伸至离岸的深水区。

物种识别特征：
- 身体上侧为深灰色到浅灰色，下侧为白色偏粉
- 喙部短粗，与额隆之间有明显的分界折痕
- 背鳍高耸，呈镰状
- 背鳍位于背侧中部

解剖学特征

瓶鼻海豚在海洋公园以及水族馆中的惊人表现使得它们成为人们最熟知也是研究最为透彻的鲸类动物之一。这种中型海豚拥有短粗、瓶状的喙部。通常可以通过其镰状背鳍后侧边缘的刻痕和凹槽识别个体。离岸种群个体通常体形大于近岸（沿岸）种群个体。

行为

由于该物种的下潜时间较短，因此可以经常在海面上目击到它出没，并伴随着各种空中杂耍动作，如跃水、用鲸尾击水以及浮窥。许多海表的行为都是以进食和社交为目的。瓶鼻海豚经常在船舶乘浪。

食物和觅食

瓶鼻海豚进食各种集群和非集群的鱼类。它们可以单独进食，也会与群体内其他成员团结协作围捕鱼群。

生活史

这些海豚群体具有"即来即去"的特征，即个体会因为进食、反捕食、交配以及养育后代的不同情况而即兴地选择加入或离开群体。因此，群体规模差异较大，但通常为2—15头个体。雄性为了交配彼此之间会组成一个紧密的联盟，而雌性之间也会因哺育幼崽而建立起非常紧密的联系。雌性通常每2—6年产一崽，妊娠期为12个月。在自然情况下，瓶鼻海豚的寿命可达50年甚至更长，且雌性的寿命通常比雄性略长。

保育和管理

对该物种的主要威胁包括栖息地的退化甚至丧失、大量捕捞、渔业冲突、误捕与环境污染。瓶鼻海豚目前被列为无危物种，即表明该种在其分布范围内生存状态良好。近岸种群则较容易受到渔业捕捞以及栖息地退化的影响，特别是那些分布在地中海、黑海、中国台湾海域、日本海域与秘鲁、厄瓜多尔以及智利沿岸的种群。

雄性/雌性

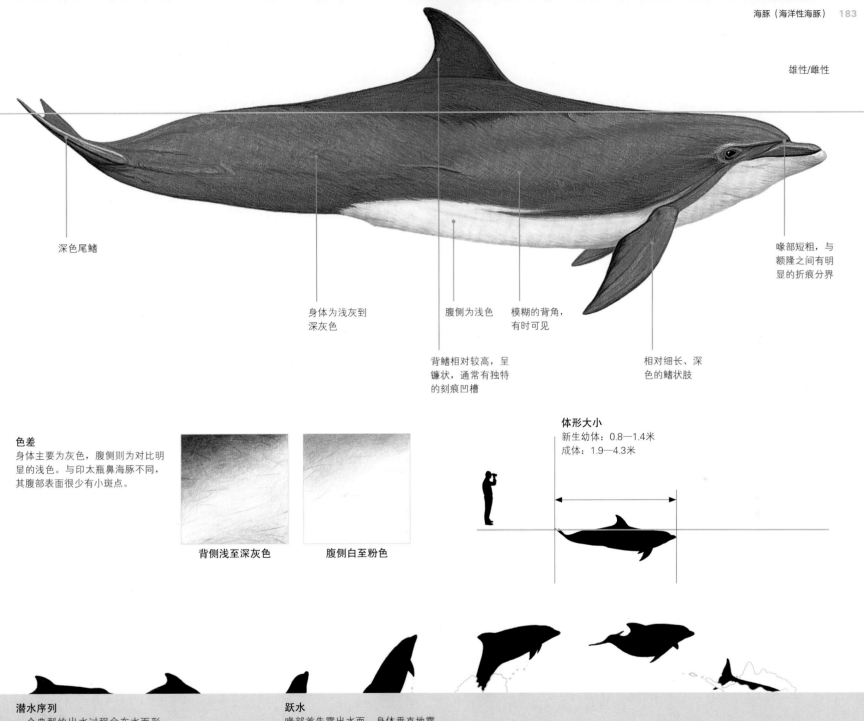

深色尾鳍

身体为浅灰到
深灰色

腹侧为浅色

背鳍相对较高，呈
镰状，通常有独特
的刻痕凹槽

模糊的背角，
有时可见

相对细长、深
色的鳍状肢

喙部短粗，与
额隆之间有明
显的折痕分界

色差
身体主要为灰色，腹侧则为对比明
显的浅色。与印太瓶鼻海豚不同，
其腹部表面很少有小斑点。

背侧浅至深灰色

腹侧白至粉色

体形大小
新生幼体：0.8—1.4米
成体：1.9—4.3米

潜水序列
一个典型的出水过程会在水面形
成一个光滑的弧度，呼吸孔、背
鳍以及背脊逐一露出水面。

跃水
喙部首先露出水面，身体垂直地露
出水面，而后在头部再次入水之
前，尾柄略微弯曲。

齿鲸类

抹香鲸

抹香鲸亚目包括抹香鲸科唯一的物种——抹香鲸以及体形远小于抹香鲸且不被人熟知的组成小抹香鲸科的小抹香鲸和侏儒抹香鲸。所有抹香鲸物种的名字都来源于其头部中容纳蜡状液体同时也是重要发声器官的鲸蜡器。相比于小抹香鲸和侏儒抹香鲸，抹香鲸的鲸蜡器要大得多且发出的声音更大。

抹香鲸（下页图）
一头长着小的悬挂式下颌的抹香鲸在加勒比海多米尼加岛海域海面游弋。

抹香鲸
成体16米

- 抹香鲸分布在全球各个洋盆，其雌鲸和雄鲸的分布范围有所不同。成体雄鲸的分布范围较广，会进行长距离的迁徙，并且可能出没在靠近南北极的高纬度地区。雌鲸和幼鲸的活动范围则相对较小，主要栖息在热带以及亚热带的深水区。
- 侏儒抹香鲸和小抹香鲸分布在全球各个大洋的热带以及温带水域。
- 抹香鲸在所有齿鲸物种中体形最大，成体可以长达11—16米，重达15 000—45 000千克。成体雄鲸体形比成体雌性抹香鲸更大更重。
- 侏儒抹香鲸和小抹香鲸的体形比抹香鲸要小得多。成体侏儒抹香鲸和小抹香鲸体长约2—3.3米。
- 抹香鲸的体色呈棕色到灰色。侏儒抹香鲸和小抹香鲸体表为深灰色。
- 由于抹香鲸体形巨大、头部呈厢式车状，皮肤褶皱以及呼吸孔位于头部前端偏左侧等特征，因此在海上十分容易辨识。
- 因为侏儒抹香鲸和小抹香鲸的体形相较于抹香鲸要小得多，且神出鬼没，因此它们在海上则较难辨认。其圆钝的头部可以作为重要的辨识依据，而其背鳍的大小和位置是区分小抹香鲸和侏儒抹香鲸的依据。
- 所有的抹香鲸均为深潜者，且有重心低的下颌，并主要在深水区以吸食的方式进食。

侏儒抹香鲸
成体雄性1.9—2.6米

抹香鲸体形
抹香鲸是目前体形最大的齿鲸，成年雄性体重可达45 000千克。侏儒抹香鲸和小抹香鲸体形则远小于抹香鲸，小抹香鲸体重很少超过454千克。

成年雄性抹香鲸头骨

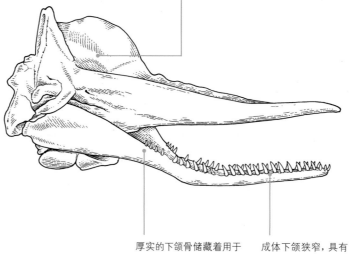

上颌骨——一个盛装废脑油、鼻骨复合体以及鲸蜡器的坚实骨质平台

厚实的下颌骨储藏着用于传递声音的特殊脂肪

成体下颌狭窄，具有40—52颗锥形牙齿

头骨
抹香鲸的下颌非常狭窄且重心较低，成体口腔内有40—52颗牙齿。抹香鲸的上颌为废脑油、鲸蜡器提供了坚硬的骨骼支撑。在厚实的下颌骨中储藏着能将声音传至齿鲸内耳的特殊脂肪。在抹香鲸的颅骨后保护着所有哺乳动物中最大的大脑。

抹香鲸

科名：抹香鲸科

拉丁名：*Physeter macrocephalus*

别名：卡切拉特鲸

分类：抹香鲸为抹香鲸科中唯一的物种，与小抹香鲸和侏儒抹香鲸的亲缘关系最近，但后两者的体形远小于抹香鲸

近似物种：无相似物种，但是在海上由于距离较远，它们巨大的体形很容易与须鲸相混淆，例如大翅鲸和灰鲸

初生幼体体重：500—1000千克

成体体重：雌性15 000千克，雄性45 000千克

食性：头足类和鱼类

群体大小：20—30头（雌性和未成年个体集群）；成年雄性通常独居，但年轻雄性会组成流动性较高的约20头的群体

主要威胁：污染，摄食海洋垃圾，与船只相撞以及渔业的影响

IUCN濒危等级：易危

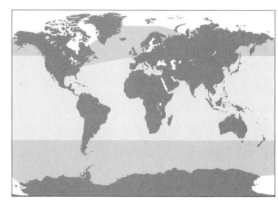

分布范围和栖息地 该物种具有全球性的分布，它们出没于世界的各个大洋。然而，雄性和雌性有着不同的地理分布。只有成年雄鲸会出没在南北极附近海域。而雌鲸和幼鲸通常分布在热带和亚热带洋盆深水区（图中颜色较浅区域）。成年雄鲸会前往暖水区繁殖。

物种识别特征：
- 上颌没有牙齿
- 皮肤表面有褶皱
- 成体头部巨大，呈方形
- 成体下颌有40—52颗圆锥形牙齿
- 呼吸孔在头部前端的左侧，喷出的气柱较低且具有一定角度
- 体形巨大

解剖学特征

抹香鲸是体形最大的齿鲸，而且具有非常明显的两性异形特征。成年雄性的体重可达成年雌性的3倍，同时雄性体长更长，拥有更大的头部。抹香鲸的英文名字来源于其头内巨大的鲸蜡器，这一器官内含有用于发声的鲸蜡油。含鲸蜡器在内的鼻腔气囊复合体，约达体长的1/3。抹香鲸的头骨不对称，这点反映在其呼吸孔的位置上：位于头部的左前端。抹香鲸拥有所有哺乳动物中最大的大脑。在达到性成熟后，抹香鲸仅下颌有牙齿。

行为

抹香鲸的分布和行为在两性间差异很大。抹香鲸喜欢群居，会组成一个母系的（包含20—30头成年雌性以及一些幼鲸）群体。这些以雌性为中心的群体主要出没在热带以及亚热带的深水区。抹香鲸幼鲸无法达到成体的下潜深度，因此倾向于在海表活动，成年雌鲸则会在附近交替下潜，轮流照顾幼鲸。当受到威胁时，雌鲸会冒着风险形成一个防守阵形以保护群体中的幼崽以及其他成员。年轻雄鲸会在4—21岁离开它们出生时所在的种群，进而组成一个流动性较大的"单身汉"群体并向高纬度地区前进。只有成年雄鲸会出没在南北极附近的海域。成年雄鲸会独自向热带和亚热带水域迁徙，寻找母系群体进行繁殖。与雄鲸的活动范围横跨整个洋盆不同，雌鲸的活动范围非常小。但无论雌鲸还是雄鲸都会经常出没在富饶的水域。

食物和觅食

抹香鲸以其"大食量"闻名。为了支撑如此巨大的身体运作，它们每天须进食约其体重3%的食物。抹香鲸从全球海洋所摄食的总生物量与每年全世界渔业总捕获量大体相同。但是抹香鲸所捕食的猎物与人类渔业捕捞的物种截然不同。抹香鲸主要在深海区进食头足类（如体形较大的枪乌贼和巨大的鱿鱼）。抹香鲸也会进食鱼类，特别是底栖鱼类。对捕获和搁浅的抹香鲸进行的检查显示，其胃中包含着种类非常丰富的食物及其他非食物的物品。

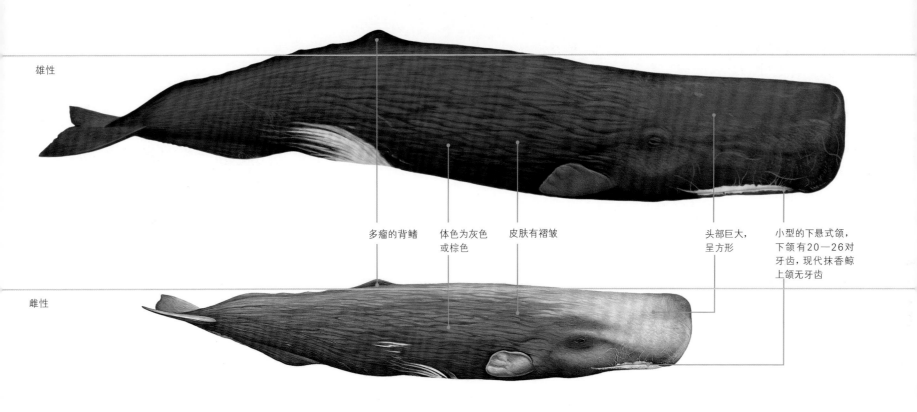

雄性

雌性

多瘤的背鳍

体色为灰色
或棕色

皮肤有褶皱

头部巨大，
呈方形

小型的下悬式颌，
下颌有20—26对
牙齿，现代抹香鲸
上颌无牙齿

鲸蜡器

抹香鲸的名字来源于其巨大的
鲸蜡器，与其他复杂的结构共
同组成了鼻腔气囊复合体，复
合体可占到体长的1/3。鲸蜡
器中充满用于发声的鲸蜡油。

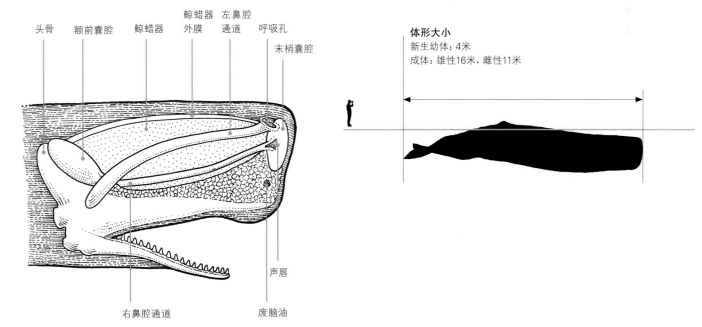

头骨

额前囊腔

鲸蜡器

鲸蜡器
外膜

左鼻腔
通道

呼吸孔

末梢囊腔

右鼻腔通道

声唇

废脑油

体形大小
新生幼体：4米
成体：雄性16米，雌性11米

抹香鲸

生活史

抹香鲸的寿命可达60—70年甚至更长。雌鲸会在9岁左右达到性成熟，而后身体持续生长直至30岁。雄鲸则会经历一个平缓的成熟过程，在10岁左右进入青春期，但直到近20岁才达到性成熟。此后雄性会继续生长直至其体重为45—50岁成年雌鲸体重的3倍。雌鲸通常平均每4—6年产一崽，生殖间隔会随雌性年龄的增长而增长。妊娠期为14—16个月。虽然幼鲸在出生1年后就会进食固体食物，但它们会继续吸食母乳至少两年。由于抹香鲸繁殖率较低，因此捕鲸行为对其数量的影响很大。

保育和管理

在1988年中止捕鲸之前，抹香鲸在各大洋被广泛捕杀。在大规模捕鲸之前，据估计全球约有超过110万头抹香鲸。如今，世界上仅剩约36万头抹香鲸。大规模捕鲸停止之后，该种的数量正在缓慢恢复。但现今抹香鲸仍面对着各种不同的威胁，包括在一些孤立海域的小规模捕鲸、与船只相撞、摄食海洋垃圾（其中包括塑料袋）、渔业影响、水下噪声、海洋污染以及疾病的传播。

社交行为
抹香鲸是一种社会性极强的物种，具有非常复杂的社会结构。曾在大西洋亚速尔群岛观测到一群抹香鲸在进行社交活动，包括成年个体及新生幼崽。

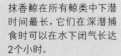

抹香鲸幼鲸
在英联邦管辖的多米尼加岛，一头年龄约为6—11岁的少年雌性抹香鲸正在观察潜水员。少年阶段的雌性抹香鲸会在性成熟之前一直停留在母系群体中直至它们成年。

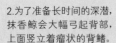

抹香鲸在所有鲸类中下潜时间最长，它们在深潜捕食时可以在水下闭气长达2个小时。

潜水序列
1.呼吸孔位于头部左前侧，可以喷出低矮且倾斜的气柱。

2.为了准备长时间的深潜，抹香鲸会大幅弓起背部，上面竖立着瘤状的背鳍。

3.开始下潜时，尾鳍水平扬在空中。

跃身击浪以及鲸尾击水
作为高度社会性行为的一部分，抹香鲸会进行跃身击浪和鲸尾击浪的行为。当身体或强有力的尾鳍击打水面时会产生巨大的声响。

小抹香鲸

科名：小抹香鲸科

拉丁名：*Kogia breviceps*

别名：侏儒抹香鲸

分类：与侏儒抹香鲸的亲缘关系最近，与抹香鲸的亲缘关系较远

近似物种：侏儒抹香鲸

初生幼体体重：53千克

成体体重：雌性301—480千克，雄性234—374千克

食性：头足类，鱼类和深水虾类

群体大小：1—3头

主要威胁：水下噪声，海洋垃圾，捕鲸，炸鱼，偶尔被误捕于流网中

IUCN濒危等级：数据缺失

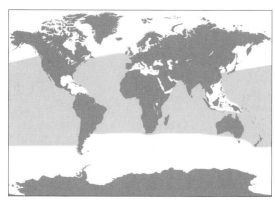

分布范围和栖息地　该物种栖息于所有主要洋盆的热带和温带水域。基于南非沿海及中国台湾海域小抹香鲸的食物残余进行推断，小抹香鲸极有可能栖息在大陆架外侧的大洋性水域，与之相对的侏儒抹香鲸则更倾向于栖息在近岸水域包括大陆坡。

物种识别特征：
- 上颌没有牙齿
- 背鳍高度小于体长的5％
- 背鳍位于背部后1/3处
- 下悬式下颌
- 头部近似方形

解剖学特征

小抹香鲸体形比侏儒抹香鲸更大，但二者均有近似方形的头部，以及下悬式下颌。小抹香鲸的背鳍相较体形比例较小，位于背侧偏尾部2/3处。该物种只有少量的牙齿，且只存在于下颌。其体色花纹似在眼部后侧有一个假的腮裂。小抹香鲸和侏儒抹香鲸均有类似抹香鲸的鲸蜡器，但较小。

行为

小抹香鲸在海上的行踪不定。除了在非常理想的海况和天气条件下，几乎很少能目击到小抹香鲸的出现。该物种经常静止浮漂在海面。当有船只靠近时，它们可以闭气下潜很长一段时间。当受到惊吓时，小抹香鲸会从肛门分泌一种棕黑色的液体，以形成一块深色的晕染帮助其躲避捕食者。群体一般由1—3头个体组成。

食物和觅食

小抹香鲸主要以头足类为食，但也会进食深水鱼类以及虾类。解剖结果以及下颌成对的小牙齿显示它们利用吮吸方式进食。对搁浅个体胃内食物的辨别结果表明小抹香鲸在大陆坡靠远洋的海域进食。小抹香鲸的食物类型与侏儒抹香鲸类似。在夏威夷海域，小抹香鲸可以下潜到至少800—1200米进行捕食。

生活史

小抹香鲸的寿命只有约20年。它们会在3—5岁达到性成熟，而且频繁地产崽，可以达到一年一崽。在已进行过研究的部分地区中，繁育行为具有季节性特征。妊娠期为11—12个月。

保育和管理

小抹香鲸可能对水下噪声较为敏感。据悉，它们会摄食海洋垃圾，从而导致死亡。该物种也受到其他方面的威胁，例如大洋中的流网、与船只相撞、捕鲸或炸鱼。总的来说，目前对于该种的了解甚少。

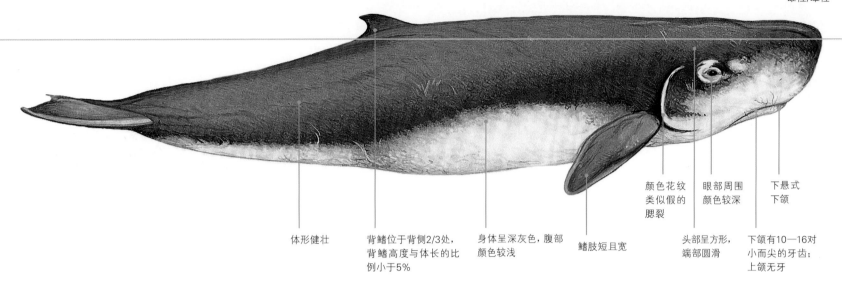

雄性/雌性

体形健壮

背鳍位于背侧2/3处，背鳍高度与体长的比例小于5%

身体呈深灰色，腹部颜色较浅

鳍肢短且宽

颜色花纹类似假的腮裂

眼部周围颜色较深

下悬式下颌

头部呈方形，端部圆滑

下颌有10—16对小而尖的牙齿；上颌无牙

头骨

小抹香鲸的头骨特征明显，呈方形。其头骨非常宽且喙部极短。此外，其头骨不对称，其呼吸孔位于头部左侧。上颌无牙。

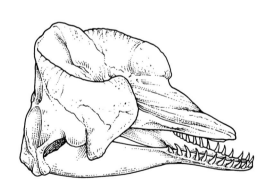

体形大小

新生幼体：1.2米

成年：雌性体长2.6—3.2米，雄性体长2.4—3.3米

潜水序列

1.小抹香鲸经常会一动不动地躺在海面，这种行为被称为"浮漂"。

2.它们偶尔会翻滚着下潜，但大部分时候该物种会垂直下潜然后消失在水面。

侏儒抹香鲸

科名：	小抹香鲸科
拉丁名：	*Kogia breviceps*
别名：	无
分类：	与小抹香鲸的亲缘关系最近，与抹香鲸的亲缘关系较远
近似物种：	小抹香鲸
初生幼体体重：	14千克
成体体重：	雌性169—264千克，雄性111—303千克
食性：	头足类，鱼类和深水虾类
群体大小：	1—8头
主要威胁：	水下噪声，海洋垃圾，捕鲸，炸鱼，偶尔被误捕于流网中
IUCN濒危等级：	数据缺失

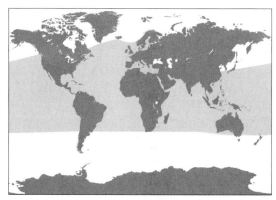

分布范围和栖息地 该物种栖息于所有主要洋盆的热带和温带水域。在夏威夷，它们经常出没在水深1000—1500米的海域。基于南非沿海及中国台湾海域侏儒抹香鲸的食物残余推断，其可能栖息于大陆架边缘或者大陆坡，在大陆架附近较小抹香鲸更为常见。

物种识别特征：
- 上颌可能具有牙齿
- 背鳍高度大于体长的5%
- 背鳍位于背侧中部
- 下悬式下颌
- 头部近似方形

解剖学特征

侏儒抹香鲸体形小于小抹香鲸，但二者均有近似方形的头部，及下悬式下颌。侏儒抹香鲸的背鳍位于背部中间，其高度较体长的比例大于小抹香鲸。这两个物种下颌均有少量牙齿，但只有侏儒抹香鲸的上颌可能存在牙齿。其体色花纹似在眼部后侧有一个假的腮裂。小抹香鲸和侏儒抹香鲸均有类似抹香鲸鲸蜡器的器官，但较小。

行为

侏儒抹香鲸在海上的行踪不定。除了在非常理想的海况和天气条件下，几乎很少能目击到侏儒抹香鲸的出现。该物种经常静止浮漂在海面。当有船只靠近时，它们可以闭气下潜很长一段时间。当受到惊吓时，侏儒抹香鲸会从肛门分泌一种棕黑色的液体，以形成一块深色的晕染帮助其躲避捕食者。群体一般由1—8头个体组成。

食物和觅食

侏儒抹香鲸主要以头足类为食，但也会进食深水鱼类以及虾类。解剖结果以及下颌成对的小牙齿显示它们利用吮吸方式进食。对搁浅个体胃内食物的分布深度辨别结果表明侏儒抹香鲸在陆架海以及大陆坡进食。侏儒抹香鲸的食物类型与小抹香鲸相近，但是侏儒抹香鲸在更靠近岸边的水域进食，且食物体形略小。

生活史

侏儒抹香鲸的寿命只有约20年。它们会在3—5岁达到性成熟，而且频繁地产崽，可以达到每年一崽。在已进行过研究的部分地区中，繁育行为具有季节性特征。妊娠期为11—12个月。

保育和管理

侏儒抹香鲸可能对水下噪声较为敏感。据悉，它们会摄食海洋垃圾，从而导致死亡。该物种也受到其他方面的威胁，例如大洋中的流网，与船只相撞，捕鲸或炸鱼。总的来说，目前对于该物种的了解甚少。

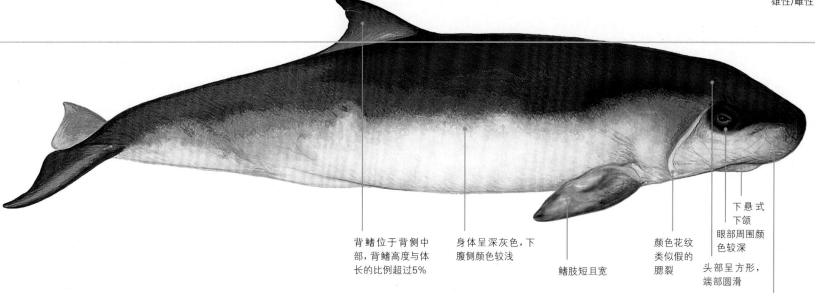

雄性/雌性

背鳍位于背侧中部，背鳍高度与体长的比例超过5%

身体呈深灰色，下腹侧颜色较浅

鳍肢短且宽

颜色花纹类似假的腮裂

下悬式下颌
眼部周围颜色较深

头部呈方形，端部圆滑

该鲸种体形健壮，头部圆钝，下悬式的下颌较小，有7—12对小尖牙。上颌可能也会有几对牙齿

头骨的形状
侏儒抹香鲸的头骨特征明显，呈方形。其头骨非常宽且喙部极短。此外，其头骨不对称，其呼吸孔位于头部左侧。

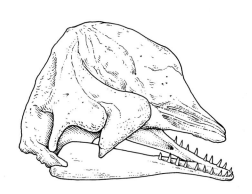

体形大小
新生幼体：1米
成年：雌性体长2.1—2.7米，雄性1.9—2.6米

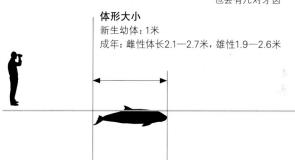

潜水序列
1.侏儒抹香鲸经常会一动不动地躺在海面，这种行为被称为"浮漂"。

2.侏儒抹香鲸有时会平缓地下潜到水面之下，而有时会垂直下潜。

齿鲸类

一角鲸与白鲸

一角鲸和白鲸为一角鲸科中仅有的两个物种。它们在齿鲸中算是中等体形，且仅出没在北半球。一角鲸仅分布在大西洋北极圈内的海域，而白鲸的分布则更为广泛，在环北极的北冰洋及温带近岸海域都有它们的身影。这两个物种都会组成相对独立的集群。一些这样的群体会因为海冰的形成与消融而进行长距离的迁徙，而其他的群体则全年在一片固定的海域活动。

一角鲸的名字意为"一颗长牙"，是指一角鲸独特的齿系，即一颗单独突出的犬齿，形似螺旋状，从左侧上唇外凸，可达2.6米。白鲸口腔内有多达34颗牙齿，但不适用于咀嚼，通常磨损得比较严重。

- 两种鲸的初生幼体均为深棕色或灰色，而后体色会随着它们年龄的增长而变化。
- 这两种鲸都有背脊而无背鳍，这被认为是对海冰密集环境的适应性特征。
- 它们的听力异常灵敏，且会发出各种声音进行交流，同时也会发出哨叫声用于回声定位。
- 它们体表的绝热鲸脂层较厚（10毫米），使它们得以在低温水域保持体温，同时也储存了能量以备没有捕食活动的时期使用。
- 一角鲸科的动物寿命相对较长，会在较晚的年龄达到性成熟，并平均每隔2—3年产一崽。
- 两个物种均喜群居，经常以小型群体的形式到处游弋，这些小群可能在相对较大的区域内组成包含几百头个体的超大群体。
- 虽然这两种鲸经常与海冰有互动，但它们偶尔也会被大量困死在海冰中。

社会性动物（右图）
一角鲸和白鲸都是高度社会性的动物，在在河口蜕皮或在浮冰密集区域越冬等迁徙过程中，它们会季节性地聚集形成大型群体。从7月到8月，成千上万的白鲸在加拿大北部浅河口蜕皮。

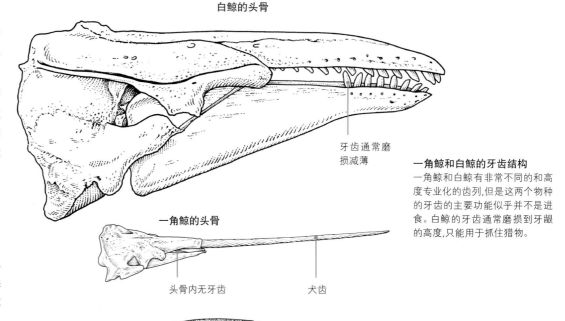

白鲸的头骨

牙齿通常磨损减薄

一角鲸和白鲸的牙齿结构
一角鲸和白鲸有非常不同的和高度专业化的齿列,但是这两个物种的牙齿的主要功能似乎并不是进食。白鲸的牙齿通常磨损到牙龈的高度,只能用于抓住猎物。

一角鲸的头骨

头骨内无牙齿　　犬齿

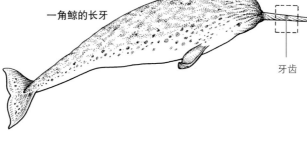

一角鲸的长牙

牙齿

一角鲸牙齿的感官功能
最新的解剖学证据表明,一角鲸的长牙可以充当天线接收来自环境的感官信号。图中显示的是水压和水温梯度穿透与牙本质层细胞紧密联系的多孔层（牙骨质）。之后,牙本质中的神经末梢刺激连接着长牙与大脑的神经组织。这些证据也可能在配偶选择时发挥作用,如检测周围水域发情雌性的位置,也可用于聚集或觅食。

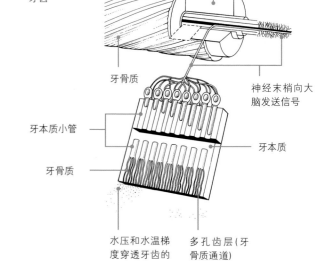

牙本质

牙骨质

牙本质小管

牙骨质

神经末梢向大脑发送信号

牙本质

水压和水温梯度穿透牙齿的多孔层

多孔齿层（牙骨质通道）

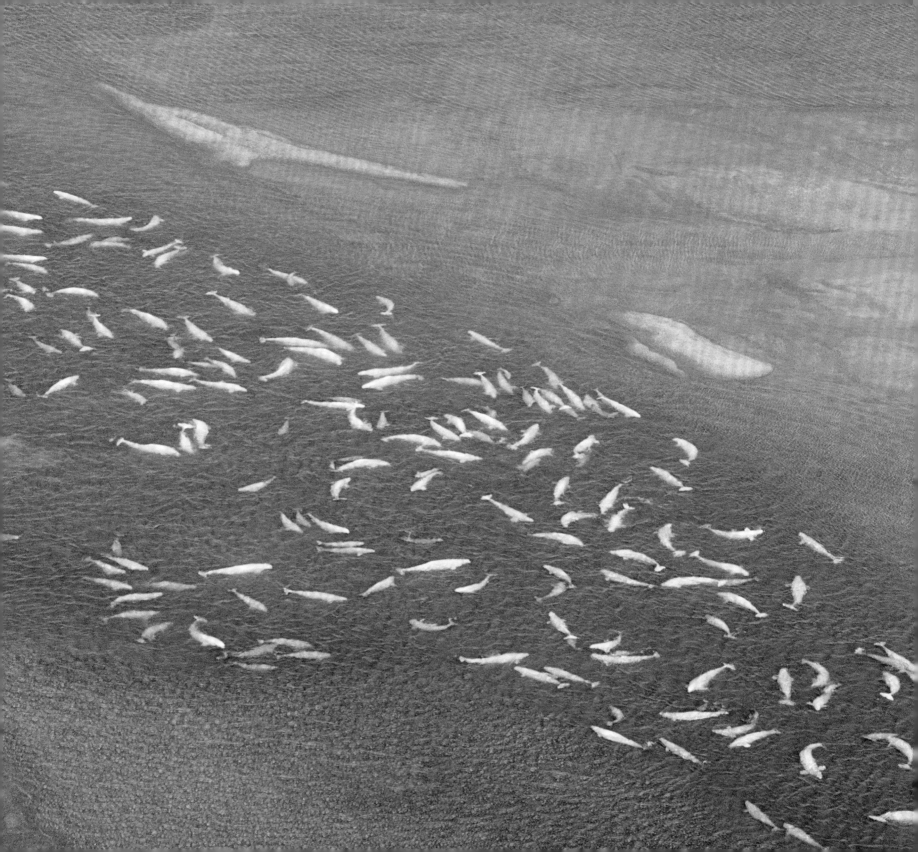

一角鲸

科名：一角鲸科

拉丁名：*Monodon monoceros*

别名：独角鲸

分类：与白鲸的亲缘关系最近

近似物种：出生2年之内的幼鲸容易与白鲸幼体相混淆

初生幼体体重：150千克

成体体重：雌性为900千克，雄性为1700千克

食性：格陵兰大比目鱼，枪乌贼，极地鳕鱼，甲壳类

群体大小：1—3头，但在集体迁徙时可群集10—20头

主要威胁：捕鲸，人为干扰，渔业，气候变化

IUCN濒危等级：近危

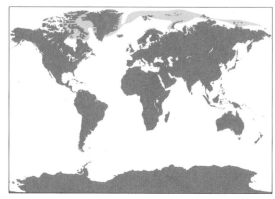

分布范围和栖息地 该物种分布于大西洋北极圈内的海域，在北纬60°以北。它们夏季主要在沿岸水域活动，而冬季则栖息在离岸的具有大块浮冰的深水区。

物种识别特征：
- 身体为灰色，褐色或是带斑点的黑色
- 腹部为白色
- 无背鳍，但有背脊
- 鳍肢短小，弯曲
- 尾鳍的两侧边缘均向外凸起

解剖学特征

新出生的一角鲸幼体为较深的棕灰色，成体上侧体表为带斑点的黑色，腹侧为白色。雌鲸的上颌有两颗牙齿留在头骨内部。雄性左侧犬齿会进一步发育成一根细长的从喙部向前突出的长牙。在生长过程中，长牙逐渐向左侧生长。长牙可生长达3米，但是发育完全的雄鲸长牙通常短于2米。部分一角鲸的长牙很直，但是也有部分一角鲸的长牙呈螺旋形。雌性有时也会发育长出长牙，而雄性没有长牙或有两个长牙（双长牙）的情况也时有发生。近期关于长牙的显微解剖学调查结果显示长牙的表面可以直接连通下面的牙质。水温、水压以及盐度梯度会通过这之间的连接而直接刺激到其神经系统，因此，长牙可以被视作一角鲸的"天线"，用以感受外部的环境刺激。（详见第194页）

行为

相比其他齿鲸，一角鲸游速较慢，且偶尔会在海表长时间地休憩。它们可以下潜至所有海洋哺乳动物能够下潜的最大深度范围（1500—2000米），且一次可以闭气下潜长达25分钟。曾观察到一角鲸用头部朝下的姿势游泳。一角鲸非常容易受惊，且很容易受船舶交通影响。曾有观察显示，几头雄性会轻轻地将彼此的长牙交叉于水面上方。而这种行为可能是一种宣誓主权的行为，或一种清洁长牙的行为，甚至是起到一种传递感觉的作用。一角鲸一般会集成6—20头个体的群体，群体中会混杂不同性别的个体，但也可能会存在性别间的隔离。小群一角鲸偶尔会被海冰困在峡湾中，无法去往开阔水域。

雄性

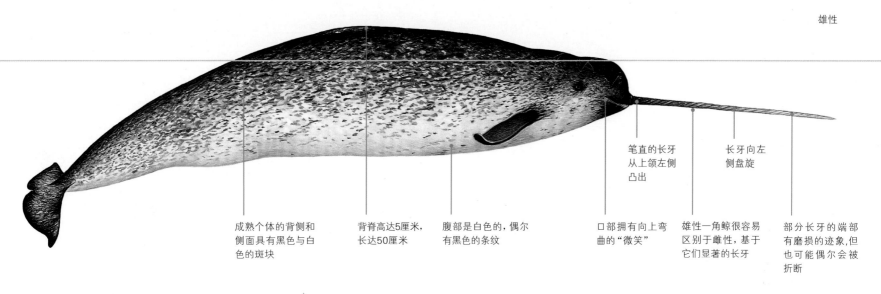

成熟个体的背侧和侧面具有黑色与白色的斑块

背脊高达5厘米，长达50厘米

腹部是白色的，偶尔有黑色的条纹

口部拥有向上弯曲的"微笑"

笔直的长牙从上颌左侧凸出

长牙向左侧盘旋

雄性一角鲸很容易区别于雌性，基于它们显著的长牙

部分长牙的端部有磨损的迹象，但也可能偶尔会被折断

尾鳍和鳍肢
尾鳍具有凹裂且边缘外凸。雄性的尾鳍往往长于雌性，且中间凹裂更为明显。随着年龄的增长，鳍肢的卷曲会变得更为明显。

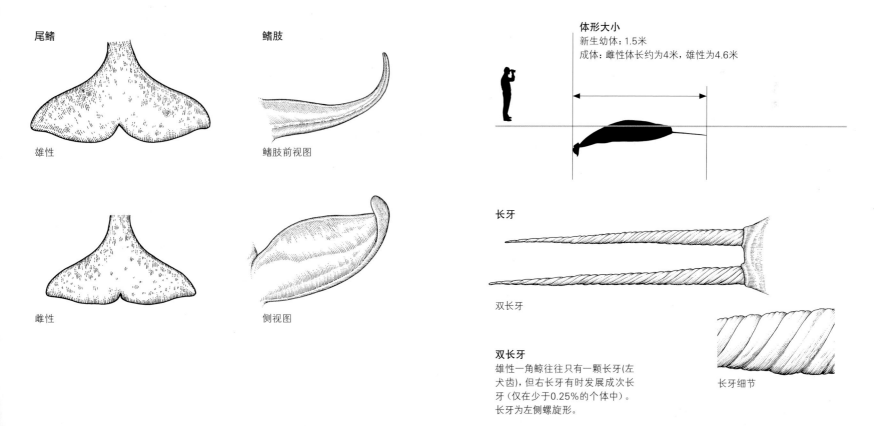

尾鳍

鳍肢

雄性

鳍肢前视图

雌性

侧视图

体形大小
新生幼体：1.5米
成体：雌性体长约为4米，雄性为4.6米

长牙

双长牙

长牙细节

双长牙
雄性一角鲸往往只有一颗长牙(左犬齿)，但右长牙有时发展成次长牙(仅在少于0.25%的个体中)。长牙为左侧螺旋形。

一角鲸

食物和觅食

在冬季，它们在有大块浮冰的海域定居6—8个月。在这期间会频繁地下潜到海底进食。与之相对应地，在夏季，一角鲸则很少下潜到500米以下。而当它们迁徙到越冬地时，为了捕食格陵兰大比目鱼、枪乌贼、甲壳类和极地鳕鱼，它们每天会下潜多达25次，深度超过800米。虽然一角鲸习惯深潜，但它们会在各种深度中进食。

生活史

产崽季很可能集中在5月到6月，交配季则在早春。交尾行为会在水体中垂直进行，雄性和雌性腹部相对。雌鲸通常每3年产一崽，但也曾有过一个母鲸哺育两个幼崽的情况。新生幼崽体长为1.5—1.7米，体表有0.25米厚的鲸脂层。哺乳期会持续1—2年。此外，雌鲸约在8—9岁达到性成熟，雄性则为17岁。最长寿命约为100年。

保育和管理

基于对一角鲸全球种群的估计，其目前被列为近危物种（在此之前被归为数据缺失）。人类是一角鲸最主要的捕食者，在格陵兰和加拿大地区，因纽特人会猎捕这些鲸类以获取它们的长牙和皮。然而，一角鲸一直都不是商业捕鲸的捕捞目标。对于一角鲸的猎捕在双边协议中有明确的规定，且在国际条约中对于长牙的买卖是有限制的。目前的研究认为，气候变化和在其栖息地范围内的商业活动对一角鲸的影响较大。

外露的长牙
当雄性一角鲸在游动过程中出水时，它们的长牙会暴露在水面之上。个体体表的头部和背部有深色的的斑点。

俯视图
从上图观测,雄性一角鲸极易通过其明显的犬齿以及斑驳的外表进行辨识。该个体的长牙几近其体长的1/2。

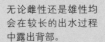

喷气
气柱笔直,高度约为50厘米,但几乎不可见。

在海表浮漂
雄性一角鲸在海表游动时会露出它们的长牙。无论雌性还是雄性均会在出水时略将头部露出水面。

无论雌性还是雄性均会在较长的出水过程中露出背部。

潜水序列
在下潜时,背部会微微弓起。在深潜时,尾鳍会露出水面。

长牙展示
雄性有时会在水面上轻轻交叉或展示它们的长牙,用以显示其社交主导地位。

白鲸

科名：一角鲸科

拉丁名：*Delphinapterus leucas*

别名：大白鲸

分类：与一角鲸亲缘关系最近，不同的分布区域体形大小会有差异，但没有被广泛接受的亚种分类，可能有不同的生态型

近似物种：形态学上与一角鲸相似，但雄性没有长牙。外表与其他缺少背鳍的中小型齿鲸相似

初生幼体体重：80—100千克

成体体重：雌性为750千克，雄性为1400千克

食性：各种鱼类（大马哈鱼、极地鳕鱼）、头足类（枪乌贼、章鱼）以及无脊椎动物（虾和蟹）

群体大小：群体大小较多变，从单独的个体到多达20头的群体，也会聚集为超过1000头的超大集群

主要威胁：人为干扰、污染以及由于人类活动（包括开采石油、天然气，工业污染和城市污染）导致的栖息地丧失，气候变化，群体较小

IUCN濒危等级：近危（库克海湾的种群被列为极危，东哈德逊湾和昂加瓦湾种群为濒危）

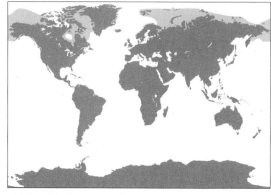

分布范围和栖息地 该物种栖息于北冰洋以及边缘海的陆架、陆坡以及深渊海域，包括白令海、楚科奇海以及波弗特海、哈得孙海湾、戴维斯海峡以及白海、拉普帖夫海以及喀拉海。在鄂霍次克海、阿拉斯加湾以及圣劳伦斯河口有独立种群。

物种识别特征：
- 无背鳍
- 幼体为灰色，成体为白色
- 中等体形齿鲸，体长可达5.2米
- 头部较小，额隆凸出
- 气柱较低，不显眼

解剖学特征

白鲸无背鳍，但有一个狭窄的背脊。它们的颈部灵活，头部较小且额隆凸出，喙短。鳍肢较宽，呈竹叶状，尾鳍宽阔且后部边缘向后凸起。有推论指出，其腹部的脂肪垫可以代替背鳍起到保持身体平衡的作用。幼鲸体表呈深灰色，随着年龄的增长而逐渐变为白色。该物种具有非常厚的皮肤和鲸脂层。它们可以生长至5.2米，且具有明显的两性异形，成体体长雄鲸比雌性长25%。

行为

白鲸既可以在近岸水深为1.5米的开阔水域中活动，又可以在北冰洋密集的大块海冰区中自由穿梭，并可以下潜至海冰以下1000米。它们极喜群居，经常在夏季聚集在固定的地点蜕皮、哺育幼崽以及进食。大部分北方种群会在避暑地和越冬地之间沿着碎冰区的南侧边缘或在可预知的开阔水域、冰穴、冰缘线北侧迁徙3000千米。遗传学的研究结果显示，白鲸会回溯到它们出生的避暑地，并且这种"归家"行为可能会世代延续，因此许多离散的避暑地群体是分属于不同的亚群体。白鲸是发声种类最多的鲸种之一，且长久以来一直被喜爱它们声音的水手称为"海洋中的金丝雀"。它们会展示各种不同的行为，包括浮窥和尾叶击水，能够进行复杂的社交。成体雄鲸经常会与雌鲸和幼鲸分离，在沿岸海域组成一个全雄鲸群体并在冰覆盖的深水海域进行大范围的活动。

食物和觅食

白鲸会进食各种栖息在海底和海洋上层的鱼类，包括北极鳕鱼、鲑鱼以及毛鳞鱼。它们也进食各种无脊椎动物，包括枪乌贼、蛤蚌、虾和蟹。白鲸的进食行为较为复杂，包括：为了寻找春夏季节在河流中洄游的鱼类进行的小尺度日常游动（通常与潮汐同步），冰川入海时的集中进食，季节性的长距离迁徙，在河口、陆坡、陆架以及深渊海域的大范围移动，以及多样化的下潜行为。

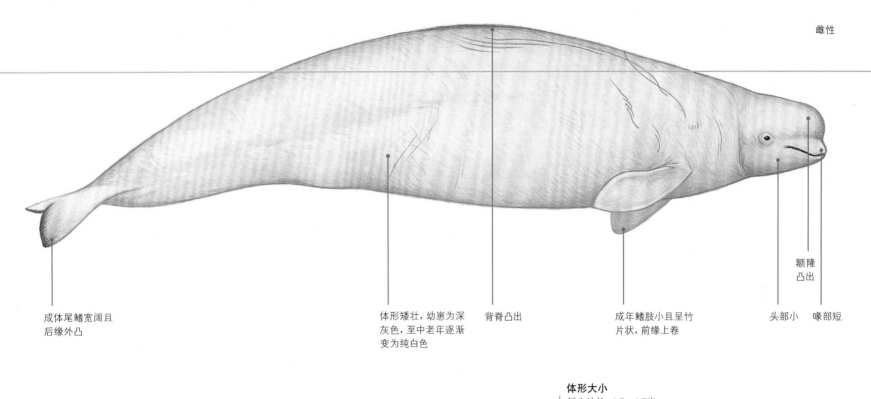

雌性

额隆
凸出

成体尾鳍宽阔且
后缘外凸

体形矮壮，幼崽为深
灰色，至中老年逐渐
变为纯白色

背脊凸出

成年鳍肢小且呈竹
片状，前缘上卷

头部小　喙部短

尾鳍的后缘

该物种非常独特的一点是其尾鳍后缘的
形状（还有大小）会随着年龄而变化。青
年个体的尾鳍后缘相较年老个体更为笔
直。鳍肢有相似的特征，对于老年个体，
其端部会逐渐地向上弯曲。

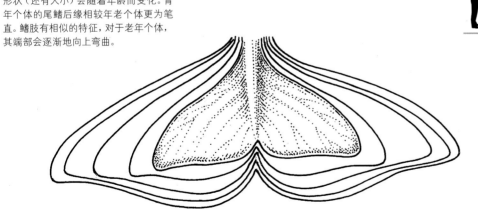

体形大小

新生幼体：1.5—1.7米
成体：雌性为3—5.2米或3—4.2米，雄性为3.1—5.2米

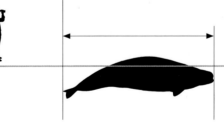

白鲸

生活史

　　白鲸在8—12岁达到性成熟，且寿命至少为80年。雌鲸一般在春末夏初时产崽，哺乳期为2年。幼崽通常会在春季迁徙的过程中或在抵达避暑地时出生。而且有研究表明，在一些种群中，雌性出现了生殖衰老。成体雄鲸巨大的体形以及频繁进行种间斗争显示，白鲸具有一妻多夫的交配制度，即雄性会为了赢得交配权而彼此间竞争。白鲸仅有少数的捕食者，包括北极熊、虎鲸以及人类。尽管白鲸已经适应了在北极和亚极地的生活，但它们还是经常会被困在海冰中。曾有几千头鲸被困在快速形成的海冰中或进入突然闭合的冰区，并最终致死。

保育和管理

　　近千年来，白鲸已经成为许多北方人民生活和文化资源非常重要的一部分，而且许多地区的当地社会群体以及政府都一直在共同推进保育白鲸的工作。部分个体数量较少，相对独立的种群由于活动范围与工业区和城市地区距离较近，极易受到影响，因此其未来状况并不乐观。但部分未能成功恢复的群体仍被列为濒危或者极度濒危。由于与气候相关的生态系统变化以及人类活动的增加，白鲸种群的未来越来越不乐观。

潜水模式

在水下，深潜有许多不同的下潜模式，包括方形、V字形和抛物线形潜水。

抛物线形

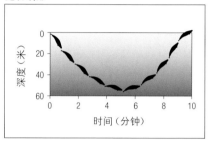

方形

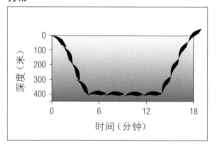

V字形

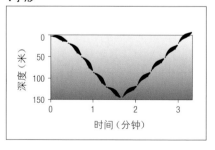

白鲸特征
一群成年白鲸在加拿大北极的鸟瞰图。值得注意的是，成体为纯白色，没有背鳍，灵活的颈部使其几乎可以弯曲身体运动。

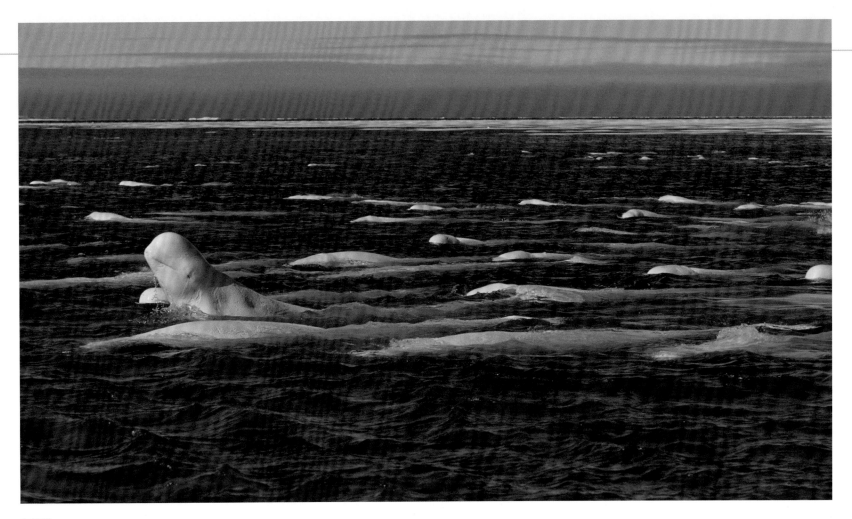

白鲸群
一大群白鲸在加拿大北极侧畅游。夏天,成群的白鲸迁徙——有时避暑地可以聚集多达几千头个体。它们聚集在沿岸浅海水域蜕皮,进食和养育后代。

浅潜序列
1.头部略微露出水面喷气。

2.背部随后露出水面。

3.随后弓起背部。

4.直至下潜结束,尾部始终保持在水面之下。白鲸通常游速缓慢喜翻滚。

海表行为
深潜之前通常会有一系列的出水过程,并最终将尾鳍露出水面,经常垂直将尾鳍扬出水面。

齿鲸类
喙鲸

齿鲸中的喙鲸是世界上所有大型哺乳动物中最神秘的物种之一。时至今日，已知有6个属22个物种，但之后仍可能会陆续发现并研究其他的喙鲸物种。虽然"喙鲸"的名字适用于该科中的所有物种，但其中体形最大的成员（贝喙鲸属以及瓶鼻鲸属）通常被称为"瓶鼻鲸"。直到最近，部分物种的已知所有信息仍仅来自对搁浅个体的研究。

- 喙鲸的体形差异较大，体长最短短于4米，最长可达13米。雌鲸体形一般大于雄鲸。它们分布在世界各个大洋，一些是非热带物种（如北瓶鼻鲸和南瓶鼻鲸，贝氏喙鲸和阿氏喙鲸），一些分布在单个洋盆的部分区域（如北大西洋的梭氏中喙鲸以及北大西洋北部的史氏中喙鲸），其他则为全球性或泛热带的分布，但对于它们的分布地区差异知之甚少（如柯氏喙鲸以及柏氏中喙鲸）。
- 所有喙鲸种均具有喙部，但是不同物种间的喙部长度以及凸出的程度具有一定的差异——一些物种具有急剧倾斜的额隆，而其他物种的额隆则相对平坦。背鳍通常位于背侧中部。所有的喙鲸均有一对喉部的褶皱向前辐合，尾鳍后端有一个较浅的凹槽。相对短小的鳍肢会略嵌入体表的微凹陷处——也被称为鳍肢袋。
- 在所有喙鲸中，仅有一个鲸种——谢氏喙鲸具有简化的齿列，下颌只有1—2对可用的牙齿，上颌没有牙齿。对于大多数物种而言只有成体雄

鲸才具有凸出的牙齿。一些物种的牙齿外形似牙，即在闭合喙部时，牙齿仍伸在嘴外，且它们会将这种长牙作为在雄性间竞争时的一种武器。中喙鲸属中的雄鲸均具有两对牙齿，其中一对在喙部的中后部，另一对在喙部前端或在其中的某个位置，也因此使得其喙部唇线极大地弓起。

- 所有的喙鲸均栖息在水深非常深的水域，通常水深超过300米。因此，它们的分布区域一般会离陆架海岸线较远。
- 喙鲸属于鲸类中并不常见的物种，因此除了北大西洋北部的北瓶鼻鲸和日本海岸附近的柏氏中喙鲸之外，大部分的喙鲸种以及种群从未被蓄意地大规模猎杀。

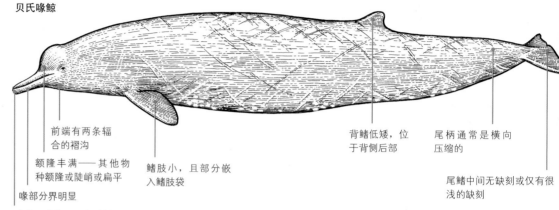

柯氏喙鲸（下页图）
图为一头柯氏喙鲸（据面部呈白色推测可能为一头成年雄性）在地中海高高地跃出水面，可以明显地观察到其小背鳍以及较短的喙部，外形类似鹅（该鲸种别名为鹅喙鲸）。近几年由于军用声呐的使用（对于所有喙鲸种均造成一定的威胁）而导致这种鲸的集体搁浅事件时有发生。

贝氏喙鲸

前端有两条辐合的褶沟

额隆丰满——其他物种额隆或陡峭或扁平

喙部分界明显

凸出的牙齿位于下颌端部——不同鲸种的牙齿具体位置有所差异

鳍肢小，且部分嵌入鳍肢袋

背鳍低矮，位于背侧后部

尾柄通常是横向压缩的

尾鳍中间无缺刻或仅有很浅的缺刻

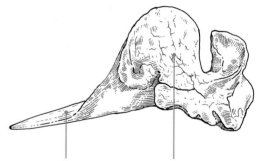

头骨（北瓶鼻鲸，成年雄性）

多数喙鲸上颌没有牙齿，下颌通常有1—2对牙齿（图中没有显示）

明显凸出的上颌骨冠使得北瓶鼻鲸很容易与其他喙鲸区分开来

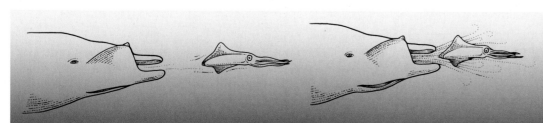

吸食
同其他齿鲸一样，它们利用回声在觅食过程中定位导航。同时，利用吸食方式锁定并摄食猎物。其喉部褶沟的存在使得喉部得以在舌头如活塞般收回时扩张，使得口腔内压强骤降甚至达到真空状态。这也进一步解释了为什么在喙鲸胃内发现的枪乌贼身上无咬痕，仍保持完整的状态。

阿氏喙鲸

科名：喙鲸科

拉丁名：*Berardius arnuxii*

别名：巨瓶鼻鲸，巨喙鲸

分类：无已知亚种；与贝氏喙鲸的亲缘关系最近，二者的外形相似；可能会与分布区域大体相同的南瓶鼻鲸相混淆

初生幼体体重：未知

成体体重：未知，但很有可能与贝氏喙鲸相似

食性：可能主要为深水鱼类和枪乌贼

群体大小：通常为小型联系紧密的群体，多达15头，偶尔可聚集几十头

主要威胁：无已知威胁

IUCN濒危等级：数据缺失

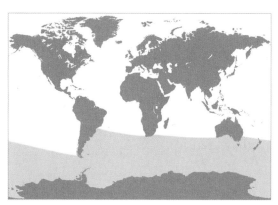

分布范围和栖息地 该物种在南大洋具有环极地分布，南至南极大陆，且经常出没在冰缘线附近或碎冰海域。它们通常活动在南纬40°以南，偶尔会出没至南纬34°。

物种识别特征：
● 身形较长，相对苗条
● 头部较小，长喙；额隆的前表层几近垂直
● 两颗巨大的三角形牙齿，从下颌露出，其牙尖端略微超过上颌；年老个体动物的牙齿被严重磨损，其表层可能会被寄生藤壶
● 体色从蓝灰色到深棕色，头部颜色略浅；年老个体的额隆、背部以及体侧均有许多伤痕（牙印）
● 背鳍较小，呈三角形或略弯曲呈镰状（端部圆钝），位于背侧偏后

解剖学特征

外表几乎与贝氏喙鲸完全相同，只是体形略小。雌鲸体形略大于雄鲸。具有大多数喙鲸所具有的普遍特征：V字形喉部褶沟，鳍肢狭小，向身体内凹陷，尾鳍后侧边缘无中央凹刻。长喙、球根状额隆以及位于背侧后部的小三角形背鳍是其自身较明显的特征。靠前的一对牙齿较大、扁平，呈三角形，位于下颌的端部。成体在闭合喙部时仍会露在外面。其细长、苗条的身体上满布撕咬所造成的伤痕。

行为

通常该物种集群多达15头个体，共同在海表游弋，喷出低矮浓密的气柱。偶尔可以观察到多达40—80头个体的大型集群（可能是为了进食），但通常它们会进一步分成亚群体。它们在海表十分活泼，用尾叶拍水，偶尔也会有跃出水面的行为。声学记录显示该物种经常发声。它们的声音包括嘀嗒声和哨叫声。

食物和觅食

该物种的食性与北太平洋的贝氏喙鲸相似，主要包括深海底栖或远洋鱼类和枪乌贼。它们能够闭气下潜超过1个小时。虽然阿氏喙鲸经常被定义为远洋性物种，但其经常出没在南极近岸水深小于1000米的水域。

生活史

该物种的生活史特征极有可能与已相对深入研究的贝氏喙鲸相似。因此，其妊娠期可能约1年半，且雌性约每1—2年产一崽。

保育和管理

目前没有对于该种丰富度较为准确的估计。它们从未被大规模猎捕过，就目前所知，人类活动对该物种无显著影响。虽然据估计阿氏喙鲸较南瓶鼻鲸更为少见，但它们在夏季会经常出没在库克海峡、新西兰南部以及南美海域。

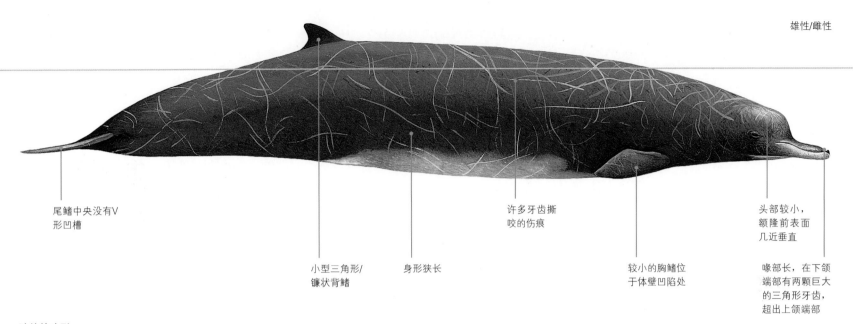

雄性/雌性

尾鳍中央没有V形凹槽

小型三角形/镰状背鳍

身形狭长

许多牙齿撕咬的伤痕

较小的胸鳍位于体壁凹陷处

头部较小，额隆前表面几近垂直

喙部长，在下颌端部有两颗巨大的三角形牙齿，超出上颌端部

独特的头形
阿氏喙鲸的头部较小，额隆陡峭，十分独特，拥有较长的喙且下颌端部明显露出两颗超出上颌的牙齿。

体形大小
新生幼体：未知，体长可能为4—4.5米，与贝氏喙鲸相同
成体：约10米

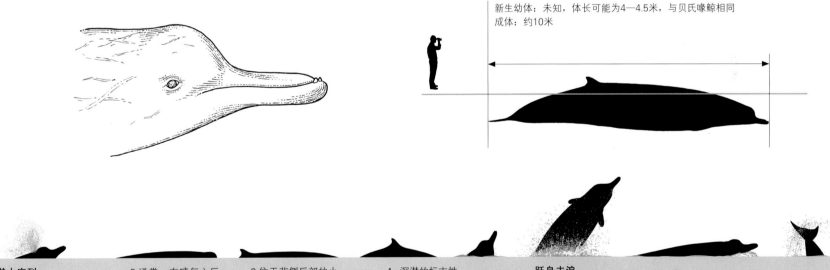

潜水序列
1.偶尔一群阿氏喙鲸中的其中一头会在喷气后露出水面，露出其长喙以及钝圆的额隆，而后下沉并停留在海表附近。

2.通常，在喷气之后其狭长深色的背部以及有可能钝圆的额隆会露出水面。

3.位于背侧后部的小背鳍也会随之迅速露出水面。

4. 深潜的标志性动作是明显地强有力地拱背。

跃身击浪
阿氏喙鲸并不会经常有跃身击浪的行为，但是当它们跃身击浪时，可以清晰地观测到其狭长的身形、短小的鳍肢以及较长的喙。

贝氏喙鲸

科名: 喙鲸科

拉丁名: *Berardius bairdii*

别名: 巨瓶鼻鲸, 巨喙鲸

分类: 无已知亚种（通常认为在北大西洋东部和西部种群之间存在生殖隔离, 在西部可能会有多个不同的种群; 与南半球的阿氏喙鲸的亲缘关系最近）

近似物种: 与阿氏喙鲸的外形十分相似; 由于其巨大的体形、凸出丰满的额隆以及端部露出牙齿的长喙使得贝氏喙鲸不太可能与其他喙鲸相混淆; 在较远距离观察时, 有可能与抹香鲸相混淆

初生幼体体重: 未知

成体体重: 8000—11 000千克

食性: 可能主要为深水鱼类和枪乌贼

群体大小: 通常为3—10头, 可多达50头

主要威胁: 无已知威胁, 但是在日本海域有定期的猎捕, 每年限捕60头左右

IUCN濒危等级: 数据缺乏

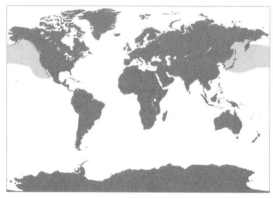

分布范围和栖息地 该物种的分布具有地方性特征主要分布在北纬30° 以北的寒温带北太平洋, 尤其是沿着大陆坡、海底陡坡以及海底山。以1000—3000米水深为首选栖息深度。它们具有迁徙性, 偶尔会在冬季或春季时出没在鄂霍次克海碎冰区海域。

物种识别特征:
- 身形狭长
- 头部较小喙较长; 额隆的前面几近垂直
- 两颗牙齿从下颌端露出端略超过上颌（达到性成熟后）; 年老个体动物的牙齿被严重磨损, 其表层可能会被寄生藤壶
- 体色为均一性的深棕色到黑色, 身体两侧苍白, 腹部有不规则白色区域体表有许多线形伤痕以及达摩鲨的咬痕
- 尖端钝圆的小背鳍, 呈三角形或镰状, 位于远后方的中背部

解剖学特征

贝氏喙鲸为喙鲸中体形最大的物种。雌鲸体形会略大于雄鲸。具有大多数喙鲸所具有的普遍特征: V字形喉部褶沟、鳍肢短小位于体壁凹陷处、尾鳍后侧边缘无V形凹槽以及位于背侧后部的小三角形背鳍。成年雄性和雌性的下颌顶端都有一对大而平的牙齿, 嘴巴闭合时这对牙齿能被看到。其狭长的身体上满布因撕咬所造成的伤痕和达摩鲨的咬痕。

行为

在海上, 经常可以观察到贝氏喙鲸组成约含10头个体密集群体在海表一同游弋, 并喷出低矮浓密的气柱。它们偶尔会跃出水面, 用尾鳍拍打水面, 或浮窥。

食物和觅食

该物种主食底栖鱼类。可以进行长时间的深潜, 有时可以下潜至1500米以下, 下潜时间从45分钟持续到1小时以上。

生活史

据推断, 雌性妊娠期约为17个月。雌鲸在10—15岁就开始排卵, 至此之后每2年排一次卵。雄性在6—11岁达到性成熟。它们在15岁时达到生理上的成熟。奇怪的是, 雄性的自然死亡率看起来要低于雌性, 且一般寿命更长。雄性的平均寿命为84年, 而雌鲸则仅为54年。

保育和管理

在第二次世界大战之后, 每年约有300头贝氏喙鲸在日本海域被捕杀。如今每年的捕杀数量已被强制限定在60头左右。在1915—1966年期间, 少数的贝氏喙鲸（总数少于100头）被北美沿岸（从加利福尼亚州到阿拉斯加州）的捕鲸者捕杀。但在过去的半个世纪, 东太平洋海域的贝氏喙鲸一直受到了充分的保护。对于该种的种群丰富度估计, 在日本海域约有7000头, 北美西部海域约有1000头这些鲸鱼偶尔会被渔具意外捕获(特别是离岸流刺网), 并被船只击中。且同其他喙鲸一样, 它们极有可能会受到人为噪声的影响。

雄性/雌性

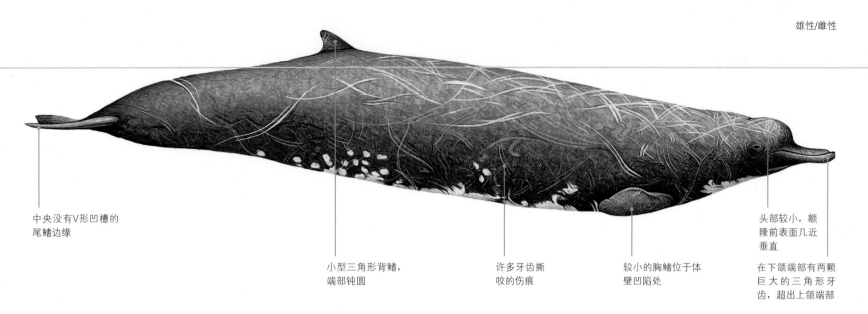

中央没有V形凹槽的
尾鳍边缘

小型三角形背鳍，
端部钝圆

许多牙齿撕
咬的伤痕

较小的胸鳍位于体
壁凹陷处

头部较小，额
隆前表面几近
垂直

在下颌端部有两颗
巨大的三角形牙
齿，超出上颌端部

成体头部外形
贝氏喙鲸头部较小，具有相当独特
的、陡峭的额隆前表面，拥有较长
的喙且下颌端部明显露出两颗超出
上颌的牙齿。

体形大小
新生幼体：4.5—4.6米
成体：雌性12.8米，雄性12米

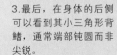

潜水序列
1.在一次长时间潜水后的
第一次出水可能与水面成
角较陡，喙和头部首先同
时出现并伴随着强有力的
喷气。

2.然而,这些大型鲸类通常身形较
长，前面是小的圆顶头，后面是
非常长的深色背部(通常覆盖着
线形伤疤和达摩鲨的咬痕)。

3.最后，在身体的后侧
可以看到其小三角形背
鳍，通常端部钝圆而非
尖锐。

鲸尾扬升
它们有时扬起特有的无V
形凹槽的尾鳍，并用尾鳍
拍打水面。

浮窥
它们也会偶尔有浮窥的行
为——将头部垂直露出水
面，这样可以明显地观测到
其喙部。

北瓶鼻鲸

科名：喙鲸科

拉丁名：*Hyperoodon ampullatus*

别名：北大西洋瓶鼻鲸，平头鲸，瓶头鲸，陆头鲸

分类：一个种群特征极其明显的群体常出没在加拿大新斯科舍海域深处的峡谷，其他特征显著的种群可能分布在北大西洋的其他地方

近似物种：柯氏喙鲸以及梭氏中喙鲸的分布范围相似，但体形要小得多，前额也没有呈球根状

初生幼体体重：未知

成体体重：5800—7500千克

食性：主食枪乌贼，也会进食鳕鱼、鲑鱼以及深海大虾和棘皮动物

群体大小：平均规模为4头，很少有超过10头的群体

主要威胁：在过去曾被大规模捕杀，如今已受到保护；延绳钓渔业所造成的意外死亡；水下噪声所造成的干扰，特别是地震探测和军用声呐

IUCN濒危等级：数据缺乏

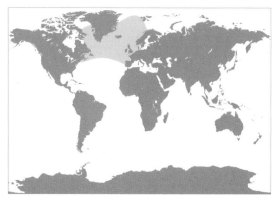

分布范围和栖息地 该物种的分布具有地方性特征主要分布在北纬40°以北的寒温带和亚北极北大西洋，特别是在海底峡谷，沿着大陆坡以及水深超过1000米的水域。它们经常出现在冰缘线附近以及碎冰区浮冰海域。它们一般会长年在某些固定海域活动，但也有证据显示它们会进行长距离的迁徙。

物种识别特征：
- 身形较长且壮硕
- 喙部轮廓明显且短厚
- 额隆凸出，尤其是成年雄性前额陡峭且扁平（呈方形）
- 成体雄性的下颌前端有两颗牙齿凸出，略向前倾斜，偶尔表层可能会寄生有藤壶——在活体上非常少见
- 上侧体表为灰色或巧克力棕色，而下侧的颜色略浅（反荫蔽）
- 成体雄鲸的整个喙部以及头部前端均为白色
- 背鳍呈镰状，位于背部中后方

解剖学特征

该物种解剖学上最显著的特征在成体雄鲸头部，前额呈球根状，前侧扁平且呈方形。这是由头骨上表层巨大的上颌嵴形成的，或具发声功能。而前额下方的骨密质则能在雄性间打斗撞头时起到作用。与其他喙鲸不同，该物种雄性一般体形略大于雌性。

行为

北瓶鼻鲸通常会集群4—10头个体。这种群体可能均为雄鲸，或仅有成体雌鲸和幼鲸，也可能是混合群体。它们的海表行为多变，有时平静地浮于水面，有时快速四散游弋。可能出于好奇，北瓶鼻鲸喜欢靠近静止或缓慢行驶中的船只，这使得它们易被射杀。此外，它们在同伴受伤时，会一直陪伴至对方死亡。捕鲸者也经常利用这一点。

食物和觅食

该物种主要以一种枪乌贼（*Gonatus fabricii*）为食，这种枪乌贼出现在北瓶鼻鲸的分布范围中。这些喙鲸为深潜者，通常会下潜至1400米的水域。下潜时间超过1个小时的情况并不少见。据推断，一些种群会全年在固定区域活动，而其他的种群则会有季节性的迁徙。

生活史

雌鲸通常在11岁左右达到性成熟，雄鲸则会略早一些。妊娠期至少为1年，且生产间隔为2年甚至更久。北瓶鼻鲸的寿命至少为37年。

保育和管理

1850—1979年，超过6.5万头北瓶鼻鲸被捕鲸者猎杀。在过去40年里，该物种一直被列入保护范围。近年来，经常可以在冰岛和法罗群岛附近海域看见大量北瓶鼻鲸，因此很可能该物种数量有了一定程度恢复。目前最主要的威胁是渔业误捕造成的意外死亡、离岸钻井平台石油天然气开采以及军事活动过程中产生的噪声。

雄性

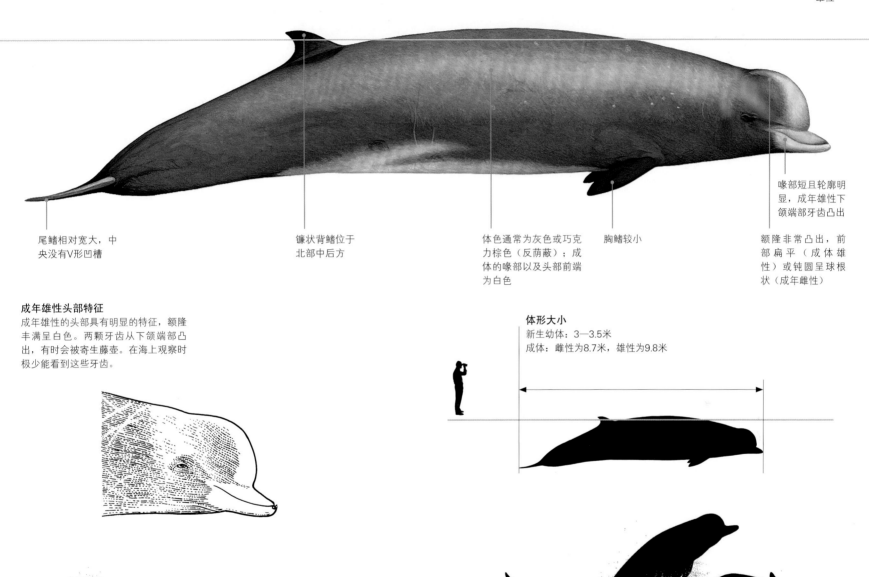

尾鳍相对宽大，中央没有V形凹槽

镰状背鳍位于北部中后方

体色通常为灰色或巧克力棕色（反荫蔽）；成体的喙部以及头部前端为白色

胸鳍较小

喙部短且轮廓明显，成年雄性下颌端部牙齿凸出

额隆非常凸出，前部扁平（成体雄性）或钝圆呈球根状（成年雌性）

成年雄性头部特征

成年雄性的头部具有明显的特征，额隆丰满呈白色。两颗牙齿从下颌端部凸出，有时会被寄生藤壶。在海上观察时极少能看到这些牙齿。

体形大小

新生幼体：3—3.5米

成体：雌性为8.7米，雄性为9.8米

潜水序列

1.当瓶鼻鲸露出水面时，通常会露出凸出钝圆有浅色色素沉积的额隆，并喷出浓密的气柱。在良好的海况和运气好的情况下，喙部也可以被看到。

2.通常，当气柱消散时，其较长的背部以及镰状的背鳍会露出水面。

3.动物下潜时仅背鳍和拱背可见。

鲸尾扬升与鲸尾击浪

北瓶鼻鲸偶尔会在深潜开始时举起它们的尾鳍，但是它们经常会有鲸尾击浪的行为——用尾鳍拍击海表。

跃身击浪

北瓶鼻鲸偶尔会跃身击浪。瓶鼻鲸社交倾向表现为集小群亲密相伴，当它们从长时间的潜水中恢复过来时，会在水面上互动。

南瓶鼻鲸

科名： 喙鲸科

拉丁名： *Hyperoodon planifrons*

别名： 南极瓶鼻鲸，平头鲸

分类： 无亚种，但研究显示其种群结构可能存在亚种甚至物种水平

近似物种： 容易与分布在相近海域的阿氏喙鲸相混淆，但是阿氏喙鲸的体形较大且喙部较长，背鳍更小（南瓶鼻鲸的额隆更接近球根状）

初生幼体体重： 未知

成体体重： 最重的达4000千克

食性： 枪乌贼

群体大小： 群体较小，通常不超过10头

主要威胁： 没有遭受严重捕猎，延绳钓渔业所造成的意外死亡，水下噪声干扰，特别是地震探测和军用声呐

IUCN濒危等级： 无危

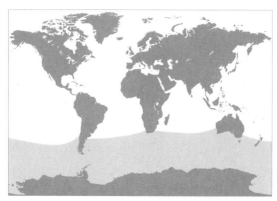

分布范围和栖息地　该物种广泛分布于南半球南极辐合带到浮冰边缘之间。但有时也会向北出现在约南纬30°左右的澳大利亚、非洲以及南美沿岸海域。

物种识别特征：
- 身形较长且壮硕
- 喙部厚且轮廓明显
- 额隆外凸，成体雄性外凸尤其明显
- 成体雄性的下颌前端有两颗牙齿凸出，略向前倾斜
- 背部颜色深，腹部颜色浅(反荫蔽)
- 喙部以及头部的颜色较身上浅，成体雄鲸尤其明显，在海上观望几乎为纯白色
- 背鳍呈镰状，位于背部中后方

解剖学特征

虽然南瓶鼻鲸具有同北瓶鼻鲸相似的上颌嵴结构，但南瓶鼻鲸的上颌嵴通常更为扁平，且发育较差。因此，南瓶鼻鲸成体雄性的头部前端不如北瓶鼻鲸般夸张的方整。南瓶鼻鲸的体形看起来也比北瓶鼻鲸小。除此以外两个物种在解剖学结构上均十分相似。

行为

对于南瓶鼻鲸行为以及生活史的认知都是在对北瓶鼻鲸详细研究的基础上进行类比而推断的。它们的群体较小，通常少于10头个体。经常可见这种鲸类浓密的气柱。此外，它们偶尔会有跃身击浪的行为。

食物和觅食

虽然没有关于食性或进食行为的直接证据，但人们普遍认为南瓶鼻鲸是枪乌贼的专食者。曾在澳大利亚搁浅的南瓶鼻鲸胃容物中发现巴塔哥尼亚的洋枪鱼骨骼残质。虽然目前没有关于下潜时间或关于下潜其他方面的观测实际数据，但据推断南瓶鼻鲸极有可能是深潜者。

生活史

依据对北瓶鼻鲸的了解进行推断，雌鲸在11岁左右达到性成熟，而雄性可能会更早。妊娠期至少为1年，而生殖周期则为2年甚至更长。依据已知的北瓶鼻鲸寿命，南瓶鼻鲸的寿命可能超过35年。

保育和管理

南瓶鼻鲸从未在其分布范围内被大规模猎捕过。基于对考察船在1970—1989年对南大西洋考察的结果，粗略估算在那期间约有50万头南瓶鼻鲸。目前暂无已知的主要威胁，但是据记载，远洋流刺网的使用对南瓶鼻鲸会造成一定的死亡率，且同其他喙鲸相同，南瓶鼻鲸也会受到离岸钻井平台石油天然气开采以及军事活动过程中所产生噪声的干扰。

雌性

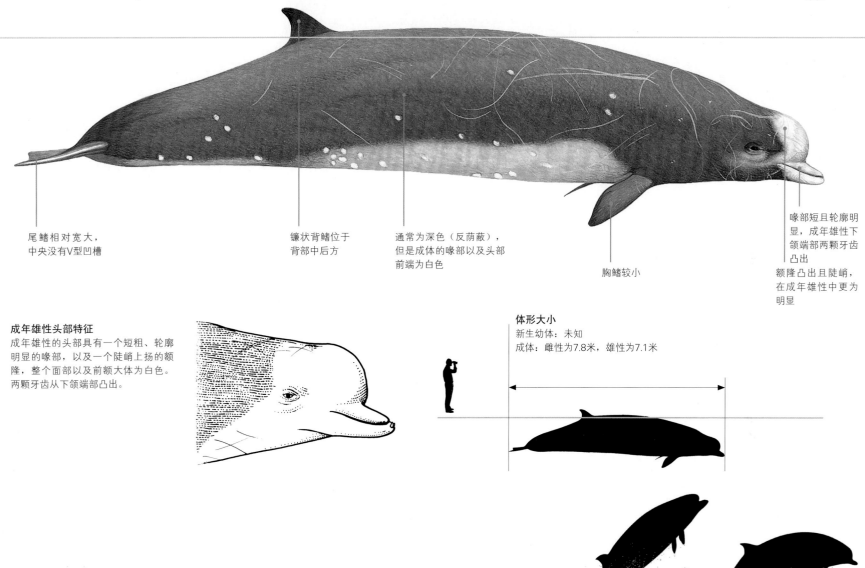

尾鳍相对宽大，
中央没有V型凹槽

镰状背鳍位于
背部中后方

通常为深色（反荫蔽），
但是成体的喙部以及头部
前端为白色

胸鳍较小

喙部短且轮廓明
显，成年雄性下
颌端部两颗牙齿
凸出

额隆凸出且陡峭，
在成年雄性中更为
明显

成年雄性头部特征
成年雄性的头部具有一个短粗、轮廓
明显的喙部，以及一个陡峭上扬的额
隆，整个面部以及前额大体为白色。
两颗牙齿从下颌端部凸出。

体形大小
新生幼体：未知
成体：雌性为7.8米，雄性为7.1米

潜水序列
1.当南瓶鼻鲸露出水面时，通
常会首先短暂露出凸出钝圆
且、有浅色色素沉积的额隆，
并喷出浓密的气柱。在天气较
好时，可以看到喙部。

2.当气柱消散，大部分头部
下潜时，其较长的背部以及
镰状的背鳍会露出水面。

3.仅背鳍和尾柄会露出
水面，而后，会再次潜
入水中。

鲸尾扬升
南瓶鼻鲸偶尔会在深潜开
始时扬起它们的尾鳍。

跃身击浪
南瓶鼻鲸偶尔会跃身击浪，偶尔会几
近垂直跳跃，而其他时候则仅为在海
面上跳跃。南瓶鼻鲸的社交性组织显
示它们集小群亲密相伴，当从长时间的
潜水中恢复过来时，会在水面上互动。

朗氏喙鲸

科名：喙鲸科

拉丁名：*Indopacetus pacificus*

别名：印太喙鲸

分类：无已知亚种或可区分开的种群

近似物种：过去曾一度与被称为"热带瓶鼻鲸"的南瓶鼻鲸相混淆，如今被认为属于独立物种

初生幼体体重：未知

成体体重：未知

食性：枪乌贼

群体大小：其群体大于大多数印度太平洋的其他喙鲸群体，平均有7—30头（有时可聚集至多达100头）

主要威胁：暂无已知主要威胁，但仍受延绳钓渔业、水下噪声（军用声呐）以及海洋塑料垃圾的影响

IUCN濒危等级：数据缺乏

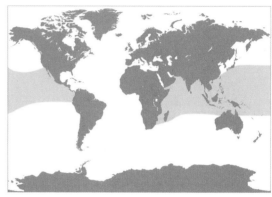

分布范围和栖息地　该物种仅分布在热带印度太平洋区域，从墨西哥西海岸到非洲东海岸以及亚丁湾。它们主要出没在水深超过2000米、海表温度超过26℃的大洋性水域。

物种识别特征：
- 喙部较长，额隆突出钝圆
- 气柱低矮浓密，通常可见且略向前倾斜
- 背鳍大，呈三角形，略向内弯曲呈镰刀状，位于背部后方的2/3处
- 下颌前端有两颗牙齿，只有成体雄性的牙齿会凸出
- 体表为均一的棕色或灰色，但是头部通常为浅棕褐色
- 体表经常有许多白色的椭圆形达摩鲨的齿痕。成体雄性身上还有用牙齿撕扯留下的线形伤疤

解剖学特征

只有成年的雄性朗氏喙鲸下颌前端的那对牙齿会向外凸出，在近距离且外界条件理想的情况下才能观察到。在野外观察时，可以根据浅色外凸的额隆、非常长的喙部、相对大的背鳍以及白色或浅灰色的从腹部区域区域一直延伸至身体侧面前端等特征对其进行分辨。

行为

这种鲸喜群居，通常以平均7—30头个体的紧密群体形式出现。群体中通常包含成体雌鲸、雄鲸以及幼崽。但也曾有过多达100头个体的大型群体的记载。当在海表快速游动时，它们通常会将头部高高举起露出水面，甚至有时会像大型海豚一样略微跃出水面。它们偶尔也会有跃身击浪的行为。据观察，朗氏喙鲸有时会与领航鲸或瓶鼻海豚一起嬉戏游弋。

食物和觅食

目前对于该物种的食性、进食行为或个体的运动等方面的信息几乎一无所知。2个已研究的该物种胃部中存在枪乌贼的残骸。该物种被认为是深潜者。据悉，朗氏喙鲸可一次下潜超过半个小时。

生活史

对于该物种的生活史一无所知。

保育和管理

基于为数不多的观察报告分析，朗氏喙鲸极为稀少。在夏威夷海域的粗略估计显示约有1000头，而东热带太平洋约有300头。暂无已知具体威胁。然而，流网和多钩长线在它们的栖息范围内被大量使用，被缠住的事件时有发生。与其他喙鲸相同，朗氏喙鲸有可能对水下噪声极其敏感，例如军用声呐以及地震探测。

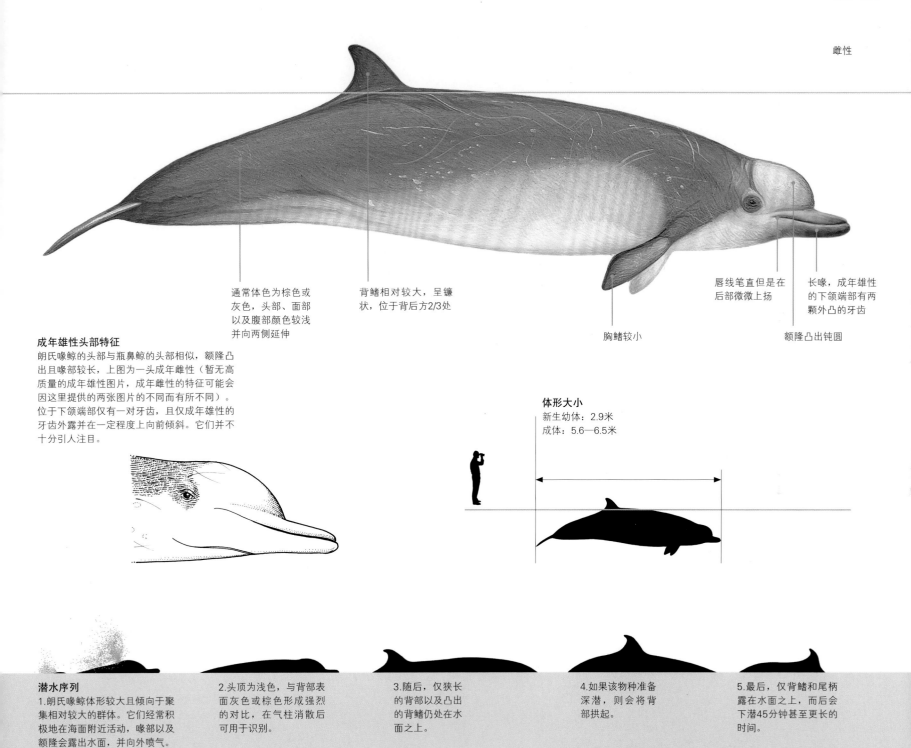

雌性

通常体色为棕色或灰色，头部、面部以及腹部颜色较浅并向两侧延伸

背鳍相对较大，呈镰状，位于背后方2/3处

唇线笔直但是在后部微微上扬

长喙，成年雄性的下颌端部有两颗外凸的牙齿

胸鳍较小

额隆凸出钝圆

成年雄性头部特征

朗氏喙鲸的头部与瓶鼻鲸的头部相似，额隆凸出且喙部较长，上图为一头成年雌性（暂无高质量的成年雄性图片，成年雌性的特征可能会因这里提供的两张图片的不同而有所不同）。位于下颌端部仅有一对牙齿，且仅成年雄性的牙齿外露并在一定程度上向前倾斜。它们并不十分引人注目。

体形大小
新生幼体：2.9米
成体：5.6—6.5米

潜水序列

1.朗氏喙鲸体形较大且倾向于聚集相对较大的群体。它们经常积极地在海面附近活动，喙部以及额隆会露出水面，并向外喷气。

2.头顶为浅色，与背部表面灰色或棕色形成强烈的对比，在气柱消散后可用于识别。

3.随后，仅狭长的背部以及凸出的背鳍仍处在水面之上。

4.如果该物种准备深潜，则会将背部拱起。

5.最后，仅背鳍和尾柄露在水面之上，而后会下潜45分钟甚至更长的时间。

梭氏中喙鲸

科名：喙鲸科

拉丁名：*Mesoplodon bidens*

别名：北大西洋喙鲸，北海喙鲸

分类：遗传学研究显示其与初氏中喙鲸的亲缘关系最近

近似物种：在海上很难与其他北大西洋喙鲸区分开，虽然成体雄性梭氏中喙鲸外凸牙齿位置与雄性初氏中喙鲸（在下颌端部）、雄性柏氏中喙鲸（下颌凸起部分）以及杰氏中喙鲸（只露出一小部分）不一样

初生幼体体重：170千克

成体体重：1000—1300千克

食性：枪乌贼和深水鱼类

群体大小：不到10头

主要威胁：远洋流刺网和延绳钓具缠绕，噪声干扰或摄食海洋垃圾

IUCN濒危等级：数据缺乏

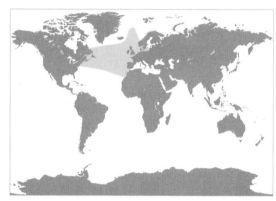

分布范围和栖息地 该物种是北大西洋特有物种，主要分布在寒温带到亚北极水域。最北曾出现在北纬71°的挪威海。它们主要栖息在深水陆架以及陆坡海包括海底峡谷。几乎所有的观测均在海表温度为6℃—22.5℃的海域。

物种识别特征：

- 相对较长的喙部，无凸出额隆

- 雄性下颌中后部凸起部分可见端部前倾的外凸牙齿（长牙）

- 背鳍突出，呈镰状，位于背中部

- 体色无明显特征——上侧为深灰色而下腹侧颜色较浅

- 背部与侧面，尤其是成体雄性，用牙齿撕扯留下的长长的线形伤疤

解剖学特征

梭氏中喙鲸遵循了最典型的体形，即较长的身体在两端逐渐变细。喙部相对较长，额隆（前额）略凸起但不凸出，平滑的倾斜顺承到喙部。上侧体表为深灰色，而下侧为浅灰到白色。眼部周围有深色区域包围。雌性的唇线相当平直，而雄性则为明显地向后端上扬，且下颌凸出的两颗牙齿尖端形似小型的长牙。

行为

据观察，该物种仅以不到10头个体的小型群体的形式出现。群体中包括成体雄性、成体雌性以及幼崽。它们性格腼腆，行踪难以捉摸，很难近距离观察到这些鲸类。在多数海况下，气柱不明显。背部和侧面有长线形伤疤，特别是在成体雄性体表，显示它们会用小尖长牙作为武器进行打斗。

食物和觅食

多数关于该物种食性的已知信息来源于对搁浅和误捕个体的胃容物的分析。这些鲸主要进食枪乌贼和深水鱼类，有时也会进食梭子蟹和墨鱼。它们可以一次下潜超过半个小时，据估计可下潜至少1000米。

生活史

对该种的生活史一无所知。

保育和管理

对该种的丰富度估计显示，在北大西洋中部法罗群岛周围海域以及北大西洋西部至少有几千头梭氏中喙鲸。远洋流刺网对它们来说是致命的，在1989—1998年间，沿美国东部陆架边缘布放小规模的流网导致了至少24头梭氏中喙鲸死亡。延绳钓渔业的发展也会造成它们的意外死亡。同其他喙鲸一样，梭氏中喙鲸对水下噪声极其敏感，尤其是军用声呐和地震探测。

雄性

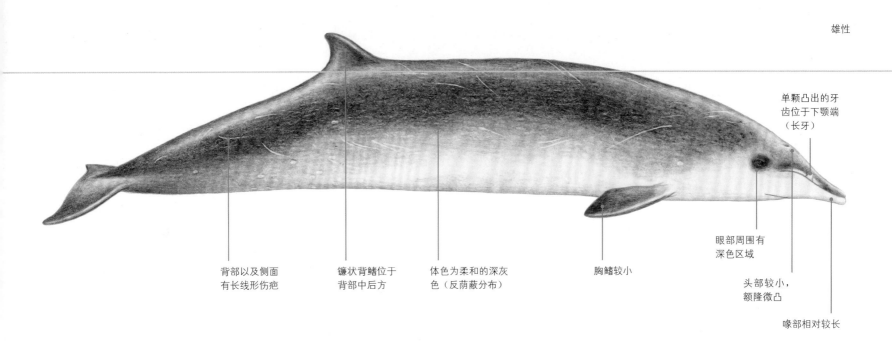

单颗凸出的牙齿位于下颚端（长牙）

背部以及侧面有长线形伤疤

镰状背鳍位于背部中后方

体色为柔和的深灰色（反荫蔽分布）

胸鳍较小

眼部周围有深色区域

头部较小，额隆微凸

喙部相对较长

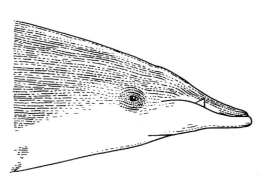

成年雄性头部特征
头部较小，微隆起的额隆光滑倾斜承接到长喙。下颚的两颗牙齿只在成年雄性上长出，牙齿较小，呈三角形，在隆起处到唇线后侧之间。

体形大小
新生幼体：2.4米
成体：5—5.5米

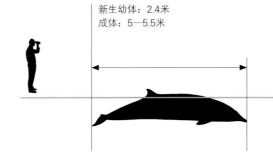

潜水序列
1.梭氏中喙鲸狭长的喙部会首先露出水面，与水面呈30°—45°角。头部比例较小且前额完全不是呈球根状。

2.在喷气前，喙部至少已经浸入水下。气柱通常可见，但并不浓密也不十分明显。

3.当头部消失在水下时，背部以及相对明显，尖锐、略呈镰状的背鳍也会随之浸入水中。

表层行为
梭氏中喙鲸会组成较小的联系非常紧密的群体，它们在海表较为平静。但偶尔也会有鲸尾击浪的行为。

安氏中喙鲸

科名：喙鲸科

拉丁名：*Mesoplodon bowdoini*

别名：高顶喙鲸

分类：目前无亚种，种群结构未知

近似物种：可能与其他在南半球范围内的"白喙鲸"混淆，尤其是长齿中喙鲸、哥氏中喙鲸和贺氏中喙鲸

初生幼体体重：未知

成体体重：未知

食性：未知，但可能是枪乌贼和鱼

群体大小：未知

主要威胁：可能是噪声干扰（特别是来自地震调查和海军声呐的噪声）、远洋近岸流网和延绳钓具缠绕、摄食海洋垃圾

IUCN濒危等级：数据缺乏

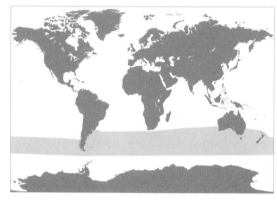

分布范围和栖息地　这种物种仅分布于南半球的冷温带水域，可能是在南纬32°至54°30'之间环极地分布。大多数搁浅发生在澳大利亚和新西兰，也有一些发生在乌拉圭、阿根廷（火地岛）、福克兰群岛和特里斯坦–达库尼亚。关于栖息地情况目前并不清楚，但推测应该是在离岸的深水区。

物种识别特征：

● 头部较短，额隆稍微突起

● 喙部短且粗，下颌后半部分向上拱起

● 下颌两边各长一颗牙，成年雄性会长成长牙

● 小的稍显镰状的背鳍位于背部中后部

● 成年雄性有近乎白色的喙，其他地方都是黑色，没有明显的图案

● 成年雌性的喙部白色较少，且身上其他部位颜色较雄性浅

● 身上经常有长的线形齿痕，尤其是成年雄性

解剖学特征

安氏中喙鲸是喙鲸中较小的一种，也是最不为人知的一种。额隆稍微突起，角度较为平滑地向前延伸。喙部短且粗，下颌有一个拱起，在成年雄性中，长牙会在此长出，并延伸超过上颌。这种每边长一颗的长牙，可能是成年动物身上出现长长的白色线形伤痕的原因。它们颜色的特征是在观察搁浅动物的基础上描述的，因此并不是确切的，可能因为死亡有一定的颜色变化导致与真实颜色的偏差。尽管如此，可以确定的是成年雄性的喙部前部是白色的；雄性喙部较雌性的白。但总体体色上，雄性比雌性的深。

行为

目前由于没有海上目击记录，因此对它们的行为与社交群体没有太多的研究。

食物和觅食

没有任何已知的信息，尽管它们理论上是和喙鲸科的其他物种一样进食枪乌贼。

生活史

几乎一无所知。生活在新西兰海域的种群，产崽季节应该在夏季和秋季。

保育和管理

尽管缺少海上目击说明了这个物种难以被识别到，但它们可能天生就比较罕见。大多数搁浅事件发生在新西兰和澳大利亚，这可能会让人产生误解，因为这两个国家在发现、报告和调查搁浅鲸类动物方面付出了相对较多的努力。无论如何，安氏中喙鲸并没有在任何地方被猎杀，也没有证据表明它们受到了渔业（例如渔业误捕）、噪声（没有大规模搁浅的报告）和海洋垃圾的影响。

雄性

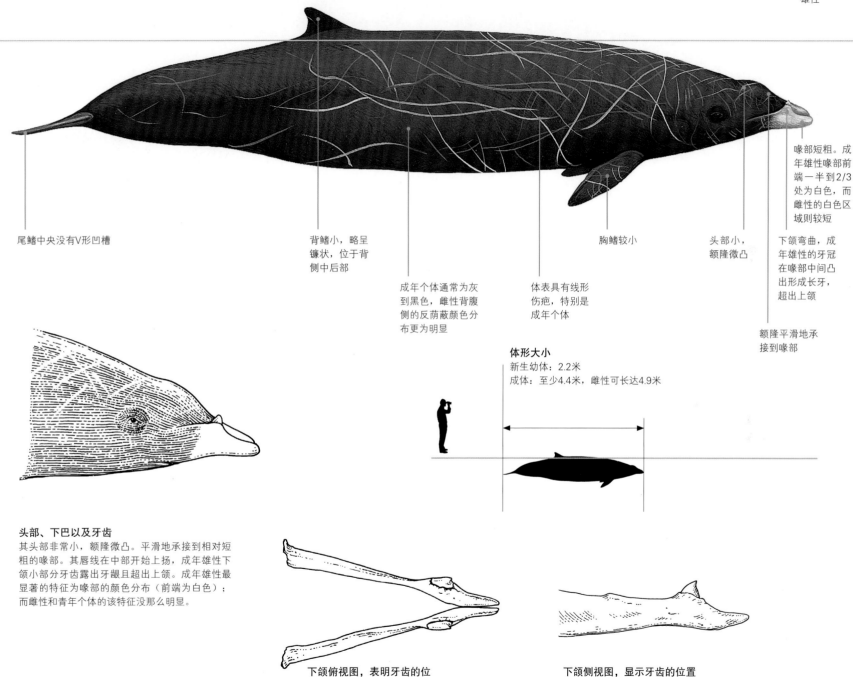

尾鳍中央没有V形凹槽

背鳍小，略呈
镰状，位于背
侧中后部

成年个体通常为灰
到黑色，雌性背腹
侧的反荫蔽颜色分
布更为明显

体表具有线形
伤疤，特别是
成年个体

胸鳍较小

头部小，
额隆微凸

喙部短粗。成
年雄性喙部前
端一半到2/3
处为白色，而
雌性的白色区
域则较短

下颌弯曲，成
年雄性的牙冠
在喙部中间凸
出形成长牙，
超出上颌

额隆平滑地承
接到喙部

体形大小
新生幼体：2.2米
成体：至少4.4米，雌性可长达4.9米

头部、下巴以及牙齿
其头部非常小，额隆微凸。平滑地承接到相对短
粗的喙部。其唇线在中部开始上扬，成年雄性下
颌小部分牙齿露出牙龈且超出上颌。成年雄性最
显著的特征为喙部的颜色分布（前端为白色）；
而雌性和青年个体的该特征没那么明显。

下颌俯视图，表明牙齿的位
置和朝向

下颌侧视图，显示牙齿的位置

哈氏中喙鲸

科名：喙鲸科

拉丁名：*Mesoplodon carlhubbsi*

别名：弧喙鲸

分类：无已知亚种或具有隔离性的种群（亲缘关系最近的现代鲸种为安氏中喙鲸）

近似物种：与史氏中喙鲸、柯氏喙鲸以及银杏齿中喙鲸分布区域相同，但哈氏中喙鲸成年雄性头部明显的白色"帽子"使其非常容易被辨识

初生幼体体重：未知

成体体重：1500千克

食性：200—1000米深度范围内的枪乌贼和鱼类

群体大小：可能群体较小，海上观察太少无法确定

主要威胁：在日本海域少量被蓄意捕杀，缠在流网中，水下噪声以及摄食海洋垃圾也会对其造成影响

IUCN濒危等级：数据缺乏

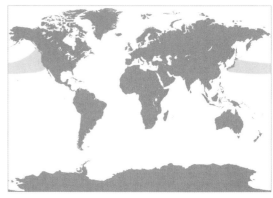

分布范围和栖息地　该物种仅分布在北太平洋的冷温带，主要在北纬33°至北纬54°之间。大部分已知的分布范围是在其搁浅位置（东太平洋的圣地亚哥、加利福尼亚、鲁伯特王子城以及哥伦比亚之间；西太平洋则为日本本州）基础上所做的推断。

物种识别特征：
- 体形圆胖，具有典型的中喙鲸属特征，包括较小的鳍肢和中等大小、略呈镰状、位于背部中后方的背鳍
- 喙部中等长度，成体雄性的喙部为白色，雌性为浅色
- 成体雄性的唇线极大地拱起，每侧的拱起处顶端有明显的长牙
- 成体雄性略呈球根状的头部有非常明显的白色"帽子"
- 成年的雄鲸体表呈深灰色到黑色，且布满伤痕，雌性和少年鲸类体表上侧为深色，下腹侧颜色较浅

解剖学特征

该种喙鲸最显著的特点是成年雄鲸轮廓明显的喙部与几乎完全呈白色。白色的额隆与体表的深色形成了强烈的对比。唇线每侧中部都会有明显的拱形突起，并露出两侧扁平的大尖牙。这些牙齿在嘴部闭合时仍会露在外面，而它们也是造成成年雄性体表满布白色线形伤疤的"元凶"。即雄鲸在嘴部闭合时，将其喙部用力地压在对手身上以造成疼痛，并形成长长的线形伤痕。

行为

因为极少观测并辨识出哈氏中喙鲸，目前对于该种的行为几乎一无所知。然而成年雄性体表的伤痕则证实了有打斗的行为存在（可能是为了争夺种群的统治权）。这些线形的伤疤通常成对出现，可长达2米。

食物和觅食

对于食性的研究仅是在对搁浅个体的胃容物分析的基础上进行的。分析结果显示，这些鲸主要以深水枪乌贼和鱼类为食。从对2头搁浅时尚且存活的哈氏中喙鲸幼崽观察结果与搁浅个体的解剖结果显示，这些喙鲸主要以吸食的方式进食。

生活史

对于该种的生活史信息一无所知。

保育和管理

1990—1995年，曾有8头中喙鲸属鲸类被缠在加利福尼亚大孔流网中并死亡的记录，其中有5头是哈氏中喙鲸。这只是渔业误捕死亡的一个例子，事实上有更多的鲸类因此死亡。在大陆架上向深海区的流网的使用对该种以及其他喙鲸是一个很明显的威胁。此外，水下噪声的干扰（特别是军用声呐和地震探测），误食海洋垃圾对哈氏中喙鲸来说也是潜在的威胁。

雄性

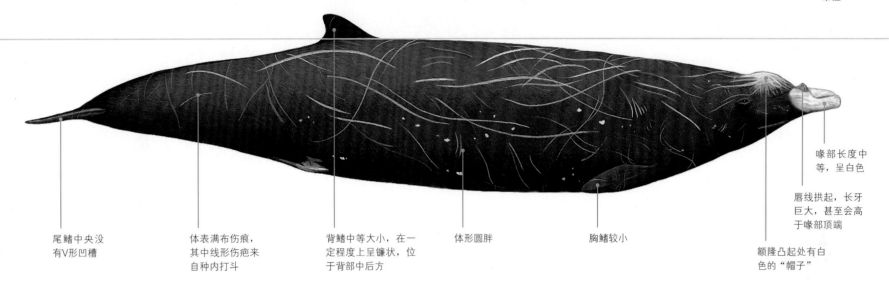

尾鳍中央没
有V形凹槽

体表满布伤痕，
其中线形伤疤来
自种内打斗

背鳍中等大小，在一
定程度上呈镰状，位
于背部中后方

体形圆胖

胸鳍较小

额隆凸起处有白
色的"帽子"

唇线拱起，长牙
巨大，甚至会高
于喙部顶端

喙部长度中
等，呈白色

成年雄性头部特征

虽然雄性和雌性的喙部均为白色或部分从白色到浅
灰色，但是不同性别间头部特征仍有所差异。成年
雄性的唇线在中部（长牙凸出下颌的位置）往后会
有明显的上扬。相比，雌性的唇线较长且轮廓光
滑，没有突起，不会显露牙齿。另外一点明显的不
同就是雄性圆滑的头顶有白色的"帽子"。

雄性

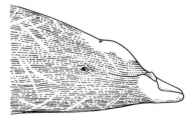

雌性

体形大小

新生幼体：可能长达2.5米

成体：长达5.4米

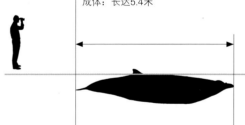

海表行为

罕见的海上目击事件表明
这些鲸类是不容易发现和
识别的，因此它们在海表的
轮廓可能相对不显眼——
小群体、气柱很难辨别、
出水时间较短等。

潜水序列

1.白色中等长度的喙
部、明显拱起的下颌以
及成年雄性头顶凸出
的白色"小帽子"可能
会首先露出水面。

2.紧随其后，头部和
背部露出水面时气柱
有可能是可见的，气
柱是否可见及其密度
取决于天气状况。

3.当头部潜入水中时，背
部以及中等大小的背鳍
会露出水面。在开始下潜
时，这些鲸类不太可能会
经常举起尾鳍。

柏氏中喙鲸

科名：喙鲸科

拉丁名：*Mesoplodon densirostris*

别名：钝喙鲸

分类：无已知亚种（几乎可以确认有独立种群的存在，因为该物种的地理分布阻止了大西洋种群与太平洋种群之间的交流）

近似物种：雌性和幼年中喙鲸以及柯氏喙鲸；柏氏中喙鲸成年雄性的特征明显，下颌部分隆起且每侧有一颗前倾的牙齿露在外面

初生幼体体重：60千克

成体体重：800—1000千克

食性：枪乌贼和小型鱼类

群体大小：2—3头，可多达10头

主要威胁：噪声（尤其是军用声呐），刺网缠绕，垃圾缠绕以及误食垃圾

IUCN濒危等级：数据缺乏

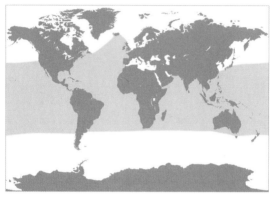

分布范围和栖息地 柏氏中喙鲸主要分布在热带和暖温带水域，几近全球性分布。它们是深水性动物，通常活动在大陆坡水域。水深从500米到几千米深。活动在海岛周围的相对独立的种群具有常住性。

物种识别特征：
- 额隆相对扁平且喙部较长，下颌端部后有凸出隆起，成年雄性尤其明显
- 下颌明显的隆起处每侧分别有一颗巨大的牙齿，牙冠小而尖
- 背鳍小到中等大小，略呈镰状，位于背部中后方
- 反荫蔽颜色分布，背侧呈深色（包括眼部周围），身体前侧及下颌颜色较浅
- 体表经常满布达摩鲨的齿痕以及成年雄性间打斗造成的长长的线形伤疤

解剖学特征

其体形健硕，额隆几近扁平。与其他中喙鲸物种相比，其最显著的特点为其成年鲸下颌有极大的隆起；这些隆起支撑起脸部，且成年雄性的下颌隆起尤其明显。对于成年雄性，其下颌每侧的隆起处前端会露出巨齿的牙冠，且通常会被至少一个藤壶寄生。附着的藤壶会比齿冠本身更为明显。另一个独特的特点是其上颌骨的密度是其他动物的骨质所无法比拟的（其骨质密度比象牙还大）。

行为

柏氏中喙鲸通常会群集2—4头个体，多时可以达到10—12头个体。由于它们群体较小且不会进行空中翻腾，因此在不理想的海况下很难观测到它们。

食物和觅食

同其他喙鲸一样，柏氏中喙鲸主要以枪乌贼和小型深水鱼类为食。它们喜欢活动在水深至少500米的水域。主要的常住群体约有几百头个体，且经常活动在固定的几个海岛周围，尤其是近岸的深水区，例如夏威夷群岛。曾对该种在夏威夷群岛的种群有过相对较为系统的研究，海岛周围的物种偏好水深500—1000米的海域，而另一个远洋种群长期活动在3500—4000米深的海域。平均下潜捕食时间约为1个小时。

生活史

对于该种的生活史信息一无所知。

保育和管理

柏氏中喙鲸分布范围很广，但也很罕见，是除柯氏喙鲸之外最容易因强烈的中频声呐的军事演习而造成集体搁浅的鲸种。曾有记载称巴哈马群岛和加那利群岛发生过类似的搁浅事件。据悉，柏氏中喙鲸会死于近海漂刺网和远洋延绳钓具中。此外，它们还会误食海洋垃圾。据目前所知，该物种未被大规模猎捕过。

雄性

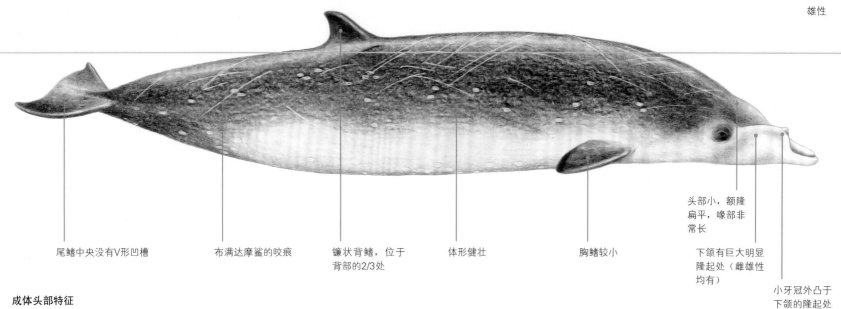

尾鳍中央没有V形凹槽

布满达摩鲨的咬痕

镰状背鳍，位于背部的2/3处

体形健壮

胸鳍较小

头部小，额隆扁平，喙部非常长

下颌有巨大明显隆起处（雌雄性均有）

小牙冠外凸于下颌的隆起处

成体头部特征

无论雌性还是雄性，成体的头部形状都十分奇特。从前方观察，雌性的头部看起来几乎可称为滑稽，下颌明显向后拱起挤压（仿佛为箍缩）在喙部（也同样有V字形的喉部褶沟）。从侧面看，雄性的额隆相对扁平（非球根状），下颌明显地拱起，凸出的牙齿上面经常会被藤壶寄生。

成体雄性头部

雌性的前视图

体形大小

新生幼体：2米
成体：最长可达4.7米

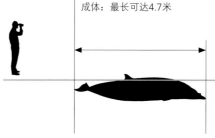

潜水序列

1.成年雄性柏氏中喙鲸出水时，极有可能首先注意到的是其奇特的面部：下颌隆起甚至高于喙部。

2.相较于其他喙鲸，该物种的额隆扁平。下颌每侧隆起处顶端的牙齿上经常被一个甚至多个藤壶寄生。

3.喷气后，它们在海面翻滚，露出明显呈镰状的背鳍，位于背部中后方。

表层行为

柏氏中喙鲸在下潜时通常不露出尾鳍，也不展示任何空中行为，例如跃身击浪。

杰氏中喙鲸

科名：喙鲸科

拉丁名：*Mesoplodon europaeus*

别名：安德烈斯喙鲸，湾流喙鲸，欧洲喙鲸

分类：无已知亚种，对其种群结构一无所知

近似物种：容易与雌性以及少年阶段的中喙鲸物种相混淆，例如柯氏喙鲸（杰氏中喙鲸的喙部更长）以及柏氏中喙鲸（缺少成年柏氏中喙鲸下颌的隆起）

初生幼体体重：未知

成体体重：1200千克或更多

食性：枪乌贼

群体大小：小型群体，可能不会超过10头

主要威胁：噪声（尤其是军用声呐），近岸漂流刺网缠绕，延绳钓具缠绕，垃圾缠绕以及误食垃圾

IUCN濒危等级：数据缺乏

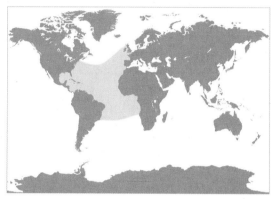

分布范围和栖息地 该物种仅分布在大西洋的热带以及暖温带水域，更常见于大西洋西部海域。从美国东海岸南向到巴西南部，从大西洋中部的阿森松岛以及北海南向到非洲西部均有对该物种的记载。该物种主要栖息在深水区以及朝向大洋的大陆架边缘。

物种识别特征：

- 头较小，额隆微凸且喙部细长，唇线几近笔直，下颌无隆起

- 下颌端部较偏后的位置有两颗尖锐的牙冠，有时表面会被藤壶寄生

- 背鳍较小，略呈镰状，位于背部中后方

- 反荫蔽颜色分布，背侧呈深色（包括眼部周围），身体前侧及下颌颜色较浅

- 体表经常布有长长的线形伤疤，特别是成年雄性体表。而雌性通常在生殖区以及乳裂周围有白色或浅灰色的斑纹

解剖学特征

该物种相比其他中喙鲸物种头部较小，且下颌（甚至成年雄性的下颌）的唇线无隆起。每侧有一颗典型的凸起牙冠，成年雄性牙冠的大小足以使其在喙端部偏后的位置仍可见，除此之外，该物种的雌雄之间差异不大，不如其他中喙鲸种具有更为明显的长牙区别，以及更为明显的体色分布差异。

行为

杰氏中喙鲸通常成对出行或集较小的群体。它们在海上相对不起眼，也因此它们极少在海上被观测辨识或报道。成年雄性体表的线形伤疤有可能是由同物种其他成年雄性的长牙造成。

食物和觅食

同多数其他喙鲸相同，杰氏中喙鲸主要以枪乌贼为食，但也会进食深海鱼类和虾类。它们为下潜时间长的深潜者。目前没有证据显示它们会进行长距离的迁徙。

生活史

对于该种的生活史信息一无所知。

保育和管理

基于杰氏中喙鲸有限的地理分布，它们可能是种群丰度最低的喙鲸之一。它们在加勒比海一部分海域以及湾流区相对常见，在北大西洋暖流也可能数量较多，但是一般普遍认为（主要根据搁浅记录）它们在大西洋西侧海域的丰度要远高于东侧海域。它们经常在美国东南部搁浅，一般不会发生由海军声呐而造成的集体搁浅事件。但这并不意味着它们不会受到噪声的影响。同理，虽然它们被误捕的记录较少，但并不意味着刺网、延绳钓具以及陷阱网缠绕不会对它们造成危害。在波多黎各搁浅的一头青年个体胃内发现了大量的塑料袋。幸运的是，杰氏中喙鲸并没有被视为商业捕鲸或渔业捕鲸的目标。

雄性

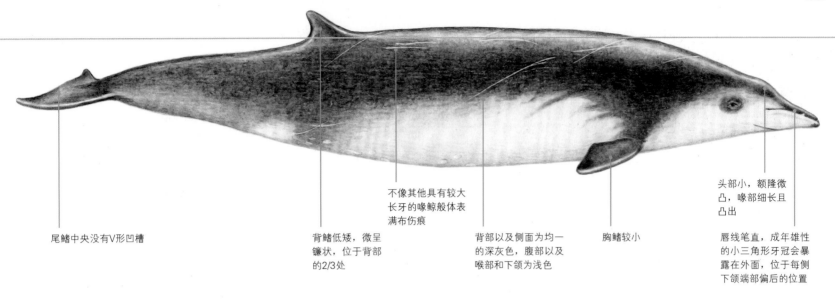

尾鳍中央没有V形凹槽

背鳍低矮，微呈镰状，位于背部的2/3处

不像其他具有较大长牙的喙鲸般体表满布伤痕

背部以及侧面为均一的深灰色，腹部以及喉部和下颌为浅色

胸鳍较小

头部小，额隆微凸，喙部细长且凸出

唇线笔直，成年雄性的小三角形牙冠会暴露在外面，位于每侧下颌端部偏后的位置

成体头部特征

杰氏中喙鲸的头部非常小，呈流线型且外形细长。其喙部狭长，唇线笔直，仅成年雄性的小三角形牙冠外露，位于下颌每侧端部偏后的位置。体表颜色分布较为简单，大体为背侧深色，腹侧浅色，眼部周围有典型的深色斑块。

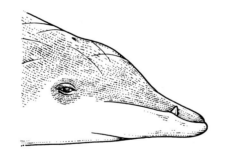

体形大小

新生幼体：2.1米
成体：4.5—5.2米

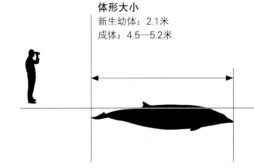

潜水序列

1.杰氏中喙鲸在出水的过程中通常是喙部朝上，在相对平静的海况下，其喙部会首先露出水面。

2.紧随其后，额隆以及背部前侧也会露出水面。气柱是否可见取决于天气状况。

3.当头部消失在水下时，其狭长的背部以及凸出的背鳍（呈镰状，有时端部略呈钩状）会随之露出水面。

4.当开始下潜时，其背鳍和背部可能只是略微地沉到水面之下。

5.或者会在背鳍入水时在某种程度上拱起身体，当动物从视野中消失时，的尾柄会出现在背鳍的后面。

银杏齿中喙鲸

科名：喙鲸科

拉丁名： *Mesoplodon*

别名：日本喙鲸

分类：无已知亚种，且对种群结构一无所知（物种名称来源于其牙齿形状与银杏树叶相似）；为初氏中喙鲸的一个分支，其他分支还包括初氏中喙鲸和杰氏中喙鲸

近似物种：在海上，与最新提出的德氏中喙鲸完全无法辨识

初生幼体体重：未知

成体体重：未知

食性：枪乌贼和鱼类

群体大小：群体较小，最多可达5头个体

主要威胁：渔业（包括刺网、定置网以及延绳钓具的使用）所造成的意外死亡，可能也会受地震探测和军用声呐所产生噪声的影响

IUCN濒危等级：数据缺乏

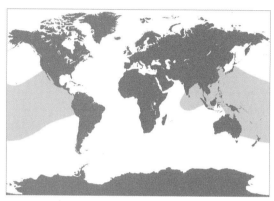

分布范围和栖息地 该物种主要栖息在西太平洋温水区以及加拉帕戈斯群岛。也曾出现在加利福尼亚、新西兰以及澳大利亚离岸冷水区。它们在日本南部的黑潮之中以及中国台湾海域非常常见。它们主要活动在深水区，但并没有关于栖息地的详细信息，主要由于银杏齿中喙鲸在海上很难辨识。

物种识别特征：
- 喙部非常明显
- 额隆不明显，前额平缓地倾斜而后相对陡峭地承接到喙部
- 下颌后部向上凸起。成年雄性的下颌隆起处顶端露出小部分牙冠
- 胸鳍和尾鳍相对较小
- 背鳍小、呈镰状，位于背部2/3处
- 体表大体为深色，具有模糊的灰色阴影，通常喉部有部分浅色区域
- 体表除肛门生殖部位区域布满达摩鲨咬痕之外，其他区域的伤痕较少

解剖学特征

很明显，银杏齿中喙鲸是中喙鲸中唯一一个体表没有布满白色伤痕的鲸种。这意味着银杏齿中喙鲸体表通常没有成年雄鲸所造成的线形伤痕。体表几乎完全没有这种伤痕，可能由于它们的下颌长牙只露出牙龈一小部分，且不会露在喙部外面。这种鲸具有典型的中喙鲸特点：V字形喉部褶沟，小胸鳍位于身体偏下侧，尾鳍后边缘有一个小型V形凹槽，背鳍小且位于背部偏后方。

行为

曾记载过多达5头个体的群体（初步鉴定）。

食物和觅食

没有关于其食性的确定信息，可能会进食枪乌贼和鱼类。

食物和觅食生活史

没有关于饮食的确切信息，但包括鱿鱼，可能还有鱼。对该种的生活史一无所知。

保育和管理

目前没有关于银杏齿中喙鲸物种丰度的评估。在日本，它们曾被少量捕杀。大多数已知的死亡都是偶然被渔具缠住或诱捕的结果，包括刺网、延绳钓具和定置网（日本）。

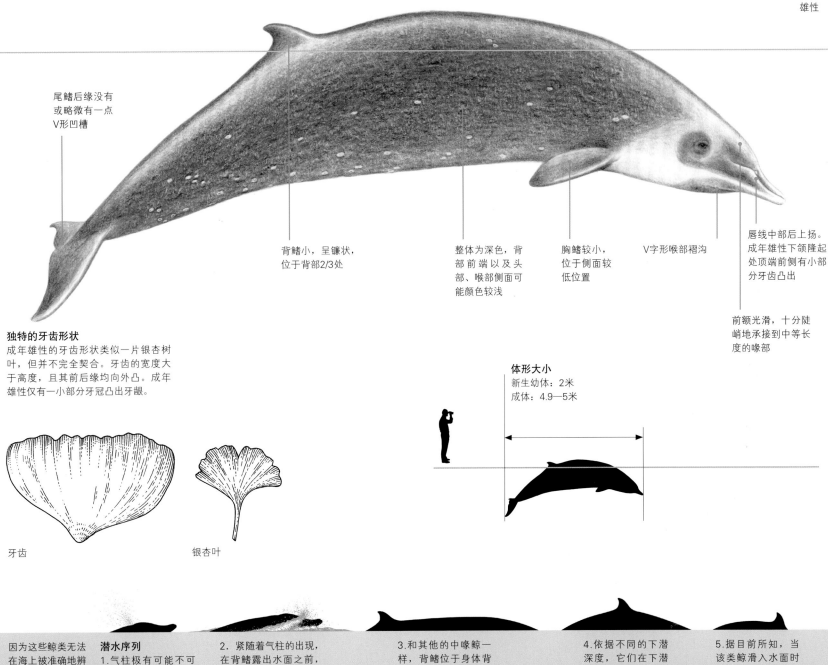

雄性

尾鳍后缘没有或略微有一点V形凹槽

背鳍小，呈镰状，位于背部2/3处

整体为深色，背部前端以及头部、喉部侧面可能颜色较浅

胸鳍较小，位于侧面较低位置

V字形喉部褶沟

唇线中部后上扬。成年雄性下颌隆起处顶端前侧有小部分牙齿凸出

前额光滑，十分陡峭地承接到中等长度的喙部

独特的牙齿形状
成年雄性的牙齿形状类似一片银杏树叶，但并不完全契合。牙齿的宽度大于高度，且其前后缘均向外凸。成年雄性仅有一小部分牙冠凸出牙龈。

牙齿

银杏叶

体形大小
新生幼体：2米
成体：4.9—5米

潜水序列

因为这些鲸类无法在海上被准确地辨识，这一系列的图片仅为推测。

1.气柱极有可能不可见或十分模糊，取决于观测条件。

2.紧随着气柱的出现，在背鳍露出水面之前，额隆和喙部可能会露出水面一小段时间。

3.和其他的中喙鲸一样，背鳍位于身体背部后方，可能头部入水后才能露出水面。

4.依据不同的下潜深度，它们在下潜时可能会将背部高高拱起。

5.据目前所知，当该类鲸滑入水面时不会抬起尾鳍。

哥氏中喙鲸

科名：喙鲸科

拉丁名：*Mesoplodon grayi*

别名：下跃喙鲸

分类：无已知亚种，且对种群结构一无所知

近似物种：可能会与同分布范围内的其他喙鲸相混淆，特别是长齿中喙鲸以及安氏中喙鲸；但哥氏中喙鲸异常长且全白的喙部以及头部小的特征均可以用于辨识

初生幼体体重：未知

成体体重：1200千克

食性：枪乌贼和鱼类

群体大小：通常为5头甚至更少，偶尔会多达10头

主要威胁：无已知确定威胁，可能为噪声干扰（特别是军用声呐和地震探测产生的噪声），捕鱼工具或海洋垃圾缠绕以及误食塑料

IUCN濒危等级：数据缺乏

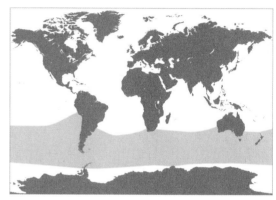

分布范围和栖息地 该物种仅分布在南半球，通常只活动在南纬30°以南的冷温带水域。据报道称，在澳大利亚、新西兰、南美以及非洲南部沿岸均发生过哥氏中喙鲸搁浅事件。它们很少在极地以及亚极地水域出现。此外，它们曾搁浅在北至纳米比亚和秘鲁沿岸海滩。该物种主要活动在深水离岸海域，但偶尔也会出没在沿岸浅水区。

物种识别特征：
- 头部小，喙部非常长
- 额隆钝圆但低矮；流畅地承接到喙部
- 唇线笔直，小部分牙冠从下颌露出来（成年雄性和部分雌性），位于喙部的中后端
- 背鳍小，呈镰状，位于背部2/3处
- 喙部以及面部前端呈白色或浅灰色（可能会被硅藻染成偏黄色），身体为灰色，眼部周围为深色。大体上为上侧呈深色，下腹侧为浅色
- 体表有伤痕以及达摩鲨的齿痕，尤其是在成年雄性体表

解剖学特征

哥氏中喙鲸的头形独特，喙部细长（雌性喙部长于雄性），额隆低矮钝圆，平滑地承接到喙部。唇线笔直，但有时成年雄性以及部分雌性的下颌两侧中部凸出来的扁平牙齿（长牙）端部会超过唇线。长牙上可能会被藤壶寄生。另一个哥氏中喙鲸所独具的特点是，不论雌鲸还是雄鲸，通常会在其口腔上颌内部每侧长有4—19颗与海豚牙齿相似的牙齿。

行为

群体通常由5头甚至更少的个体组成，但也曾记载过超过10头个体的较大型群体。最大规模的一次集体搁浅中有28头鲸，其中有3头被确认为是哥氏中喙鲸。母鲸通常会在幼鲸体长达到3米之前，带着幼鲸远离群体。在哺乳初期，它们可能会向水深较浅的海域迁徙。

食物和觅食

关于该物种的食性信息完全是基于对搁浅动物胃容物的分析结果。在非洲南部以及南美地区搁浅的个体，对该物种饮食的了解完全是基于对搁浅动物胃里的残余物分析。在非洲南部和南美洲的动物体胃中只发现了鱼类残骸，而在新西兰搁浅的个体则似乎更喜食小型枪乌贼。据推断，该鲸种为深潜者，但到目前为止还没有对其潜水行为的直接研究。

生活史

对该物种的生活史所知甚少。在新西兰搁浅的一对母鲸和幼鲸被证实母鲸搁浅时既处于哺乳期又处于妊娠期。此外，基于对搁浅数据的统计，其繁殖期应该在夏季。

保育和管理

目前没有关于哥氏中喙鲸丰度的评估。但是由于它们经常在新西兰以及澳大利亚地区搁浅，因此很有可能新西兰和澳大利亚海域为该物种的主要分布区。与其他喙鲸相同，它们很容易被其分布范围内的流网缠住导致误捕。此外，它们也很容易受到由地震探测和军用声呐所产生的水下噪声的危害。

雄性

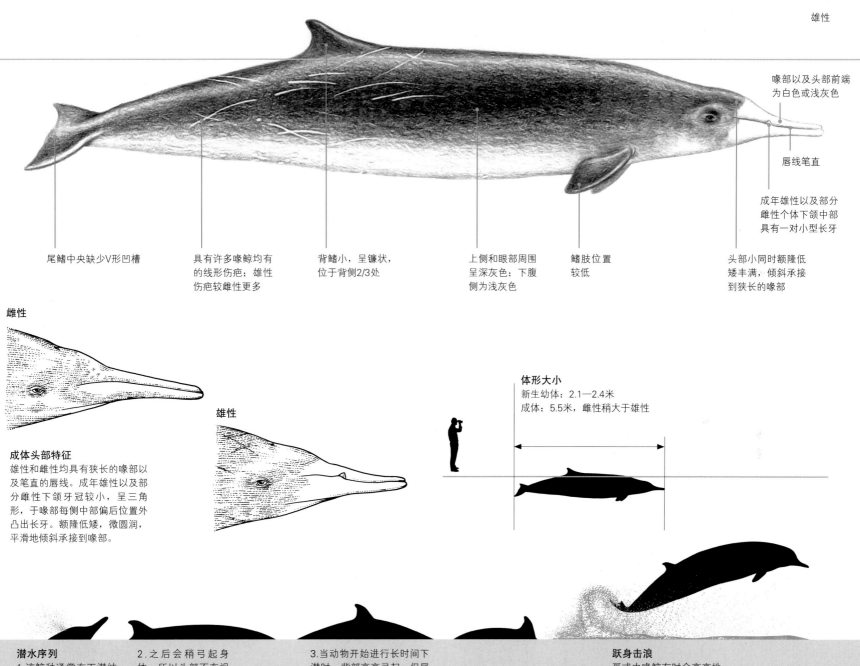

喙部以及头部前端
为白色或浅灰色

唇线笔直

成年雄性以及部分
雌性个体下颌中部
具有一对小型长牙

头部小同时额隆低
矮丰满，倾斜承接
到狭长的喙部

尾鳍中央缺少V形凹槽

具有许多喙鲸均有
的线形伤疤；雄性
伤疤较雌性更多

背鳍小，呈镰状，
位于背侧2/3处

上侧和眼部周围
呈深灰色；下腹
侧为浅灰色

鳍肢位置
较低

雌性

成体头部特征
雄性和雌性均具有狭长的喙部以
及笔直的唇线。成年雄性以及部
分雌性下颌牙冠较小，呈三角
形，于喙部每侧中部偏后位置外
凸出长牙。额隆低矮，微圆润，
平滑地倾斜承接到喙部。

雄性

体形大小
新生幼体：2.1—2.4米
成体：5.5米，雌性稍大于雄性

潜水序列
1.该鲸种通常在下潜结
束时将它们长长的、白
色的喙露出水面，它们
的气柱低矮分散。

2.之后会稍弓起身
体，所以头部不在视
线之内，但其狭长的
背部以及背鳍仍露在
水面之上。

3.当动物开始进行长时间下
潜时，背部高高弓起，但尾
鳍通常不会露出水面。

跃身击浪
哥式中喙鲸有时会高高地
跃出水面，然后再次入水
并激起飞溅的水花。

贺氏中喙鲸

科名：喙鲸科

拉丁名：*Mesoplodon hectori*

别名：新西兰喙鲸

分类：在19世纪60年代首次被列为一个独立的物种，但直到20世纪90年代的基因
　　　遗传分析才进一步证实了其独立性，曾与佩氏中喙鲸相混淆

近似物种：无法从外表上与佩氏中喙鲸进行区分，但由于二者分布在不同半球，因
　　　　　此不会混淆误认

初生幼体体重：未知

成体体重：未知

食性：据推测，主食枪乌贼，可能也会进食一些鱼类

群体大小：无直接观测信息，可能群体较小

主要威胁：无已知威胁，可能会被缠在远洋流刺网或延绳钓具中，也可能会受到噪
　　　　　声影响，误食海洋垃圾

IUCN濒危等级：数据缺乏

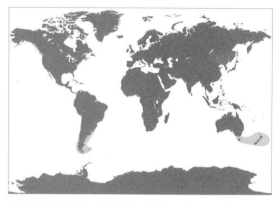

分布范围和栖息地　该物种仅分布在南半球，通常只活动在南纬35° 到南纬55° 之间的冷温带水域。分布范围信息主要是基于该物种在新西兰、澳大利亚、非洲南部以及南美东西海岸的搁浅以及少数目击而确定的。

物种识别特征：
- 头部呈锥形，额隆略倾斜，线条流畅，喙部中等长度
- 成年雄鲸下颌两侧后的牙齿（长牙）外露
- 背鳍小，略呈镰状，位于背侧后部
- 体色分布难以描述——大体为灰色，在胸鳍前以及身体下侧（包括下颌）为白色或浅灰色，眼部周围呈深色
- 背部以及体侧（特别是成年雄性）有线形齿痕和达摩鲨咬痕，但总体上体表的伤痕较其他喙鲸少

解剖学特征

贺氏中喙鲸是喙鲸中体形最小的物种之一，最大体长可能约为4.2米。它们符合典型的中喙鲸外形特征，身体较长，两端呈锥形，喙部分界明显，长度适中。非球根状额隆与喙部承接流畅。身体上侧大体呈灰色，下侧颜色较浅。在胸鳍前端有非常复杂的浅灰到白色的花纹，下颌以及上颌端部为白色，眼部周围为深色。唇线不像其他成年雄性喙鲸般向后上扬。成年雄鲸下颌的两个小长牙上端呈三角形。

行为

该物种极有可能栖息在深水离岸海域，且大部分时间潜在水中。关于它们的行为几乎一无所知。少数的目击显示该物种并非群居。

食物和觅食

关于贺氏中喙鲸的食性一无所知。但几乎可以确定的是它们会以中层或深层的枪乌贼为食，也有可能会进食一些深水鱼类。基于它们的离岸分布，它们极有可能能够长时间闭气下潜到较深的深度进食。

生活史

对该物种的生活史一无所知。

保育和管理

无法确定贺氏中喙鲸正受到什么样的威胁。但是，同其他喙鲸一样，它们很容易被其分布范围内的渔具缠住。此外，它们也很容易受到由地震探测和军用声呐所产生的水下噪声的干扰，误食海洋垃圾也是一个潜在的威胁。

雄性

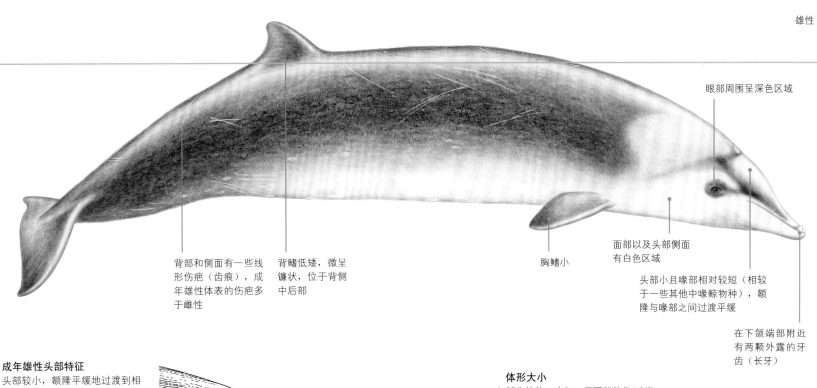

眼部周围呈深色区域

背部和侧面有一些线
形伤疤（齿痕），成
年雄性体表的伤疤多
于雌性

背鳍低矮，微呈
镰状，位于背侧
中后部

胸鳍小

面部以及头部侧面
有白色区域

头部小且喙部相对较短（相较
于一些其他中喙鲸物种），额
隆与喙部之间过渡平缓

在下颌端部附近
有两颗外露的牙
齿（长牙）

成年雄性头部特征

头部较小，额隆平缓地过渡到相
对较短的喙部。白色的下颌和上
颌端部以及深色的眼部斑块为头
部复杂的花纹图案的一部分。仅
成年雄性有两颗牙齿外凸，两颗
牙齿较小，呈三角形，位于下颌
尖后的位置上。

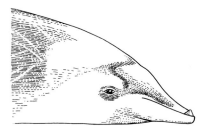

体形大小

新生幼体：未知，但可能约为1.8米
成体：最长可达4.2米

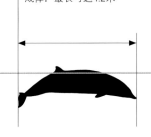

潜水序列

1.当其长时间潜水后上
升至水面时，其相对较
短但分界明显的喙部会
首先露出水面。

2.紧接着，头部顶端以及背部
露出水面，气柱是否可见及
其密度取决于天气条件。

3.当头部消失在水下时，其背
部以及非常低矮的小背鳍露出
水面。这些鲸一般不会在下潜
时有规律地将尾鳍扬出水面。

跃身击浪

在澳大利亚西部曾拍摄到一头雄性贺
氏中喙鲸展示低矮的跃身击浪。目前
还无法确定这些鲸类跃身击浪的频
率，因为这张照片拍摄于较为特殊的
情况下——该物种在近岸水域船只周
围活动。

德氏中喙鲸

科名：喙鲸科

拉丁名：*Mesoplodon hotaula*

别名：无

分类：无已知亚种且对种群结构一无所知

近似物种：在海上无法与银杏齿中喙鲸进行区分，且二者的分布区域有所重叠（只有通过DNA检验才能区分两个物种）

初生幼体体重：未知

成体体重：未知

食性：可能以枪乌贼和鱼类为食

群体大小：2—3头个体

主要威胁：可能缠在渔网或延绳钓具中，受到地震探测和军用声呐所产生的噪声影响

IUCN濒危等级：数据缺乏

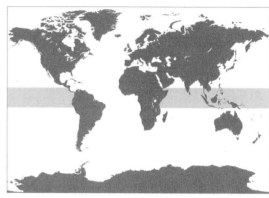

分布范围和栖息地 该物种出没在印度洋、太平洋的赤道附近。目前已确定的栖息地有斯里兰卡，基里巴斯的吉尔伯特岛，美国莱恩群岛，马尔代夫以及塞舌尔群岛。对该物种的栖息地所知较少，它们很可能主要活动在深水区。

物种识别特征：
- 喙部非常明显
- 无明显的额隆，前额非常大，倾斜流畅地承接到喙部
- 下颌后部上扬（唇线在中部开始向上弯曲）
- 成年雄性下颌隆起处顶端露出部分牙冠
- 胸鳍和尾鳍相对较小
- 背鳍小，呈镰状，位于背侧的2/3处
- 身体大体呈深色，有灰色的阴影且喉部多有浅色区域
- 体表伤痕不多，但多数可能为达摩鲨齿痕

解剖学特征

其外表与银杏齿中喙鲸非常相似，二者长期以来一直很难分辨。目前，在海上还无法辨识两个物种（除非观察者十分有经验）。甚至对于尸体或是骨骼标本来说，DNA检验仍是确认物种辨识必要的方式。其下颌长牙只会露出牙龈一小部分，但不会超过喙部。如多数喙鲸，德氏中喙鲸的长牙上常附着藤壶。该物种还具有许多典型的中喙鲸特点，如V字形的喉部褶沟，胸鳍低矮，多数尾鳍后边有一个小型的V形凹槽，背鳍小，呈镰状，位于背侧的后部。

行为

曾有记载多达5头个体的群体（经初步鉴定）。此外，曾有一次观测到几头个体在海表有跃水的行为。

食物和觅食

对其食性无已知确定信息，但它们可能以枪乌贼或深水鱼类为食。

生活史

对该种的生活史一无所知。

保育和管理

目前暂无对该种丰富度的估计，也无法估计其濒危状态。但是，这些鲸类可能会受到其分布范围内渔业（例如多钩长线）以及军用声呐活动的潜在影响。此外，有证据显示基里巴斯当地民众偶尔会猎捕这些鲸类。

雄性

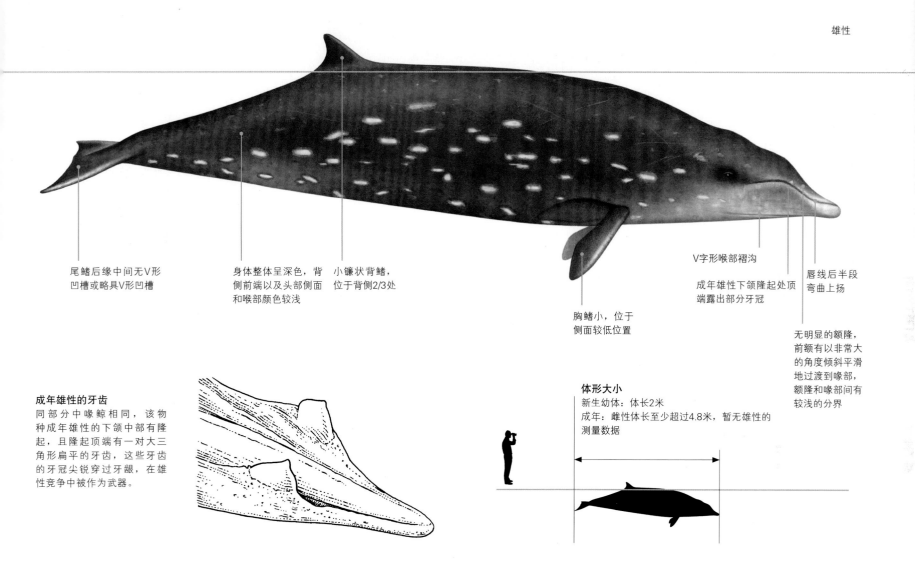

尾鳍后缘中间无V形
凹槽或略具V形凹槽

身体整体呈深色，背
侧前端以及头部侧面
和喉部颜色较浅

小镰状背鳍，
位于背侧2/3处

V字形喉部褶沟

成年雄性下颌隆起处顶
端露出部分牙冠

唇线后半段
弯曲上扬

胸鳍小，位于
侧面较低位置

无明显的额隆，
前额有以非常大
的角度倾斜平滑
地过渡到喙部，
额隆和喙部间有
较浅的分界

成年雄性的牙齿
同部分中喙鲸相同，该
物种成年雄性的下颌中部有隆
起，且隆起顶端有一对大三
角形扁平的牙齿，这些牙齿
的牙冠尖锐穿过牙龈，在雄
性竞争中被作为武器。

体形大小
新生幼体：体长2米
成年：雌性体长至少超过4.8米，暂无雄性的
测量数据

由于该鲸种极少在
海上被辨识，推测
其下潜次序如下。

潜水序列
1.气柱极有可能
不可见或很模
糊，取决于环
境条件。

2.喷出气柱后，在露
出背鳍之前，其额隆
和喙部会短暂地露在
海表。

3.同其他中喙鲸相同，
背鳍位于背侧后部，在
头部潜入水中之前背鳍
可能不可见。

4.基于下潜深度，
鲸类可能会在潜水
之前弓起背部，也
可能不会。

5.据目前所知，该
类鲸不会在潜下海
面时举起尾鳍。

长齿中喙鲸

科名：喙鲸科

拉丁名：*Mesoplodon layardii*

别名：莱氏喙鲸

分类：无已知亚种，对种群结构一无所知

近似物种：可能会与安氏中喙鲸以及哥氏中喙鲸相混淆，但是长齿中喙鲸的长白喙部，黑色的额隆以及灰色的条纹状标记使其非常容易被辨识

初生幼体体重：未知

成体体重：可能至少1800千克

食性：枪乌贼

群体大小：2—6头

主要威胁：可能威胁包括噪声（如军用声呐）、缠在渔具或垃圾中、误食塑料

IUCN濒危等级：数据缺乏

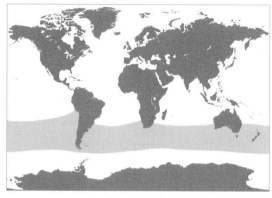

分布范围和栖息地 该物种仅活动在南半球南纬35°到60°之间的冷温带水域，很有可能环极地分布。曾在北至巴西东北海域以及印度洋北部北纬16°处的缅甸沿岸发生过搁浅事件。海上目击均在水深超过2000米的水域。

物种识别特征：

- 头部小，额隆为中等球根状，喙部非常长；唇线会在中部后侧略有上扬

- 成年雄性下颌的牙齿（长齿）会外露，向额隆的方向呈45°倾斜，通常外表面会附着着棕绿色的硅藻

- 背鳍小，呈镰状，位于背侧后部

- 喙部和喉部为白色，从呼吸孔后部包括喙部到背鳍有白色到灰色的"条纹状标记"

- 在生殖部位以及尾鳍后边缘有白色的标记

解剖学特征

该种是中喙鲸属中体形最大，且体色最醒目的物种之一。黑白色的体色十分醒目和容易辨识。长齿中喙鲸的额隆凸出，呈黑色，还有一个黑色的"面具"。喙部以及喉部为白色。从呼吸孔后侧直至背鳍有一个灰白色的条带（"条纹状标记"），在生殖部位以及尾鳍的后边缘有白色的标记。它的名字来源于成年雄性下颌的两颗凸出的牙齿（"长齿"），牙齿向后呈45°倾斜，指向额隆。这些牙齿经常外表面附着着棕绿色的硅藻（藻类），使其相对不那么明显。

行为

长齿中喙鲸会群集2—6头个体的小群体。由于它们很少出现并被辨识，因此对于它们的行为几乎一无所知。

食物和觅食

长齿中喙鲸主要以各种小型海洋性枪乌贼为食。有趣的是，即使成年雄性完全凸出的牙齿会限制它们的开口程度，但它们仍会与雌性和幼鲸进食相同大小的食物。此外，更有趣的是这些体形较大的喙鲸竟会以体形非常小的猎物为食（枪乌贼体重小于100克），类似于斑海豚等小型海豚的食性。

生活史

对该种的生活史一无所知。

保育和管理

目前暂无对长齿中喙鲸丰富度的估计。但是，基于对非洲南部搁浅数据的研究，它们可能在其分布范围内非常常见。它们从未被大量地猎捕，也很少有误捕事件的发生。与其他喙鲸相同，在其分布范围内很容易受到流网误捕的影响，也会受到军用声呐所造成的水下噪声的危害。

雄性

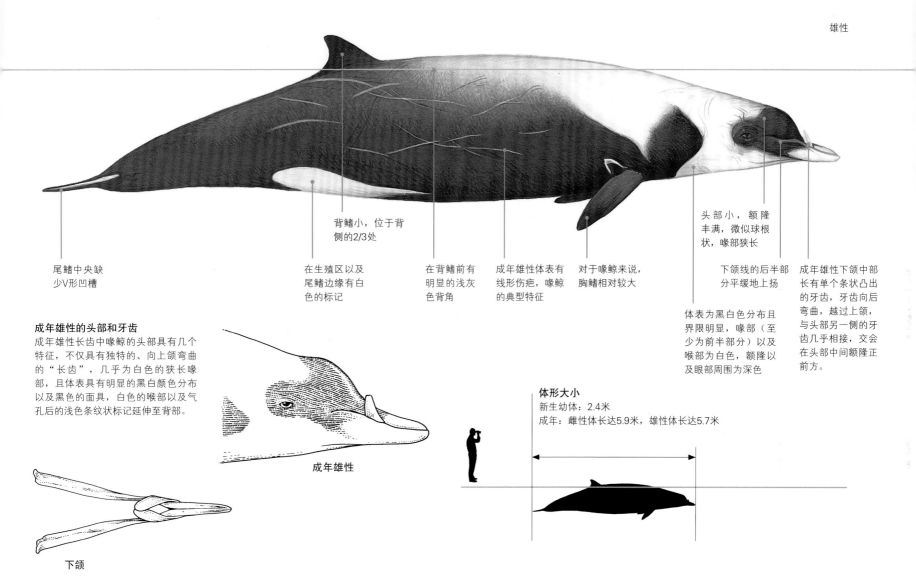

尾鳍中央缺
少V形凹槽

背鳍小，位于背
侧的2/3处

在生殖区以及
尾鳍边缘有白
色的标记

在背鳍前有
明显的浅灰
色背角

成年雄性体表有
线形伤疤，喙鲸
的典型特征

对于喙鲸来说，
胸鳍相对较大

头部小，额隆
丰满，微似球根
状，喙部狭长

下颌线的后半部
分平缓地上扬

体表为黑白色分布且
界限明显，喙部（至
少为前半部分）以及
喉部为白色，额隆以
及眼部周围为深色

成年雄性下颌中部
长有单个条状凸出
的牙齿，牙齿向后
弯曲，越过上颌，
与头部另一侧的牙
齿几乎相接，交会
在头部中间额隆正
前方。

成年雄性的头部和牙齿
成年雄性长齿中喙鲸的头部具有几个
特征，不仅具有独特的、向上颌弯曲
的"长齿"，几乎为白色的狭长喙
部，且体表具有明显的黑白颜色分布
以及黑色的面具，白色的喉部以及气
孔后的浅色条纹状标记延伸至背部。

成年雄性

下颌

体形大小
新生幼体：2.4米
成年：雌性性体长达5.9米，雄性体长达5.7米

潜水序列
1.在海况较好时，在一头长齿
中喙鲸出水的过程中，观察者
可能有机会快速一瞥其白色的
喙部以及球根状额隆。当条件
合适时，有可能可以观测到其
气柱——低矮且浓密。

2.当其在海表活动时，部分喙
部仍保持在水面之上。成年雄
性的长牙位于喙部后并向背侧
倾斜，但是由于牙齿上通常附
有棕绿色的硅藻，因此极易被
忽略。长牙上附着的藤壶可能
会引起人们的注意，看起来像
柔软的海藻。

3.其出水过程大体与其他中
喙鲸相同，小型镰状背鳍
位于身体后部。

4.当背部弓起时，
小背鳍更为明显。

5.最后，当其下潜至
水下时，仅背鳍和背
侧后部露出水面。

初氏中喙鲸

科名： 喙鲸科

拉丁名： *Mesoplodon mirus*

别名： 无

分类： 分布在北大西洋和南半球的初氏中喙鲸在地理分布上，甚至形态上都有所差异（这显示它们为独立的种群，甚至可能分为两个不同的亚种）

近似物种： 与梭氏中喙鲸的亲缘关系最近，在海上很难辨识初氏中喙鲸，除非成年雄性体表有明显的斑点（下颌牙齿尖端处会露在外面，且其头部有独特的颜色分布）

初生幼体体重： 未知

成体体重： 雄性至少1020千克，雌性1400千克

食性： 枪乌贼和鱼类

群体大小： 较小，多数时间少于10头

主要威胁： 分布范围内使用远洋流刺网或延绳钓具所造成的误捕

IUCN濒危等级： 数据缺乏

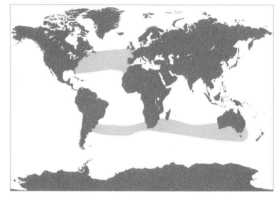

分布范围和栖息地　以前认为该物种只栖息在北大西洋，如今了解到初氏中喙鲸也会在南半球活动，特别是南大西洋。虽然它们曾在亚热带大西洋海域活动，例如巴哈马、佛罗里达、加那利群岛以及巴西东南部海域被记录到，但通常被认为是非热带物种。

物种识别特征：

- 额隆丰满倾斜地承接到相对较短的喙部——有时与海豚相似

- 雄性喙部前端牙齿（长牙）外露可见

- 背鳍小，呈三角形或镰状，位于背侧后部

- 北大西洋和南半球的种群色分布有所差异，但均为上侧呈深色，眼部周围呈深色，喉部为白色且一直延伸至头部侧面

- 南半球个体有一个独特的灰白色的条带，在背鳍前面向背部扩展，扩散到整个身体的后1/4

解剖学特征

该种体形健硕，两端呈锥形。额隆丰满，流畅地承接到喙部。喙部相对较短，唇线后部上扬。成年雄性下颌前端的两颗牙齿外露。背鳍不大，但形状多变，从三角形到镰状甚至钩状。栖息于北大西洋和南半球的物种体色间有所差异。经观察，在美国东海岸的群体上侧呈灰偏棕色，下腹侧为苍白色，其深色的背鳍与浅灰色的身体形成了强烈的对比。南半球的该物种则在背鳍前端沿着中线有一个灰白色的条带，扩散到整个身体的后四分之一。

行为

据记载，在海上很少目击到初氏中喙鲸，且观察到的均为小型群体，即只有1—3头个体。气柱低矮，呈柱状，但在大多数海况下不可见。这些鲸会经常跃出水面，用腹部或侧面着水（可每间隔20—60秒进行一次跃出水面，连续跃出水面24次）。

食物和觅食

搁浅个体的胃容物显示，初氏中喙鲸主食枪乌贼和鱼类。所有在北大西洋的目击记录均在水深超过1000米的海域，因此极有可能初氏中喙鲸是深潜物种。

生活史

基于搁浅的雌鲸、幼崽以及胎儿的数据显示，该种的妊娠期约为430天，哺乳期至少为300天。生产间隔为2年左右而非1年。

保育和管理

对于初氏中喙鲸最主要的威胁可能是在其活动区域被缠在流网和多钩长线中。该鲸种同其他喙鲸一样，可能会受到噪声的影响，特别是地震探测和军用声呐。

雄性

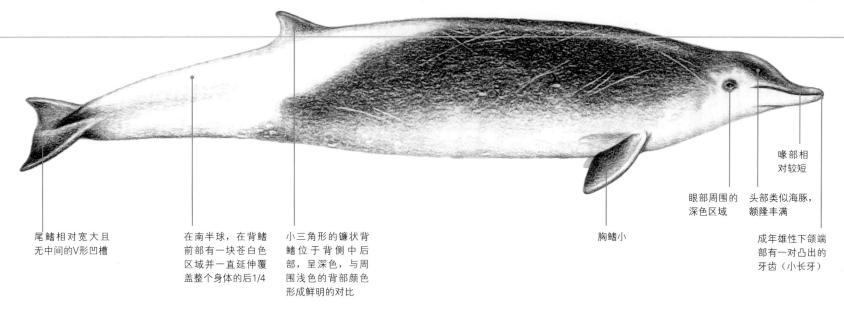

尾鳍相对宽大且
无中间的V形凹槽

在南半球，在背鳍
前部有一块苍白色
区域并一直延伸覆
盖整个身体的后1/4

小三角形的镰状背
鳍位于背侧中后
部，呈深色，与周
围浅色的背部颜色
形成鲜明的对比

胸鳍小

眼部周围的
深色区域

头部类似海豚，
额隆丰满

喙部相
对较短

成年雄性下颌端
部有一对凸出的
牙齿（小长牙）

成年雄性头部特征
初氏中喙鲸头部类似于海豚，拥有
一个丰满的额隆并平滑地倾斜承接
到相对较短的喙部。仅成年雄性下
颌端部的牙齿会外露。其唇线会向
后微微上扬——在某种程度上也与
海豚十分相似。

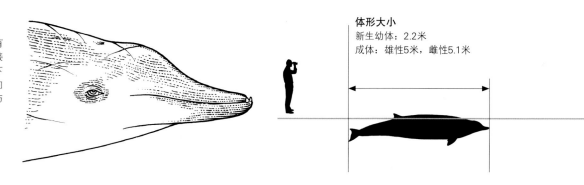

体形大小
新生幼体：2.2米
成体：雄性5米，雌性5.1米

潜水序列
1.在一次典型的出水过
程中，喙部与额隆会
首先露出水面。

2.在头部眼睛以上部位仍在水面
之上的情况下，大部分背部也会
随之露出水面。气柱低矮呈柱
状，但十分模糊，当其在掠过海
表时或许可以观测到。

3.气柱很快消散，
当背鳍露出水面时
已完全消散。

4.在头部浸入水下之后
弓起身体，届时仅有
背部和背鳍仍暴露在
空气中。

5.最终，整个身
体没入水中。

佩氏中喙鲸

科名: 喙鲸科

拉丁名: *Mesoplodon perrini*

别名: 无

分类: 最初于加利福尼亚海滩搁浅时被误认为贺氏中喙鲸,被成功辨识为佩氏中喙鲸后于2002年被定义为一个独立物种,与小中喙鲸的亲缘关系最近

近似物种: 与栖息在南半球的贺氏中喙鲸相似,然而二者的分布区域并不重叠

初生幼体体重: 未知

成体体重: 未知

食性: 枪乌贼

群体大小: 未知

主要威胁: 极有可能受噪声影响,特别是军用声呐;缠在刺网以及误食海洋垃圾

IUCN濒危等级: 数据缺乏

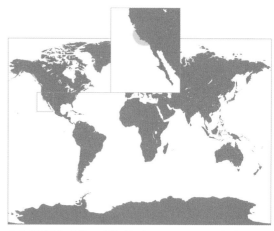

分布范围和栖息地 该物种仅出没于北太平洋东部海域。南至加利福尼亚州的圣地亚哥,北至加利福尼亚州的蒙特利均有搁浅事件的发生。它们的分布范围可能仅局限在离岸水深超过1000米的水域。

物种识别特征:
- 头部小,喙部相对较短,额隆微凸
- 唇线笔直
- 成年雄鲸的牙齿(长牙)在下颌前端露出的尖端呈三角形
- 背鳍小到中等大小,略呈镰状,位于背侧中部
- 身体上侧和眼部周围呈深色,下腹为浅色,下颌以及喉部呈白色,侧面上端以及胸鳍前端为浅灰色,从眼部到呼吸孔后端有深色的条带
- 成年雄性体表有达摩鲨的咬痕以及长线形伤痕

解剖学特征

佩氏中喙鲸的体形具有中喙鲸属的典型特征——两端较细,特别是在其相对较短的尾部。除贺氏中喙鲸以及小中喙鲸外,佩氏中喙鲸的喙部比中喙鲸属中其他的鲸种短。额隆微凸,唇线笔直。如其他喙鲸一样,佩氏中喙鲸只有一对侧向的牙齿,且只有成年雄性的牙齿会外露。佩氏中喙鲸的牙齿位于下颌前端,大体呈等腰三角形,前边缘平滑地凸起。这些外露的牙齿上可能会附着着藤壶。

行为

目前没有关于该种群体大小或行为的信息,主要是因为从未有该物种在海上确切的目击记录。成年雄性身体上的线形伤疤显示,同其他喙鲸一样,成年雄性佩氏中喙鲸偶尔会与其他雄性打斗进而在身上留下各种伤痕。

食物和觅食

依据仅有的个体胃容物信息显示,佩氏中喙鲸主要以枪乌贼为食。目前暂无法得知该种是否会进食鱼类。

生活史

对于该种的生活史信息一无所知。

保育和管理

除了明显的有限活动区域以及极有可能较低的丰富度(目前暂无该种的丰富度信息)之外,目前没有对该种生境明显的威胁。该种从未被猎捕且很少被误捕。然而,由地震探测和军用声呐所造成的水下噪声可能对该种造成潜在的威胁,此外还有在其分布范围内深水区渔具的使用以及塑料垃圾的误食。

雄性

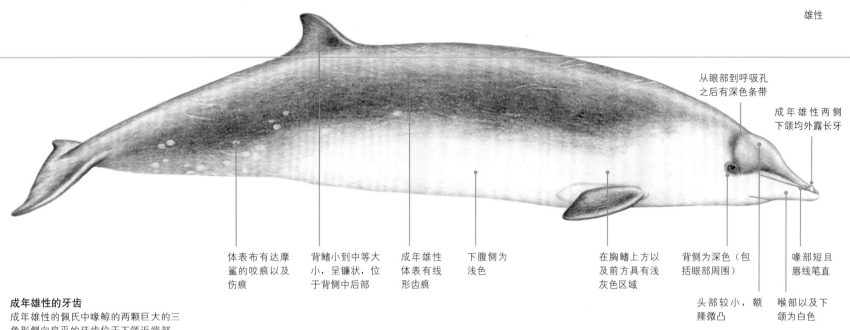

从眼部到呼吸孔
之后有深色条带

成年雄性两侧
下颌均外露长牙

体表布有达摩
鲨的咬痕以及
伤痕

背鳍小到中等大
小，呈镰状，位
于背侧中后部

成年雄性
体表有线
形齿痕

下腹侧为
浅色

在胸鳍上方以
及前方具有浅
灰色区域

背侧为深色（包
括眼部周围）

喙部短且
唇线笔直

头部较小，额
隆微凸

喉部以及下
颌为白色

成年雄性的牙齿
成年雄性的佩氏中喙鲸的两颗巨大的三
角形侧向扁平的牙齿位于下颌近端部。
同其他喙鲸一样，当闭合喙部时这两颗
牙齿仍会暴露在外面。据推测，这些鲸
类体表的长线形伤痕就是这种牙齿造
成的。

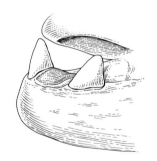

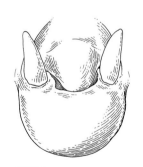

侧面图　　　　　　　正面图

体形大小
新生幼体：可能约为2米
成体：雄性3.9米，雌性4.4米

潜水序列
1.由于该鲸种从未被在海上辨
识过，因此其下潜过程主要依
据推断。然而，极有可能在出
水时，喙部会首先露出水面，
紧随其后的是其微凸的额隆。

2.在海表翻滚时，背
部露出水面。

3.背鳍小到中等大
小，呈镰状，位于背
侧中后部。

4.该类鲸几乎不会在海
面停留过多的时间或在
长时间下潜前展示空中
动作。

小中喙鲸

科名：喙鲸科

拉丁名： *Mesoplodon peruvianus*

别名：小喙鲸，秘鲁中喙鲸

分类：与另一个所知甚少的物种佩氏中喙鲸的亲缘关系最近

近似物种：与其分布范围内的其他喙鲸相似，但是成体体形小于其他喙鲸种

初生幼体体重：未知

成体体重：未知

食性：鱼类

群体大小：未知，有可能为小群体

主要威胁：缠在刺网中可能确定为一个严峻的威胁，因为大部分对于该物种的记录均死于刺网中（它们也可能对噪声敏感，尤其是军用声呐的噪声）

IUCN濒危等级：数据缺乏

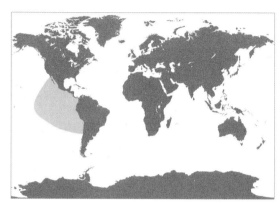

分布范围和栖息地 该物种仅出没于太平洋海域，很有可能只活动在以热带东太平洋洋盆为中心周围较为广泛的区域。曾在智利北部、秘鲁、墨西哥以及南加利福尼亚附近海域有过搁浅和误捕的记录。它们可能主要活动在水深超过1000米的离岸水域。

物种识别特征：
- 头部小，额隆微凸
- 唇线向后弓起，成年雄性下颌有长牙
- 背鳍小到中等大小，略呈镰状，位于背侧中后部
- 成年雄性背部横跨一条宽阔的白色条带
- 身体侧面以及尾部满布伤痕
- 成年雌性体色均一，通常为灰色到棕色，体表有少量的伤痕

解剖学特征

该物种为体形最小的喙鲸，具有中喙鲸属的典型特征——两端较细，特别是在其相对较短的尾部。除了贺氏中喙鲸以及佩氏中喙鲸，小中喙鲸的喙部在比例上短于中喙鲸属中的多数物种。额隆位于呼吸孔前，微凸，平滑地承接到短喙部。雌性和雄性的唇线均向上弯曲，雄性的弯曲度更大。同其他中喙鲸一样，它们只有一对侧向的牙齿，且只有成年雄性的牙齿会外露。在下颌中部后侧凸起处有外露的牙齿或长牙，牙齿前倾，延伸至喙部顶端。

行为

目前没有关于该种群体大小或行为的信息，主要是因为从未有该物种在海上确切的目击记录以及成年雄性身体上的线形的伤疤显示，同其他喙鲸一样，成年雄性小中喙鲸偶尔会与其他雄性打斗进而在身上留下各种伤痕。

食物和觅食

依据仅有的胃容物信息显示，至少在部分区域小中喙鲸主要以深水或中水层小型鱼类为食。它们可能也会进食枪乌贼，但目前还无法确定。

生活史

对于该种的生活史信息一无所知。

保育和管理

虽然目前没有对小中喙鲸丰富度的估计，但有可能该物种在其分布范围内（加利福尼亚的南部湾流以及美国中部的离岸水域）非常常见。秘鲁的误捕记录显示，它们受刺网（在其分布范围内广泛使用）的影响较大。小中喙鲸暂无被猎捕记录。虽然没有关于该物种大规模搁浅的报道，但是同其他喙鲸一样，它们很有可能会受到地震探测以及军用声呐所造成的水下噪声的影响。

雄性

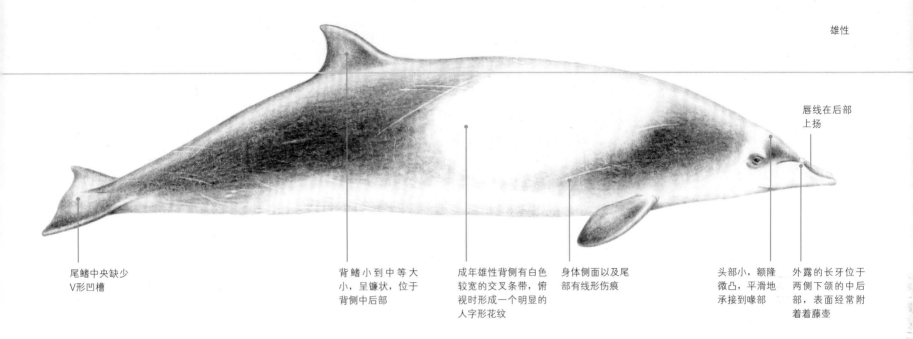

尾鳍中央缺少
V形凹槽

背鳍小到中等大
小，呈镰状，位于
背侧中后部

成年雄性背侧有白色
较宽的交叉条带，俯
视时形成一个明显的
人字形花纹

身体侧面以及尾
部有线形伤痕

头部小，额隆
微凸，平滑地
承接到喙部

外露的长牙位于
两侧下颌的中后
部，表面经常附
着着藤壶

唇线在后部
上扬

成年雄性头部特征

从成年雄性小中喙鲸的头部示意图可
以看出，其下颌明显上弯，在下颌中
后部凸出的长牙向前倾斜，并可以超
出喙部的高度，极有可能被用作一种
雄性间打斗的武器或向潜在的交配对
象发送性成熟的信号。

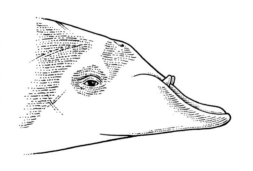

体形大小
新生幼体：1.6米
成体：3.9米

潜水序列

1.小中喙鲸在出水时通常不会显露
出过多的特征。其气柱十分模糊，
如果气柱可见，则在多数情况下倾
斜的额隆以及喙部小部分仅会短暂
地露出水面。

2.头部浸入水下，
仅背部仍露在水面
之上。

3.随后，小到中等大
小的、镰状或钩状的
背鳍也会露出水面。

4.当其在海表弓起
身体时，背鳍仍
露出水面。

5.最后，它们会潜
入水下，通常不会
将尾鳍露出水面。

史氏中喙鲸

科名：喙鲸科

拉丁名：*Mesoplodon stejnegeri*

别名：军刀齿喙鲸，白令海喙鲸

分类：无已知亚种以及任何关于具有隔离性种群的信息

近似物种：在白令海，史氏中喙鲸是唯一一个可能会遇见的中喙鲸属物种（贝氏喙鲸或柯氏喙鲸可能会在史氏中喙鲸的分布范围内出现，但贝氏喙鲸的体形较大且喙部较长，柯氏喙鲸则喙部较短，因此不会很难区分）

初生幼体体重：未知

成体体重：未知

食性：至少两科的深水枪乌贼（鳞乌贼科以及小头乌贼科）

群体大小：3—4头，有时可以多达15头

主要威胁：偶尔会有在日本海域被猎杀或被缠在刺网中的记录，水下噪声的潜在影响以及误食海洋垃圾

IUCN濒危等级：数据缺乏

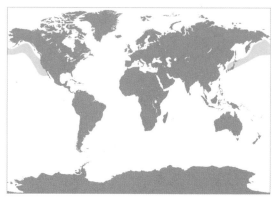

分布范围和栖息地 该物种仅出没于北太平洋亚极地和冷温带海域以及白令海。搁浅记录显示在阿留申群岛周围海域、白令海西南侧的深水区以及日本海，该种的丰富度较高。南到南加利福尼亚州东侧以及本州（日本）西侧仍有搁浅以及被缠在刺网中的事件发生。

物种识别特征：

- 典型的中喙鲸属特征——小胸鳍，小且略弯曲的背鳍，位于背侧中部

- 喙部呈锥状，额隆与喙部间相接平滑

- 成年雄性的唇线微微弓起，在两侧喙部的弓起处有明显前倾的长牙

- 深色的"颅盖"从喙部向下延伸至眼部周围，使其具有一个"头盔"的形象

- 除了下颌以及喉部之外，成年雄性身体呈深灰到黑色，体表布满伤痕。雌性和幼鲸上侧为深色，下腹侧以及下颌和喉部为浅色

解剖学特征

该物种最显著的特点是成年雄性的外形。额隆扁平，流畅地承接到喙部。其下颌弓起，为尖头、前倾的牙齿提供平台。同哈氏中喙鲸一样，在闭合喙部时，这些牙齿会凸出延伸至喙部之上。体色为深灰到黑色，胸鳍前端下侧为浅色调。一个深色的"帽子"从喙部一直延伸至眼部周围。雌性的尾鳍下侧经常有异常的白色图纹。

行为

史氏中喙鲸会以三五成群的形式出现，多时可群集15头个体。在阿留申群岛4头雌性史氏中喙鲸搁浅的事件在一定程度上显示了群体的性别隔离。体表大量的伤痕以及其牙齿和面部结构显示，成年雄性间会进行打斗，可能是为了争夺群体的统治权或与雌性的交配权。

食物和觅食

目前的研究大体是基于对搁浅个体胃容物的分析。这些鲸类主要以深水枪乌贼为食。从可辨别的枪乌贼种的习性得知，史氏中喙鲸会下潜到200米深的水层进食。

生活史

通过对雄性牙齿齿层的分析，其寿命在36年以上。对于搁浅数据的分析指出，繁殖季主要集中在春季。这种鲸类会在冬季和春季向南迁徙。在阿留申群岛发现的个体身上的达摩鲨的咬痕表明它们会在温水区停留一段时间。

保育和管理

较少的目击显示这些鲸类的数量并不多。它们曾被困在流网致死。由军用声呐和地震探测所造成的水下噪声对史氏中喙鲸也是一个威胁。曾发生在阿留申群岛的集体搁浅事件显示——除非暴露在军用声呐的干扰范围内，否则喙鲸一般不会发生集体搁浅事件。

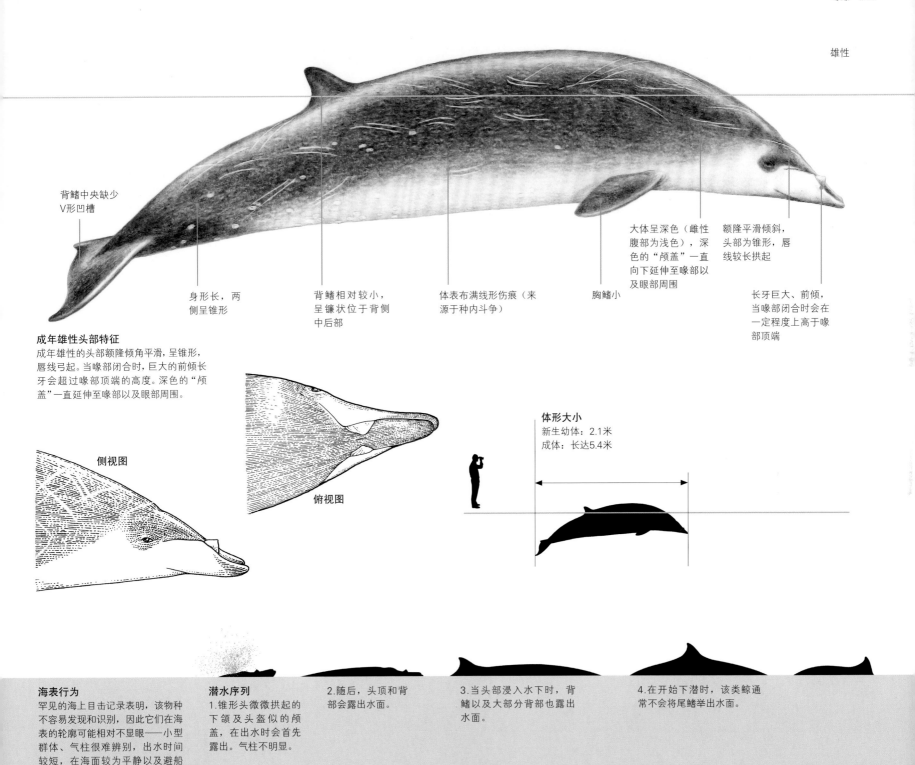

雄性

背鳍中央缺少V形凹槽

身形长，两侧呈锥形

背鳍相对较小，呈镰状位于背侧中后部

体表布满线形伤痕（来源于种内斗争）

胸鳍小

大体呈深色（雌性腹部为浅色），深色的"颅盖"一直向下延伸至喙部以及眼部周围

额隆平滑倾斜，头部为锥形，唇线较长拱起

长牙巨大、前倾，当喙部闭合时会在一定程度上高于喙部顶端

成年雄性头部特征
成年雄性的头部额隆倾角平滑，呈锥形，唇线弓起。当喙部闭合时，巨大的前倾长牙会超过喙部顶端的高度。深色的"颅盖"一直延伸至喙部以及眼部周围。

侧视图

俯视图

体形大小
新生幼体：2.1米
成体：长达5.4米

海表行为
罕见的海上目击记录表明，该物种不容易发现和识别，因此它们在海表的轮廓可能相对不显眼——小型群体、气柱很难辨别，出水时间较短，在海面较为平静以及避船等原因。

潜水序列
1.锥形头微微拱起的下颌及头盔似的颅盖，在出水时会首先露出。气柱不明显。

2.随后，头顶和背部会露出水面。

3.当头部浸入水下时，背鳍以及大部分背部也露出水面。

4.在开始下潜时，该类鲸通常不会将尾鳍举出水面。

铲齿中喙鲸

科名：喙鲸科

拉丁名：*Mesoplodon traversii*

别名：无

分类：尽管铲齿中喙鲸的第一个标本在1874年首次被发现时就被归为一个独立的属，但这个物种到最近才被大量描述

近似物种：成年铲齿中喙鲸的外形与哥氏中喙鲸以及长齿中喙鲸（莱氏喙鲸）相似

初生幼体体重：未知

成体体重：未知

食性：未知，但极有可能与其他中喙鲸相似，进食深水枪乌贼和鱼类

群体大小：未知

主要威胁：未知

IUCN濒危等级：数据缺乏

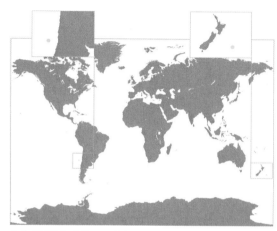

分布范围和栖息地　迄今为止，该物种只出现在南太平洋中纬度海域（智利和新西兰）。无法确认关于其栖息地的任何信息，但是几乎可以确定的是该种为深海物种。

物种识别特征：

- 具有其属内小角度出水的典型特征：喙部相对较长，偶尔可见
- 背鳍位于背侧后部，呈镰状，中等大小
- 成年雌性体色：腹部和侧面呈白色，白色区域一直延伸至胸鳍以及面部两侧，背侧表面及其凸出的额隆、喙部均为深灰色或黑色，且眼部有一个黑色斑块
- 基于一张腐烂的幼年铲齿中喙鲸尸体的照片显示，幼年和成年雄性的体色大体与成年雌鲸相似

解剖学特征

迄今为止，只有4个铲齿中喙鲸的存在记录，其中两个是通过头骨碎片进行辨识，一个则是通过下颌牙齿（成年雄性）进行辨识，最近一起是搁浅在新西兰的两头铲齿中喙鲸（一头成年雌性，另一头为处于幼年状态的雄性）。一头刚成年的雌性的头部轮廓照片显示其具有凸出丰满的额隆以及中等长度的喙部。幼年雄性个体的轮廓显示，其额隆相比成年雌性要扁平得多，角度平缓延伸至喙部。与其属内其他物种相同，成年雄性的牙齿会露在牙龈之外，甚至可以在喙部闭合时仍露在外面。

行为

因为该种从未在海上被目击或辨识，目前对于该种行为的任何信息都不确定。据推断，它们不会集成大型群体并主要活动在离岸水域。

食物和觅食

关于该物种的食性以及觅食行为一无所知，但是可以合理地推断，铲齿中喙鲸与其他喙鲸都在深水区觅食，并主要以枪乌贼和鱼类为食。

生活史

对于这个极其罕见且了解甚少的物种的生活史信息一无所知。

保育和管理

对于这个极其罕见且了解甚少的物种，目前无法确定该种所面临的威胁或提出对于该种保护的适当举措。

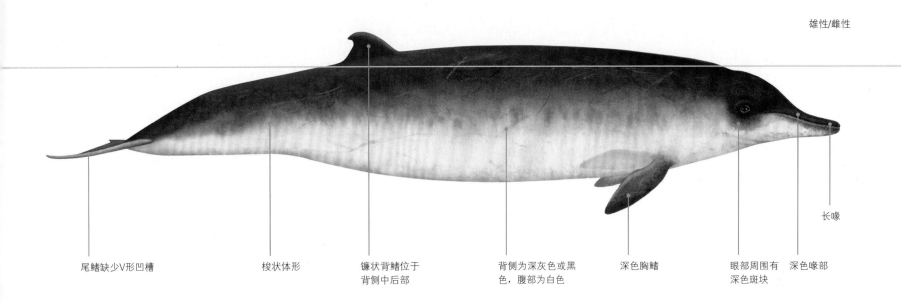

雄性/雌性

尾鳍缺少V形凹槽

梭状体形

镰状背鳍位于
背侧中后部

背侧为深灰色或黑
色，腹部为白色

深色胸鳍

眼部周围有
深色斑块

深色喙部

长喙

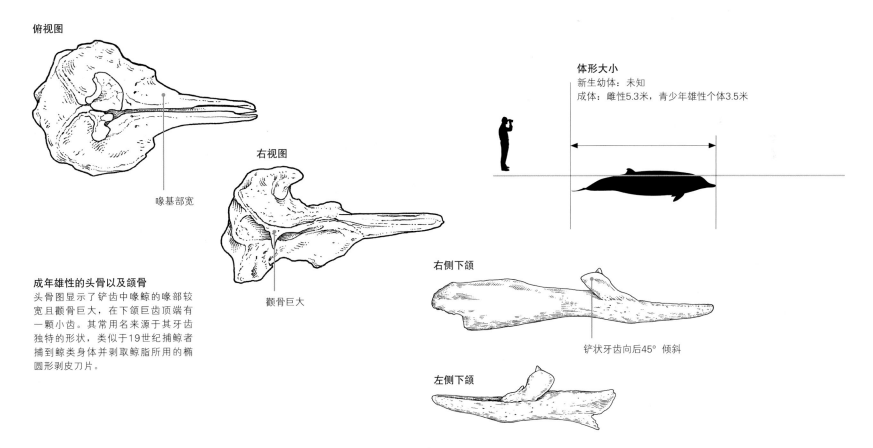

俯视图

喙基部宽

右视图

颧骨巨大

成年雄性的头骨以及颌骨
头骨图显示了铲齿中喙鲸的喙部较
宽且颧骨巨大，在下颌巨齿顶端有
一颗小齿。其常用名来源于其牙齿
独特的形状，类似于19世纪捕鲸者
捕到鲸类身体并剥取鲸脂所用的椭
圆形剥皮刀片。

体形大小
新生幼体：未知
成体：雌性5.3米，青少年雄性个体3.5米

右侧下颌

铲状牙齿向后45°倾斜

左侧下颌

谢氏喙鲸

科名： 喙鲸科

拉丁名： *Tasmacetus shepherdi*

别名： 塔斯曼鲸，塔斯曼喙鲸

分类： 其独特的齿系以及上下颌都有的牙齿使得谢氏喙鲸在喙鲸科中非常特别，且无已知亚种

近似物种： 可能会与其分布范围内的其他大型喙鲸相混淆，但是在观测情况较好时，可以通过其体色花纹以及其头部特点（深色长喙部与浅色额隆）进行区分

初生幼体体重： 未知

成体体重： 未知

食性： 枪乌贼和底栖鱼类

群体大小： 小群体，通常为3—6头

主要威胁： 暂无确认的威胁，可能的威胁包括噪声（特别是军用声呐的噪声）、渔具或垃圾缠绕、误食海洋垃圾

IUCN濒危等级： 数据缺乏

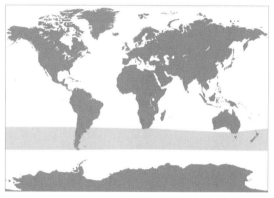

分布范围和栖息地 该物种在南半球南纬30°至南纬55°的冷温带具有广泛的分布。据观察，它们曾出现在水深几百到几千英尺的水域。大部分的搁浅事件发生在新西兰，在特里斯塔–达库尼亚群岛、戈夫岛以及新西兰北侧海域和澳大利亚南侧海域曾目击到谢氏喙鲸个体。

物种识别特征：

- 体形健硕，具有喙鲸典型的外形呈一对向前辐合的喉部褶沟，两侧小胸鳍侧面位置较低，尾鳍中央缺少V形凹槽，背鳍呈镰状（与海豚背鳍相似），位于背侧中后部

- 喙部非常长，分界明显，端部很尖

- 额隆凸出丰满，相比喙鲸属的其他物种，其额隆与瓶鼻鲸更为相似

- 成年雄性下颌端部的两颗巨齿外露但几乎不可见，且两性的上下颌均有成列的牙齿

- 其喙部以及眼部周围呈深色，额隆为浅白色，肩部为偏白到浅灰色，侧腹部的斑块延伸至白色的腹部

解剖学特征

20世纪80年代之前，所有的谢氏喙鲸相关信息均来自搁浅个体，从未拍摄到或检验过活体或新搁浅的标本以提供其外表的基本信息。谢氏喙鲸的体色花纹如今已被人们所熟知，且雌性和雄性以及老年和幼年鲸的体表花纹相同。由于该种的上下颌均有满口的功能性牙齿（上颌17—21对，下颌22—28对），以及在成年雄性下颌端部外露的较大的牙齿（但并不明显），因此谢氏喙鲸在喙鲸中十分特别。其喙部分界明显，会随着年龄增长而有明显的增长。成年雄性体表会因彼此间打斗而造成线形的伤痕。

行为

该物种较少被目击，从空中可以观察到其喷出的气柱，但从船上观测，气柱几乎不可见。谢氏喙鲸通常会群集3—6头个体组成小型群体。它们不会展示空中行为，例如跃身击浪或用尾叶击水。部分情况下，它们会在表面游弋时将喙部完全露出水面。

食物和觅食

关于谢氏喙鲸食性的信息来源于对两头搁浅个体胃容物的分析。其中一头个体主要以底栖鱼类为食，而另一头则为枪乌贼。对其下潜行为一无所知，但鉴于其离岸分布，该物种极有可能是适应性深潜者。

生活史

对该种的生活史一无所知。

保育和管理

谢氏喙鲸从未在其分布范围内被大尺度猎杀。同其他喙鲸一样，它们可能会受到离岸石油、天然气开采与军事活动所产生的噪声的干扰，以及误食海洋垃圾。

雄性

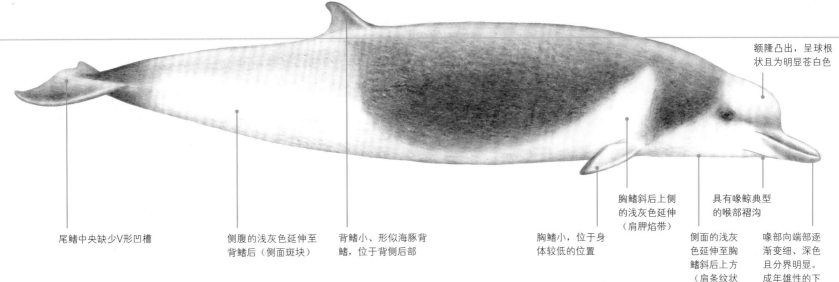

额隆凸出，呈球根状且为明显苍白色

尾鳍中央缺少V形凹槽

侧腹的浅灰色延伸至背鳍后（侧面斑块）

背鳍小、形似海豚背鳍，位于背侧后部

胸鳍小，位于身体较低的位置

胸鳍斜后上侧的浅灰色延伸（肩胛焰带）

具有喙鲸典型的喉部褶沟

侧面的浅灰色延伸至胸鳍斜后上方（肩条纹状标记）

喙部向端部逐渐变细、深色且分界明显。成年雄性的下颌端部有突出的牙齿，且上下颌均有成排的功能性牙齿

成年雄性头部特征
成年雄性（以及雌性）的喙部非常长且分界明显，额隆（前额）呈球根状。喙部以及眼部周围为深色，额隆为苍白色，喉部为白色且一直延伸至眼部的高度。下颌端部有两颗凸出的牙齿（仅限成年雄性），但并不明显。

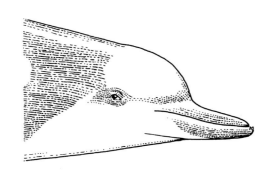

体形大小
新生幼体：约3米
成体：6.6—6.8米

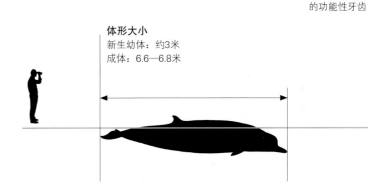

潜水序列
1.喙部出水时与水面会形成约40°角，额隆凸出，相对陡峭。气柱几乎不可见，在海表时通常观察不到。

2.在海表翻滚时，喙部和额隆可见。

3.背鳍小，形似海豚背鳍，位于背侧后部，会露出水面。

4.背部弓起，背鳍更为凸出，而同时额隆降至水面以下。

5.在最终下潜前会在近水面做一系列的尝试性潜水，不太可能会将尾鳍露出水面。观察记录显示这些鲸通常不会展示空中行为——然而由于观察记录较少，该结论并不确定。

柯氏喙鲸

科名： 喙鲸科

拉丁名： *Ziphius cavirostris*

别名： 鹅喙鲸

分类： 为其属内唯一的物种，无已知亚种，极有可能存在有差异的种群

近似物种： 容易与其他相同体形大小的喙鲸相混淆，特别是雌性和青少年喙鲸个体（相对较短的喙部可以用于区分柯氏喙鲸与其他喙鲸种）

初生幼体体重： 250—300千克

成体体重： 2200—2900千克

食性： 主食深海枪乌贼，也会进食一些鱼类和虾类

群体大小： 小群体，通常为3—4头，偶尔会多达10头

主要威胁： 噪声尤其是军用声呐的噪声，渔具或垃圾缠绕，误食海洋垃圾

IUCN濒危等级： 在全球范围内近危，但地中海亚种群为易危

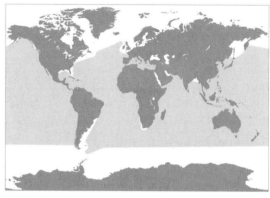

分布范围和栖息地　该物种具有全球性分布，从冷温带到热带水域。它们主要出现在水深超过1000米的陆坡或岛坡水域。

物种识别特征：

- 具有许多喙鲸的典型特征：小型镰状（弯曲）背鳍，位于背侧的2/3处，胸鳍位于体侧凹陷处，尾鳍相对比例较大，中央缺少V形凹槽，喉部的褶沟呈V字形

- 喙部相对较短，具有明显上扬的唇线——其头部的轮廓会使人联想到鹅的喙部

- 下颌前端有一对锥形前倾的牙齿，且只有成年雄性的牙齿会在闭合喙部时露在外面

- 体色呈深灰（成年雄性）到棕色偏红（成年雌性），成年雄性的头部为白色，体表有大量的达摩鲨的咬痕

解剖学特征

柯氏喙鲸体形健硕，喙部非常短，与鹅喙相似。其物种名来源于鼻骨前颅骨顶端发育良好的盆或洞。成年雄性柯氏喙鲸，与中喙鲸属鲸类相似，其喙部骨质密集，可用于发声或雄性间的打斗。

行为

它们通常集群3—4头个体形成一个小型群体，偶尔可见超过10头的群体或单独行动的个体。群体中的成员会一同下潜约1个小时，有时甚至更长。群体较为稳定，尤其是那些由成年雄性组成的群体，并活动在相对较小的范围内。

食物和觅食

虽然它们通常被认为是枪乌贼的专食者，但柯氏喙鲸为随机进食者，捕食各种大洋性中深层水生物。当它们深潜猎食下潜至400—500米时，柯氏喙鲸会连续地以每秒两次的频率发出嘀嗒声。当寻找到一个猎物时，嘀嗒声的频率会加快直至变成嗡嗡声。随后，它们会在上升至海面的过程中减慢发声频率并一直保持安静直至下一次深潜。

生活史

对该物种的生活史几乎一无所知。据推断，雌性在体长平均达到5.8米时达到性成熟，雄性则为5.5米。

保育和管理

基于其广泛的地理分布以及搁浅数量和海上目击情况推断，该物种可能是世界上数量最多的喙鲸种。对于该物种最大的威胁为强烈的中频率军用声呐的使用，也正是这个原因造成了许多柯氏喙鲸以及其他喙鲸集体搁浅的事件。在加利福尼亚离岸海域流网捕鱼业中声波发生器的使用有效地减少了喙鲸的误捕率。

雄性

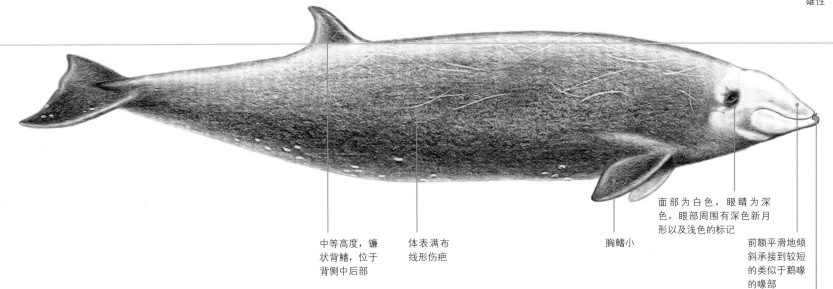

中等高度，镰
状背鳍，位于
背侧中后部

体表满布
线形伤疤

胸鳍小

面部为白色，眼睛为深
色，眼部周围有深色新月
形以及浅色的标记

前额平滑地倾
斜承接到较短
的类似于鹅喙
的喙部

下颌端部有两对
外凸的牙齿（经
常附着着藤壶）

成年头部外部

成年雄性可以通过其头部前端的白色区域（通
常延伸至颈部上表面）以及下颌两颗前倾的牙
齿进行辨识。成年雌性无外凸的牙齿，体色相
对柔和，颜色花纹十分复杂，包括眼部周围深
色区域以及浅色的涡状区域。

雌性

雄性

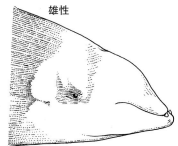

体形大小
新生幼体：2.7米
成体：平均体长6.1米，可达6.9米

潜水序列

1.较短的喙部和头部会首
先露出水面。随后喷出低
矮、浓密的气柱。

2.头部在此入水后，通常满
布伤疤的背部以及高耸镰状
的背鳍会露出水面。

3.这些鲸不会在下潜时将尾
鳍露出水面，且很少跃身击
浪。通常只能在平静海况下
观察到它们。

齿鲸类

淡水豚（河流性海豚）

淡水豚由分属4种不同科的小体形鲸类组成。虽然拉河豚栖息在海水河口以及近岸栖息地，但多数的淡水豚种栖息在南美以及亚洲的淡水河流中。这些海豚体长2—3米，具有细长的喙部。尽管它们的生理结构以及栖息环境相似，但是淡水豚间的亲缘关系并不近。

- 淡水豚的皮肤颜色较多变，包括灰色、黑色、棕色、黄色、白色以及粉色。体表颜色通常会随着年龄而变化。

- 淡水豚喜欢生活在可见度较低的浑水中。因此，多数淡水豚均眼睛较小且视力较差。恒河豚缺少晶状体，眼睛很有可能被用作一种感光器官。所有的物种都利用回声定位系统导航，而亚河豚则利用其鼻子上的胡须或触须指引它们在浑水中游弋。

- 淡水豚主要以鱼类为食，少数个体也会进食甲壳类、软体动物甚至乌龟。

- 与多数齿鲸不同，淡水豚的颈部椎骨并未连在一起，因而增加了其颈部的灵活性。特别是亚河豚利用其灵活的颈部在洪水淹没的森林中穿梭。

- 栖息在河流的物种通常喜欢独自行动或集成小型松散的群体。那些栖息在河口以及沿岸水域的物种例如拉河豚，则会聚集超过10—20头。但它们的群体不会出现类似于海洋性海豚那样的超大群体。

- 所有的淡水豚种均在保护名单上，恒河豚目前被归类为濒危物种。而白鱀豚目前已被列为功能性灭绝，意味着已没有该种的野生种群存在。自2004年起，就没有人见过白鱀豚的踪迹。其他淡水豚均处于易危到灭绝之间或对于该种的研究太少以至于无法准确地评估其保护状态。

淡水豚特征

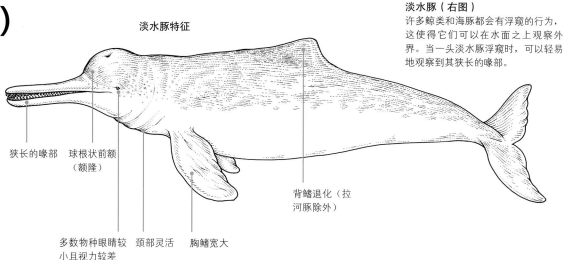

狭长的喙部　　球根状前额（额隆）

多数物种眼睛较小且视力较差　　颈部灵活　　胸鳍宽大

背鳍退化（拉河豚除外）

淡水豚（右图）
许多鲸类和海豚都会有浮窥的行为，这使得它们可以在水面之上观察外界。当一头淡水豚浮窥时，可以轻易地观察到其狭长的喙部。

头骨侧面图

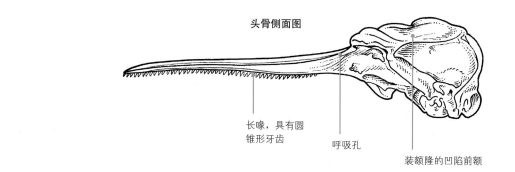

长喙，具有圆锥形牙齿

呼吸孔

装额隆的凹陷前额

体色
淡水豚的体色和花纹有所差异。白鱀豚下腹侧为浅灰色或白色。恒河豚通常为通体棕色，但也可能为蓝灰色或灰色。亚河豚的体色则为灰色到肉粉色，并可能随时间变化体表布满斑点。

白鱀豚

科名：白鱀豚科

拉丁名：*Lipotes vexillifer*

别名：长江河豚，中国河豚

分类：与亚河豚和拉河豚的亲缘关系最近

近似物种：与长江江豚具有相同的分布区域

初生幼体体重：6千克

成体体重：雄性125千克，雌性238千克

食性：所有可食的淡水鱼类，包括鲢鱼、鲤鱼和草鱼

群体大小：通常为2—6头，偶尔会多达16头

主要威胁：栖息地丧失，内河航运，渔具，渔业资源减少以及水污染

IUCN濒危等级：极危（可能已灭绝，2017年评估）

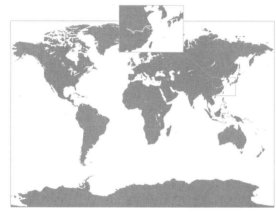

分布范围和栖息地　该物种栖息在长江主流的中下层；汛期时，可能会有个别个体进入部分支流。据记载，曾在1955年长江南部的富春江观测到部分个体。

物种识别特征：
- 喙部非常狭长，且微微上翘
- 呼吸孔为椭圆形
- 眼睛非常小
- 背鳍较低，呈三角形，位于呼吸孔后2/3体长处
- 胸鳍宽阔圆钝

解剖学特征

白鱀豚体表被反荫蔽色，背侧呈浅灰蓝色，腹侧呈灰色。成年白鱀豚的喙部狭长，而幼体的喙部则显得略钝。小眼睛位于头部偏上的位置。其上颌有62—68颗牙齿，而下颌有64—72颗。牙釉质有不规则的边缘。

行为

白鱀豚通常出没在河曲下有涡旋的逆流以及河道辐合带。它们通常集结成小群体活动。在20世纪80年代，群体中通常有2—6头个体，目击的最大群体中有16头个体。已知白鱀豚活动范围可超过200千米。

食物和觅食

白鱀豚为机会主义者，进食任何可猎食的淡水鱼类。唯一的选择条件是食物的大小，它们会选择方便吞食的鱼类。

生活史

雌性和雄性在4岁（雄性达到性成熟）之前的生长速度大体相同。在达到性成熟之后，雄性的生长速度会慢于雌性。雌性在大约6岁时到达性成熟，并会保持生长直至8岁左右。

保育和管理

尽管自20世纪80年代初以来，为保护白鱀豚做出了种种努力，但由于长江流域工业化水平快速提高导致其栖息地大规模退化，白鱀豚种群在不到20年的时间里急剧下降。

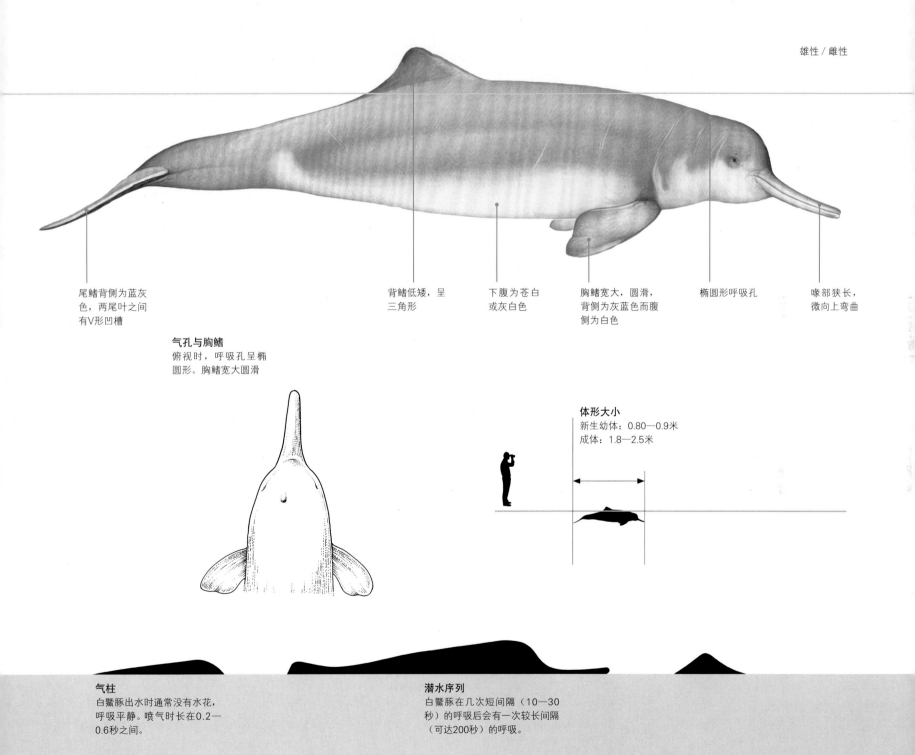

雄性 / 雌性

尾鳍背侧为蓝灰色，两尾叶之间有V形凹槽

背鳍低矮，呈三角形

下腹为苍白或灰白色

胸鳍宽大，圆滑，背侧为灰蓝色而腹侧为白色

椭圆形呼吸孔

喙部狭长，微向上弯曲

气孔与胸鳍
俯视时，呼吸孔呈椭圆形。胸鳍宽大圆滑

体形大小
新生幼体：0.80—0.9米
成体：1.8—2.5米

气柱
白鱀豚出水时通常没有水花，呼吸平静。喷气时长在0.2—0.6秒之间。

潜水序列
白鱀豚在几次短间隔（10—30秒）的呼吸后会有一次较长间隔（可达200秒）的呼吸。

拉河豚

科名：	拉河豚科
拉丁名：	*Pontoporia blainvillei*
别名：	拉普拉塔河豚
分类：	与栖息在南美北部亚河豚属的亚河豚的亲缘关系最近
近似物种：	棘鳍鼠海豚以及土库海豚
初生幼体体重：	5—6千克
成体体重：	20—40千克，雌性通常体形较大，雌性平均体重为32千克，雄性平均体重为26千克
食性：	各种小型鱼类，软体动物，鱿鱼以及虾
群体大小：	通常为2—3头，可多达30头
主要威胁：	刺网缠绕，拖网溺毙
IUCN濒危等级：	易危（2017年评估）

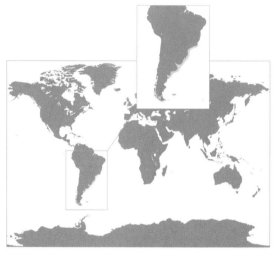

分布范围和栖息地 该物种栖息在南大西洋西部从巴西东南部到阿根廷北部的沿岸及河口——主要出现在水深超过40米的海域。

物种识别特征：
- 体形非常小，体色均一，偏棕色
- 背鳍微曲，端部圆钝
- 颈部灵活
- 胸鳍宽大有褶皱，形似手指
- 性格内向，在水表安静地游弋

解剖学特征

拉河豚与其他淡水豚外形相似。成年拉河豚的喙部细长，胸鳍宽大，背鳍小且圆钝。其喙部的相对长度会随着年龄的增长而增长，口腔内有许多小尖牙（上下颌各有约50—62对牙齿），牙齿数目在鲸类物种内名列前茅。

行为

拉河豚生活在浑浊的水体中，常以小群体出现。浮出水面时几乎没有痕迹，极少跃水或船舶逐浪。该物种有可能不会远离其出生地，活动范围小，群体为母系群体。

食物和觅食

主要在海底进行机会捕食，取食各种小型鱼类和鱿鱼，偶尔也会取食软体动物和虾（青年个体对软体动物和虾的取食更频繁）。虽然有记录称目击到拉河豚有明显的合作捕食行为，但学者认为合作捕食行为在拉河豚中不常见。

生活史

拉河豚性成熟年龄早（2—5岁），每1—2年产一崽，且相比其他海豚寿命较短。多数拉河豚寿命不会超过20年。雄性相对雌性个体体形较小，雄性睾丸较小，体表没有同类打斗伤痕（与其近亲亚河豚相比），较小的种群规模，这些特征表明拉河豚存在特殊的，也许是独有的社会结构。目前有人提出一些关于拉河豚交配以及抚幼行为的假说，但都没有证实。在其分布范围南部的拉河豚的繁育具有明显的季节性，而北部的则没有明显的季节性。

保育和管理

有数据显示，因渔业活动造成的拉河豚死亡率已经超过了其出生率，因此拉河豚种群数量一直在下降。由渔业活动造成的拉河豚个体死亡在巴西、乌拉圭、阿根廷时有发生。

雄性 / 雌性

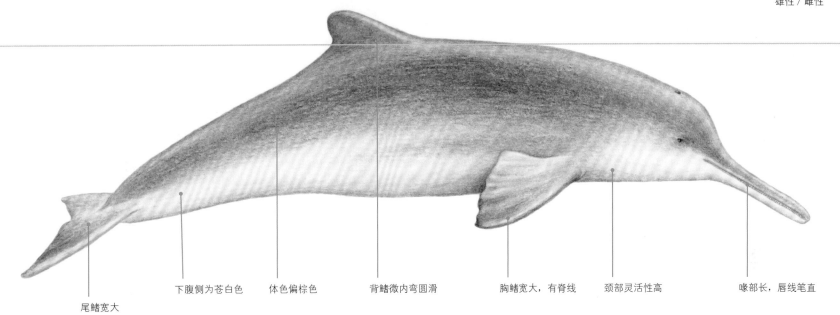

尾鳍宽大

下腹侧为苍白色

体色偏棕色

背鳍微内弯圆滑

胸鳍宽大，有脊线

颈部灵活性高

喙部长，唇线笔直

有"手指"的胸鳍

拉河豚胸鳍与其他海豚的胸鳍有较大差异，具有与"指骨"对应的脊线。这种独特的结构与拉河豚的河流起源有很大关系，虽然该物种如今全部分布于海洋中。

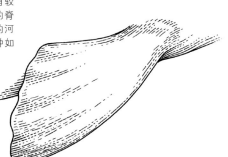

体形大小
新生幼体：0.7—0.8米
成体：雌性1.3—1.5米，雄性1.1—1.3米

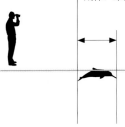

潜水序列
1.喙部以及头部首先露出水面。

2.随后背部和背鳍短暂出水。

3.最后快速入水。

亚河豚

科名：亚河豚科

拉丁名：*Inia geoffrensis*

别名：亚马孙江豚，粉海豚

分类：原先划分为亚种的I. boliviensis以及I. araguaiaensis被提升为种，但仍有
学者对此理论持怀疑态度

近似物种：拉河豚

初生幼体体重：10—13千克

成体体重：雄性体形较大，平均体重为154千克，雌性的平均体重为100千克

食性：主要是鱼类，极少取食蟹和龟

群体大小：通常为1—5头，可多达40头

主要威胁：猎捕（用作鱼饵），渔网缠绕

IUCN濒危等级：濒危（2018年评估）

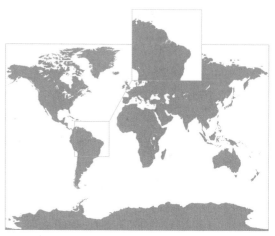

分布范围和栖息地　该物种仅活动在淡水域中，例如亚马孙河以及奥利诺克河流域的河流、湖泊、海峡以及洪溢林。它们会随着季节而移动，但不会迁徙。

物种识别特征：
- 体色为深灰色（幼崽）到亮粉色（成年雄性）
- 喙部强健，细长
- 额隆呈明显的球根状
- 长且低矮的背鳍（有时背鳍不明显，呈脊状）
- 身体和颈部灵活性较高

解剖学特征

灵活的身体、宽阔的胸鳍以及未完全愈合的颈椎使得亚河豚与其他海豚科物种区分开来。亚河豚因其雄性成年个体粉红色的外表得到了人们的关注。

行为

该物种非常适应生活在亚马孙流域的浅水区，喜在水深浅于2米的水域以及植被错综复杂的洪溢林活动。亚河豚群体通常较小，但在一些适宜环境有时可见多达40头个体的集群。亚河豚多活动在浑浊水域，主要利用回声定位系统觅食。雄性体形远大于雌性，且雄性间很有可能通过体形比较获得交配权。亚河豚独一无二的特点是会在社交—交配展示过程中使用工具，例如岩石和树杈。

食物和觅食

亚河豚的另一个独特的特点是有两种不同的牙齿——前面的牙齿呈圆锥形，用以咬住食物，而后面的牙齿则较尖锐，用于咬碎食物。这种特征使得亚河豚能够捕食具有坚硬外皮的鲶鱼，有时甚至会捕食海龟。亚河豚的食性非常广，猎物会随着季节水位上升下降而变化，水生生态随之受到不同影响。

生活史

亚河豚全年均处于繁殖期，繁殖高峰期与低水位季节相对应。幼豚出生后会与其母亲共同生活至少2年。在怀孕的同时哺育幼崽在雌性亚河豚中十分常见。因此，雌性一生大部分时间都在哺育最年幼的后代。雌性一般在7—10岁产第一胎。

保育和管理

亚河豚生活在十分接近人类活动区的水域。在过去20年内，捕猎亚河豚，将其用作作鱼饵的现象对其种群造成灾难性打击。除此之外，亚河豚还常因刺网缠绕死亡。IUCN红色名录显示，对亚河豚的种群状况还缺乏研究。这掩盖了一个几乎可以确定的事实，即在亚河豚分布范围内，其数量在持续下降。

雄性 / 雌性

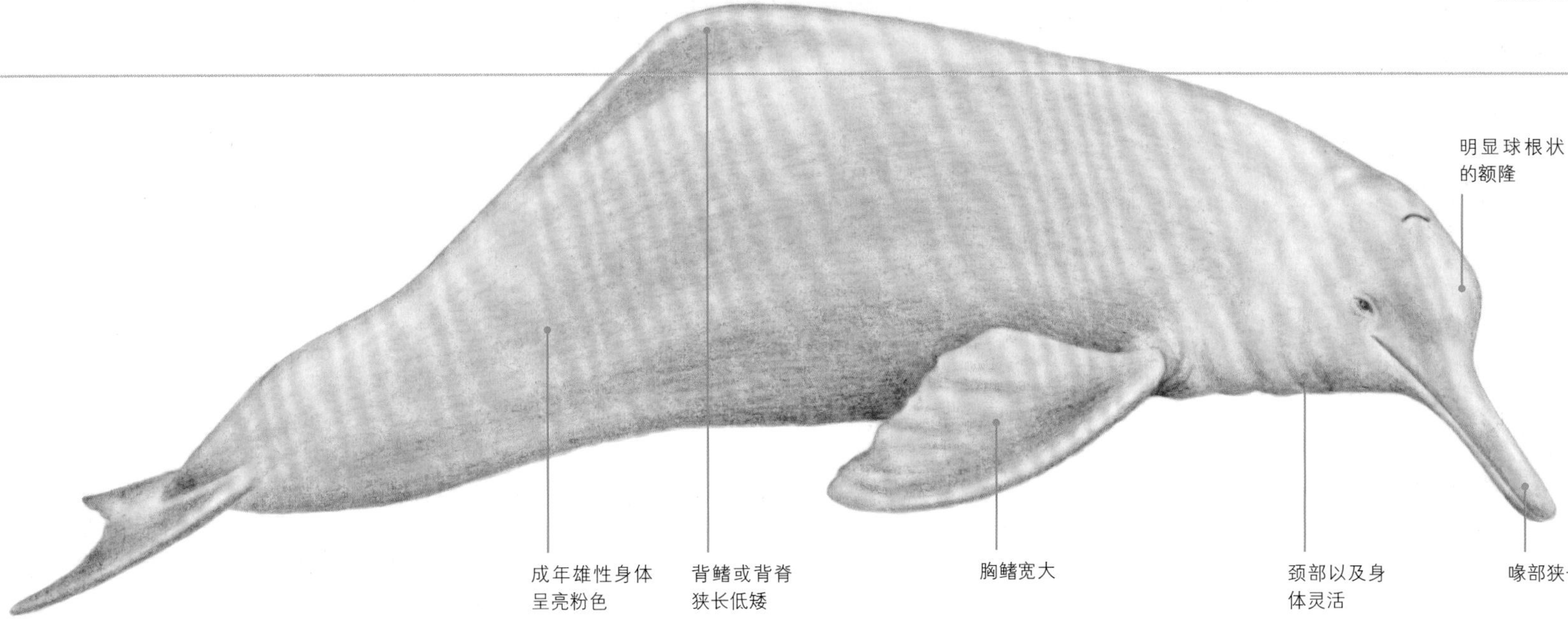

明显球根状
的额隆

成年雄性身体
呈亮粉色

背鳍或背脊
狭长低矮

胸鳍宽大

颈部以及身
体灵活

喙部狭长强健

下颌牙齿

这些海豚的上下颌均有31—36颗小型
圆锥形牙齿。其下颌后部的牙齿基部尤
其宽，这种牙齿可以增强咬合力，以便
咬碎坚硬的猎物，如各种具有厚实表皮
的鱼。

侧面图

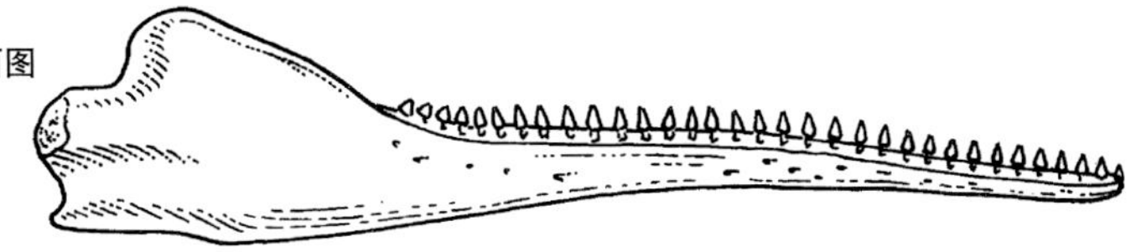

俯视图

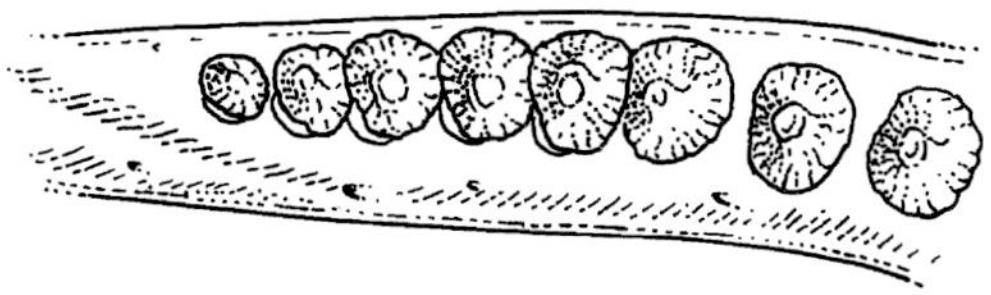

体形大小

新生幼体：0.80—0.9米

成体：1.8—2.6米

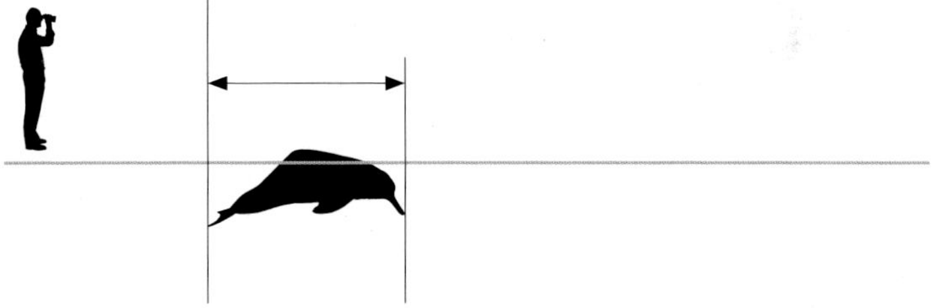

潜水序列

1.其喙部以及前额
会首先露出水面。

2.背部和背鳍露出水面。

3.下潜之前短暂弓起
背部。

4.整个下潜过程中
尾鳍始终保持在水
面以下。

恒河豚

科名：恒河豚科

拉丁名：*Platanista gangetica*

别名：盲海豚，南亚海豚

分类：两个亚种，包括恒河豚（*P.p. gangetica*）和印度河豚（*P.p. minor*）

近似物种：无

初生幼体体重：4—5千克

成体体重：70—90千克

食性：淡水鱼类（例如鰕虎鱼）以及无脊椎动物（例如虾类）

群体大小：单独或成对，极少情况下组成6—8头个体的集群

主要威胁：水力发电，灌溉工程，猎捕，渔业误捕

IUCN濒危等级：濒危（2017年评估）

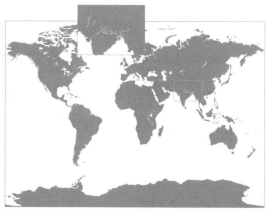

分布范围和栖息地 该物种仅活动在尼泊尔、印度以及孟加拉国的恒河-雅鲁藏布江-梅克纳河以及戈尔诺普利河-松古河流域较浅的水域中。它们通常出没于盐度低于10‰的水域。

物种识别特征：
- 喙部狭长，凸出
- 呼吸孔呈单缝形而非常见的新月形
- 背鳍呈三角形，位于背侧2/3处
- 胸鳍宽大

解剖学特征

恒河豚体形矮壮，颈部灵活且有褶皱。雌性体形略大于雄性。它们身体呈深棕色，背侧颜色略深，而下腹侧则偏粉红色。眼睛非常小，类似于针孔，位于上扬唇线端部的上方。它们的眼睛极其不发达，缺少晶状体，并由此得名"盲海豚"。具有明显的外耳，额隆丰满有纵脊。恒河豚上颌有26—39颗牙齿，下颌有26—35颗。

行为

恒河豚很少露出水面，可一次闭气下潜30—90秒甚至更长。恒河豚经常侧翻游动（特别是在被囚禁时），并用胸鳍在泥质基底留下痕迹。它们常利用回声定位系统在浑浊水体中活动，发射高频咔哒声进行回声定位以侦测小范围内的猎物。

食物和觅食

恒河豚主要以底栖生物为食，包括蛤蜊、虾、鰕虎鱼、鲶鱼以及鲤鱼。为了最大限度地提升白天的捕猎机会，它们经常在河流汇合处聚集。早上和下午是它们觅食的高峰时段。

生活史

它们在10岁左右，体长超过1.7米时达到性成熟。全年均可产崽，在3—5月、12月至次年1月是产崽的高峰期。目前对恒河豚繁殖行为所知甚少。雌性每胎产一崽。妊娠期约9—11个月。平均寿命约为30年。

保育和管理

恒河豚是公认的印度国家水生动物，受法律保护。现存种群约2500—3000头。水坝以及堰坝建设所造成的栖息地丧失，猎捕后作为饵料，渔业误捕，污染以及灌溉工程是影响其种群变化的主要因素。

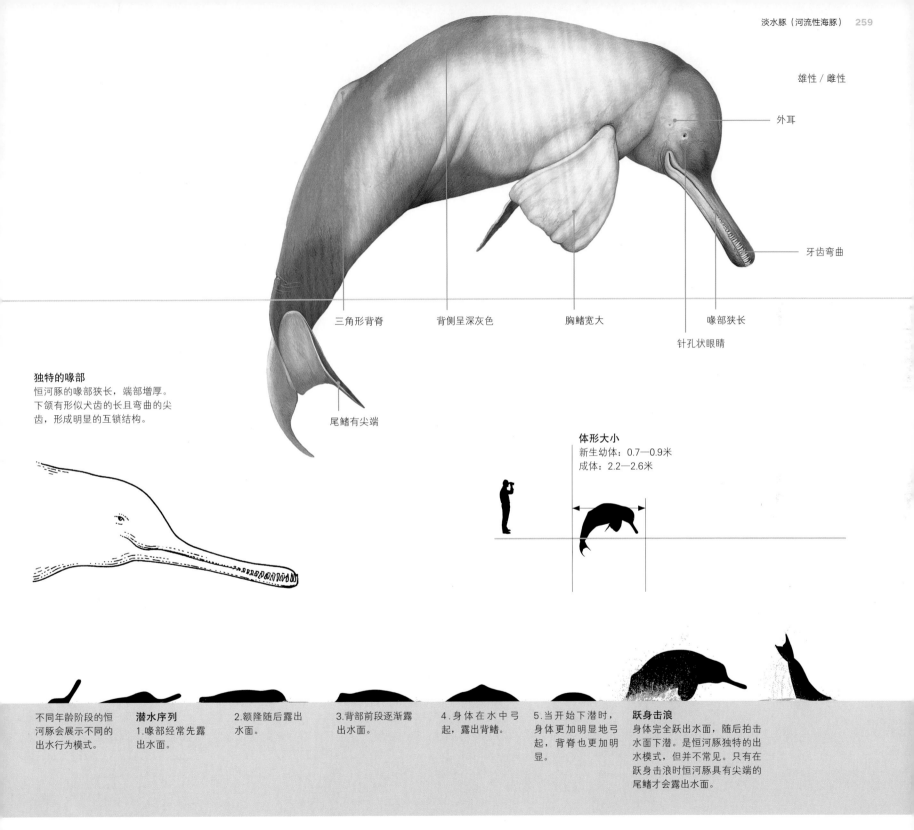

雄性 / 雌性

外耳

牙齿弯曲

喙部狭长

针孔状眼睛

胸鳍宽大

背侧呈深灰色

三角形背脊

尾鳍有尖端

独特的喙部
恒河豚的喙部狭长，端部增厚。
下颌有形似犬齿的长且弯曲的尖
齿，形成明显的互锁结构。

体形大小
新生幼体：0.7—0.9米
成体：2.2—2.6米

不同年龄阶段的恒
河豚会展示不同的
出水行为模式。

潜水序列
1.喙部经常先露
出水面。

2.额隆随后露出
水面。

3.背部前段逐渐露
出水面。

4.身体在水中弓
起，露出背鳍。

5.当开始下潜时，
身体更加明显地弓
起，背脊也更加明
显。

跃身击浪
身体完全跃出水面，随后拍击
水面下潜。是恒河豚独特的出
水模式，但并不常见。只有在
跃身击浪时恒河豚具有尖端的
尾鳍才会露出水面。

水下的港湾鼠海豚（下页图）
鼠海豚常与一些小型海豚相混淆，然而鼠海豚（以港湾鼠海豚为例）吻部轮廓圆滑，无突出的喙部。

齿鲸类
鼠海豚

鼠海豚科中的加湾鼠海豚是所有海洋哺乳动物中分布范围最小的（仅约2300平方千米），目前处于极度濒危状态。鼠海豚科动物常与其它小型海豚科动物相混淆，但鼠海豚没有海豚科动物常有的喙。

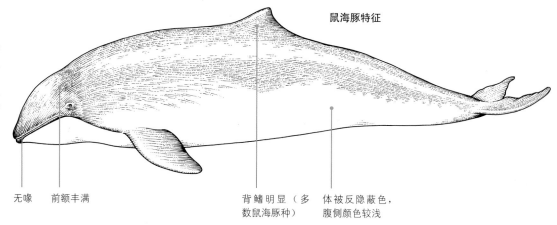

鼠海豚特征

无喙　前额丰满　背鳍明显（多数鼠海豚种）　体被反隐蔽色，腹侧颜色较浅

- 鼠海豚通常体形较小，成体体长1.3—2.3米。
- 鼠海豚下腹侧颜色较浅，但是部分物种例如白腰鼠海豚身体上有明显的标记。棘鳍鼠海豚则体色呈深灰色并在死后很快变为黑色。
- 大部分鼠海豚生活在浅水区，但白腰鼠海豚可以下潜至90米的深度。
- 多数鼠海豚仅生活在海洋中，但窄脊江豚的一个独特种群（长江江豚）生活在中国长江的淡水环境中。
- 鼠海豚主要以鱼类和头足类（鱿鱼）为食，有报道称部分个体也会进食甲壳类，例如磷虾。
- 鼠海豚通常不会像一些海豚一样组成庞大群体，而是偏好组成小型群体。并且鼠海豚通常不会靠

近船只，或像海豚一样展现出复杂的跳跃动作。
- 港湾鼠海豚和棘鳍鼠海豚的鳍肢的前侧边缘以及背鳍上有结节（小疙瘩）。白腰鼠海豚的背鳍圆钝，为三角形。正如它们的名字所描述的，无鳍鼠海豚（江豚）无背鳍，但背侧有一排突起。
- 最常见的鼠海豚种当数港湾鼠海豚以及白腰鼠海豚，被归在低危物种的行列，江豚被列为易危物种，加湾鼠海豚则为极度濒危物种。大多数鼠海豚会受到刺网捕鱼带来的潜在威胁。
- 不同于海豚圆锥状的牙齿，鼠海豚的牙齿常呈扁平竹叶状。

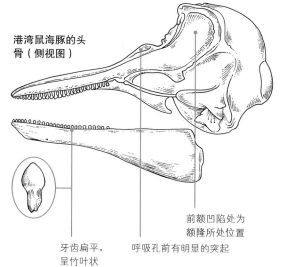

港湾鼠海豚的头骨（侧视图）

前额凹陷处为额隆所处位置

牙齿扁平，呈竹叶状　呼吸孔前有明显的突起

潜水
鼠海豚在游弋时通常不会离开水面，但是会在海表向前翻滚。尾鳍通常在下潜过程中会保持在水下。但是背鳍（如果有的话）经常会露在水面之上。多数物种下潜时较为平静，但白腰鼠海豚会在潜水时激起独特的水花。极少观测到鼠海豚的气柱。

窄脊江豚

科名：鼠海豚科

拉丁名： *Neophocaena asiaeorientalis*

别名：江豚

分类：最近被确认为一个独立的物种，包含两个亚种，长江江豚及东亚江豚

近似物种：印太江豚

初生幼体体重： 5—10千克

成体体重： 40—70千克

食性：小型鱼类，鱿鱼，甲壳类

群体大小： 1—5头，偶尔可多达20头

主要威胁：误捕，栖息地退化甚至丧失

IUCN濒危等级：濒危（2017年评估）

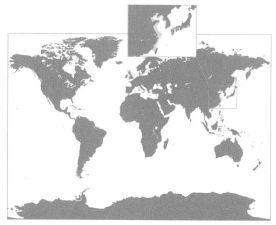

分布范围和栖息地 该物种栖息在中国东部到朝鲜半岛以及日本沿岸水域。此外还有一个种群栖息在中国长江。

物种识别特征：	● 无背鳍
	● 无喙
	● 背部脊凸狭窄

解剖学特征

窄脊江豚无背鳍，但有一条脊凸贯穿背部中线。不同种群之间脊凸形状略有差异。脊凸上分布有角状突起或者结节。角突和结节的功能暂不明确，但有可能与动物之间交流有关。窄脊江豚前额圆润，无喙，上下颌各有15—20对铲状的牙齿。

行为

窄脊江豚极少有跃空行为，并且游动时极为安静。但偶尔会在捕鱼或求偶时跃出水面。

食物和觅食

江豚以各种小型猎物为食，包括底栖虾类、鱼类和头足类。

生活史

窄脊江豚寿命约为20年，雌雄均在4—6岁达到性成熟。雌性每两年产一次崽，妊娠期为11个月。多数种群的产崽高峰期在冬季，但日本有明海种群的产崽高峰期在冬季。产崽的季节性差异可能与哺乳期雌性以及断奶幼豚的食物选择有关。幼豚常在出生后6—7个月之后断奶。

保育和管理

由于窄脊江豚栖息在浅水区，因此它们极易受到栖息地退化甚至丧失、误捕、水污染以及船舶交通的影响。在窄脊江豚主要栖息地之一的濑户内海，1999—2000年的窄脊江豚种群数量仅为20世纪70年代末的30%—40%。此外，中国长江的窄脊江豚种群被认为以每年5%—7%的速率衰退。

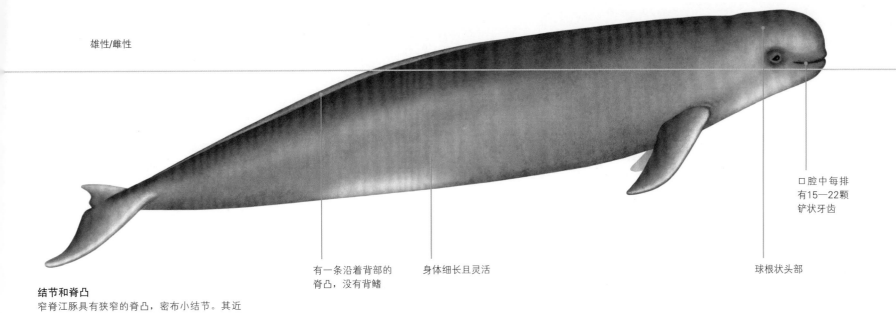

雄性/雌性

口腔中每排
有15—22颗
铲状牙齿

有一条沿着背部的
脊凸，没有背鳍

身体细长且灵活

球根状头部

结节和脊凸
窄脊江豚具有狭窄的脊凸，密布小结节。其近
缘种印太江豚的脊凸区域更为宽阔，并且几近
扁平甚至略凹陷。

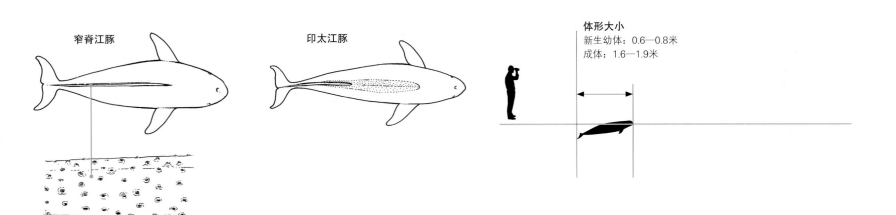

窄脊江豚

印太江豚

体形大小
新生幼体：0.6—0.8米
成体：1.6—1.9米

潜水序列
1.头部会首先平缓
地露出水面，极少
观察到气柱。

2.随后，圆滑的背
部露出水面。

3.尾鳍不会露出
水面。

4.江豚出水通常
比较安静。

印太江豚

科名：鼠海豚科

拉丁名：*Neophocaena phocaenoides*

别名：无

分类：近期从窄脊江豚中分离出来独立列为一个物种

近似物种：在无法清晰地观测到背鳍的情况下，几乎无法与窄脊江豚区分开来

初生幼体体重：5—10千克

成体体重：40—70千克

食性：小型鱼类，鱿鱼，甲壳类

群体大小：1—5头，偶尔可多达20头

主要威胁：捕鱼工具（特别是刺网）造成的意外死亡（误捕），船只相撞，栖息地退化甚至丧失

IUCN濒危等级：易危（2017年评估）

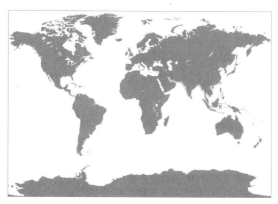

分布范围和栖息地　从伊朗及阿拉伯湾沿岸，向东延伸至东南亚，并向北延伸至台湾海峡（可能至更北处）。它们经常出现在潮沟、河口以及岛峡。大部分栖息地水深较浅（小于50米）并且离岸较近。曾在中国黄海和东海离岸50—240千米的海域观察到该物种。

物种识别特征：
- 头部圆润，无喙
- 无背鳍，但低矮的脊凸在近尾部处突起
- 脊凸由头侧向尾侧逐渐变窄
- 脊凸前沿背部生有结节的区域扁平或略凹陷
- 整体呈深灰色至中灰色，喉部及唇部常呈浅灰色

解剖学特征

印太江豚身体细长灵活，头部丰满圆润（呈球根状），无喙，尾柄沿尾鳍方向迅速收窄。上下颌各有15—20对铲状牙齿。印太江豚没有背鳍，但在身体十分靠后的位置有脊凸。脊凸前侧平坦或略凹陷的背部区域有小突起。这些突起的功能尚不清楚。

行为

东亚江豚通常形成2—5头个体的小群体，很少形成大型群体。东亚江豚通常不会船艇逐浪，也少有复杂的空中动作，有时会尾随高速移动的船只并在航行尾迹中玩耍，但是东亚江豚极难靠近。通常东亚江豚会安静游动，背部只会在呼吸时短暂露出水面，但在社交和捕猎时有时会垂直跃出水面，几乎全部出水。

食物和觅食

东亚江豚为机会捕食者，以各种小型生物为食，包括鱼类、甲壳类以及头足类。东亚江豚的下潜能力较差，潜水时间通常不超过几分钟。

生活史

东亚江豚的寿命约为20年，雌雄均在4—6岁达到性成熟。雌性每2年产一崽，妊娠期为11个月。繁殖期可以持续很久，从6月一直持续到次年3月。幼崽会在出生后6—7个月断奶。

保育和管理

东亚江豚主要分布在近岸浅水区，受人类活动影响强烈。极易受到栖息地退化丧失、水域污染以及船只活动的影响。渔具缠绕（特别是刺网）可能是东亚江豚面临的最大威胁。

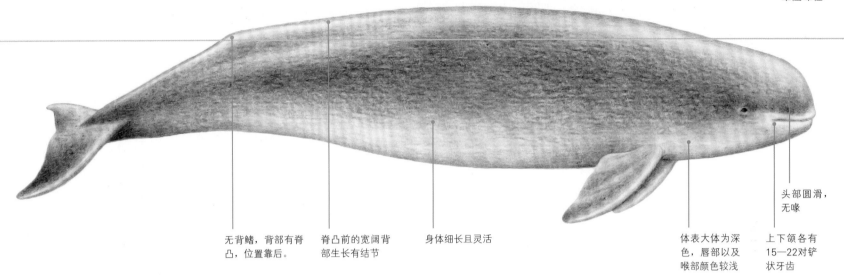

雄性/雌性

无背鳍，背部有脊
凸，位置靠后。

脊凸前的宽阔背
部生长有结节

身体细长且灵活

体表大体为深
色，唇部以及
喉部颜色较浅

头部圆滑，
无喙

上下颌各有
15—22对铲
状牙齿

结节与脊凸

东亚江豚和窄脊江豚在外形上十分相
似，可以通过脊凸以及背部生长结节的
区域进行辨别。印太江豚结节区域更为
扁平且范围更大。

印太江豚

窄脊江豚

体形大小
新生幼体：0.6—0.8米
成体：1.6—1.7米

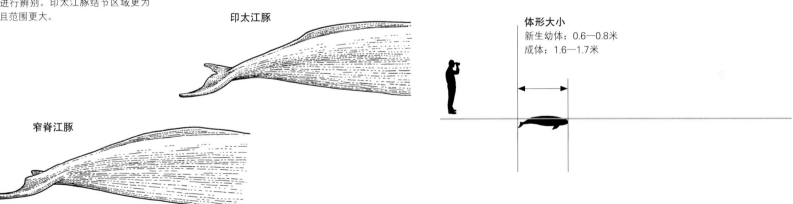

江豚是最为神秘的鲸类
之一，除非在非常理想
的海况下，否则非常难
以观测。

潜水序列
1.头部出水，十分安静，
通常没有气柱。

2.向前移动时背部露出水
面，只会溅起少量水花。

3.最终下潜前背部弓起，
因此位于背部后侧的脊凸
较为明显。

4.尾鳍通常不会
露出水面。

黑眶鼠海豚

科名：鼠海豚科

拉丁名：*Phocoena dioptrica*

别名：无英文别名

分类：无已知亚种

近似物种：可能会与喙头海豚属的一些海豚混淆，也可能与南美水域的棘鳍鼠海豚混淆

初生幼体体重：未知，可能在10—15千克之间

成体体重：最大值可能在120千克

食性：鱼类（主要为鳀鱼），磷虾，小型鱿鱼以及口足目动物

群体大小：目击很少。少数报道称其组成包含3头个体的小种群，可能是母子对。目击到的最大种群有10头个体

主要威胁：误捕，海洋污染，噪声污染，全球变暖

IUCN濒危等级：无危（2018年评估）

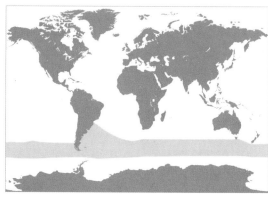

分布范围和栖息地 该物种在南大洋温带，亚极地以及极地水域具有环极地分布。为数不多的观测记录显示该物种既会活动在大洋性水域又会出没于陆架海。

物种识别特征：

- 背部及体侧上部为黑色，腹部及体侧下部为白色。
- 体形矮壮，强健
- 背鳍呈三角形或端部圆钝，位于背部中央；雌性背鳍存在差异
- 眼眶周围有环形色斑
- 头部较小，喙部界限不明
- 胸鳍小，端部圆钝

解剖学特征

具有典型的鼠海豚特征：头小且浑圆，喙不明显甚至没有。上下颌各有17—23对牙齿。体色黑白，有一条深色条带从唇部延伸至胸鳍，有时略模糊。胸鳍、尾鳍、尾柄部颜色多变，从稍白至全黑均有出现。背鳍的前后边缘均向外凸。雄性背鳍较大，端部圆钝。

行为

黑眶鼠海豚极少见，行为难以预料。游动速度很快，偶尔会主动接近船只。

食物和觅食

黑眶鼠海豚的主要食物可能为中上层鱼类如鳀鱼。但对该物种的食性研究较少，认识尚不充分。曾观察到的群体都很小，极有可能成对甚至单独捕食。

相关研究尚不完善。

生活史

交配以及产崽主要集中在春季和盛夏。雌性约在2岁，体长生长至1.3米时到达性成熟；雄性约在4岁，体长生长至1.4米时到达性成熟。黑眶鼠海豚的寿命未知。妊娠期11个月，哺乳期6—15个月。

保育和管理

目前缺失相关保育信息。但误捕事件时有发生。

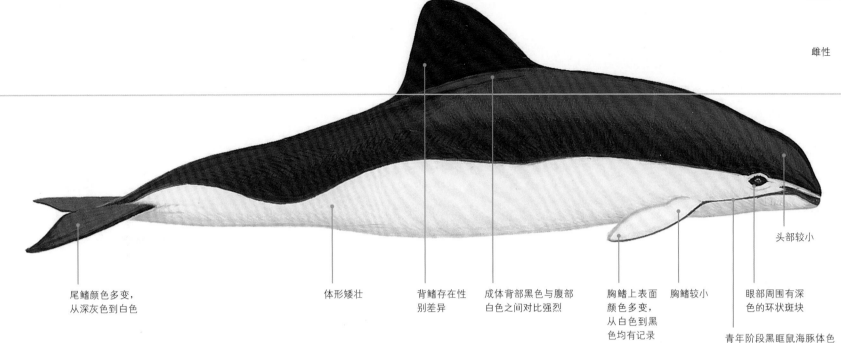

雌性

尾鳍颜色多变，
从深灰色到白色

体形矮壮

背鳍存在性
别差异

成体背部黑色与腹部
白色之间对比强烈

胸鳍上表面
颜色多变，
从白色到黑
色均有记录

胸鳍较小

眼部周围有深
色的环状斑块

头部较小

青年阶段黑眶鼠海豚体色
分布较柔和，背部通常为
深灰色，腹部通常为浅灰
色。有一条深色条带从口
裂出延伸至胸鳍。

背鳍的雌雄差异
雄性背鳍较雌性更大且更圆滑。

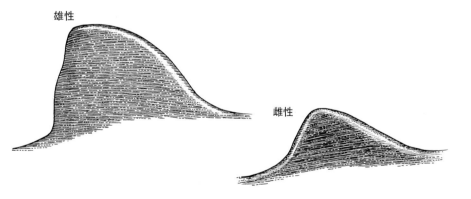

雄性

雌性

体形大小
新生幼体：0.9—1.1米
成体：雌性为1.4—2.1米，雄性为1.5—2.3米

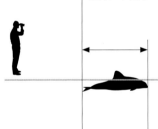

潜水序列
该物种目击记录极少，但
潜水行为似乎于其它鼠海
豚区别不大。

1.气柱不可见。头部以
及背侧前端会首先露
出水面。

2.其次，三角形背
鳍会露出水面。

3.继续前进时背鳍
及背部明显可见。

4.这一系列动作较为迅速
且通常会在下一次深潜之
前重复许多次。

港湾鼠海豚

科名：鼠海豚科

拉丁名：*Phocoena phocoena*

别名：海猪

分类：四个已知亚种为栖息在北大西洋的 *P. p. phocoena*，栖息在黑海以及地中海东部的 *P. p. relicta*，栖息在北太平洋东部的 *P. p. vomerina* 以及栖息在北太平洋西部的第四个未被命名的亚种

近似物种：在该物种北太平洋分布区可能会与白腰鼠海豚相混淆

初生幼体体重：5—10千克

成体体重：雌性45—100千克，雄性35—75千克

食性：主要是各种小型鱼类，偶尔捕食鱿鱼

群体大小：1—10头，通常为1—2头

主要威胁：误捕，海洋污染，噪声污染

IUCN濒危等级：无危（2020年评估）

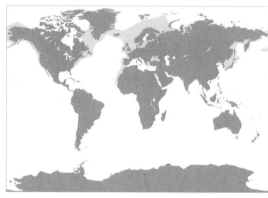

分布范围和栖息地　该物种出没于北大西洋和北太平洋的温带和亚极地水域。它们主要活动在沿岸水域，但有时也生活在大陆架以外。曾出现在离岸水域以及淡水域中。

物种识别特征：
- 背部及尾鳍为深灰色，几乎近黑
- 下颌及腹部为浅灰色，几乎近白
- 体形矮壮
- 背鳍低矮，呈三角形
- 喙部界限不明
- 胸鳍相对较小，端部圆钝

解剖学特征

港湾鼠海豚的背侧为深灰色，下腹侧颜色较浅，深色和浅色在体侧融合在一起，形成多种多样的图案。多数个体眼部周围有深色的斑块以及一条从眼部延伸至胸鳍的色带。雌性体形略大于雄性。虽然不同地区港湾鼠海豚的体形有所差异（分布在加利福尼亚以及非洲西北部海岸的个体体形较大），但它们仍被认为是体形最小的鲸类之一。

行为

港湾鼠海豚在海表时通常较为安静，但在捕食时会爆发性加速追逐猎物。外界环境会影响港湾鼠海豚的行为。在一些区域它们通常十分安静；在有些区域则会跃出水面或主动靠近船只。港湾鼠海豚经常漂浮在海表，将呼吸孔露出水面休息。它们通常组成小群体或者单独活动，但在捕食时也会聚集成较大的群体。港湾鼠海豚可以下潜到200米甚至更深的区域。曾有记录称港湾鼠海豚单次潜水时间超过5分钟。

食物和觅食

港湾鼠海豚主要以浅水区的小型鱼类为食。它们会捕食各种适合的猎物，包括鲱鱼、玉筋鱼、鰕虎鱼和鳕鱼。

生活史

港湾鼠海豚在盛夏时节交配、繁殖。妊娠期为10—11个月。雄性约在2—5岁，体长达到1.3—1.4米时性成熟；雌性约在2—5岁，体长达到1.4—1.5米时性成熟。雌性可以连续产崽，并在妊娠期内哺乳；也可能在一胎后间隔一段时间之后再产崽。最长寿命可达20年，但多数不会超过12年。

保育和管理

在其分布范围内，渔业活动时产生的误捕是港湾鼠海豚面临的严重威胁。噪声污染和其他形式的干扰也会对该物种产生影响。

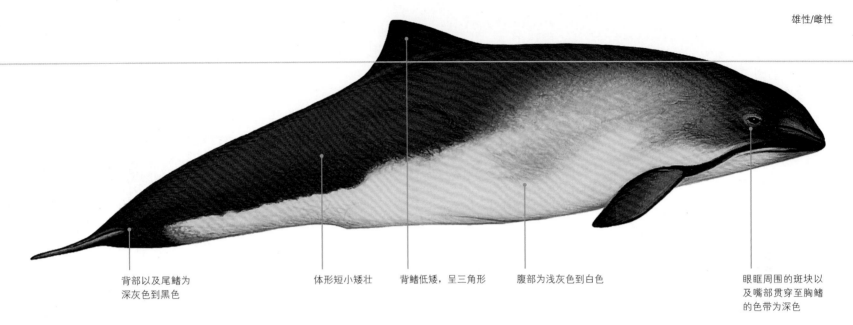

雄性/雌性

背部以及尾鳍为
深灰色到黑色

体形短小矮壮

背鳍低矮，呈三角形

腹部为浅灰色到白色

眼眶周围的斑块以
及嘴部贯穿至胸鳍
的色带为深色

背鳍差异
该物种的背鳍形态存在多种形态。一些个体的
背鳍为三角形，一些个体的背鳍为镰形。

镰状背鳍

中间形背鳍

三角形背鳍

体形大小
新生幼体：0.65—0.8米
成体：雌性体长1.4—2米，雄性为1.3—1.8米

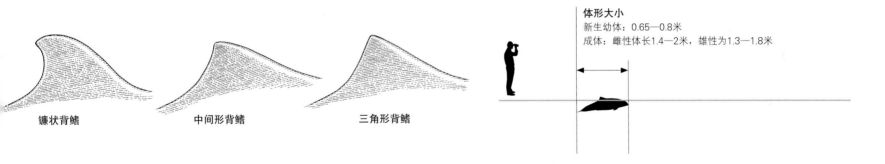

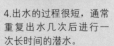

潜水序列
1.气柱不可见，头部和背
部的前部会先露出水面。

2.背鳍出水。

3.继续前进时背鳍和
背部清晰可见。

4.出水的过程很短，通常
重复出水几次后进行一
次长时间的潜水。

跃身击浪
港湾鼠海豚极
少跃出水面。

加湾鼠海豚

科名：鼠海豚科

拉丁名：*Phocoena sinus*

别名：加湾鼠豚

分类：与棘鳍鼠海豚的亲缘关系最近

近似物种：无

初生幼体体重：7.5—10千克

成体体重：55千克

食性：超过20种的鱼类和鱿鱼

群体大小：平均2头，最多可达10头

主要威胁：误捕或渔网缠绕致死

IUCN濒危等级：极危（2017年评估）

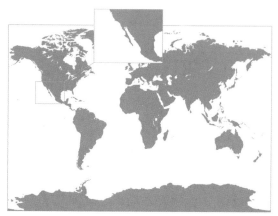

分布范围和栖息地 该物种出没于加利福尼亚湾的北部上游，主要活动在水深浅于30米深度的水域。

物种识别特征：
- 相较于体长，背鳍较为高耸
- 眼眶及嘴部周围有黑色斑块
- 相较于其他鼠海豚，其胸鳍在比例上更大
- 很少露出水面

解剖学特征

加湾鼠海豚最显著的特征是其眼部和嘴部周围的黑色斑块。背部为深灰色，体侧为浅灰色，腹部为白色。其尾鳍、胸鳍以及背鳍相较其他鼠海豚更大。其背鳍平均高17厘米。

行为

关于该物种的行为信息所知甚少。它们性格内向，不会有跃水或拍水的行为，且通常避船。较大的睾丸可能意味着雄性之间存在精子竞争，但除此之外对于其交配行为了解尚少。

食物和觅食

加湾鼠海豚为机会捕食者，以各种小型底栖和表层鱼类以及鱿鱼为食。加湾鼠海豚的许多猎物如黄花鱼和蟾蜍鱼有主动发声能力，因此推测加湾鼠海豚可能会利用被动声学方法定位猎物。加湾鼠海豚的猎物都没有太高商业价值，但曾经被拖网误捕过的记录。

生活史

加湾鼠海豚会聚集形成松散的群体。群体中的个体彼此之间联系的持续时间很短，并且会在短期内改变活动区。加湾鼠海豚的繁殖具有季节性，大部分幼崽出生在3月。妊娠期为10—11个月。已有记录中寿命最长的个体是一头21岁的雌性。由于缺少青年个体，因此性成熟年龄难以估计。可以确定的是，小于3岁的雌性均未达到性成熟，大于6岁的雌性均已达到性成熟。

保育和管理

加湾鼠海豚是世界上最濒危的海洋哺乳动物之一。其所面临的主要危险在于误捕和渔网缠绕。目前能采取的唯一保护措施是在其栖息的加利福尼亚湾水域尽可能减少误捕事件的发生。据估计，目前其种群数量小于100头。

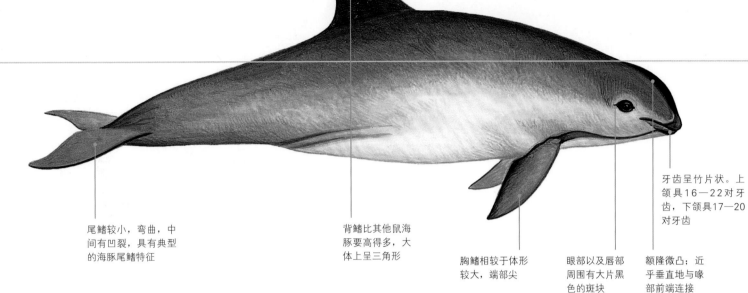

雄性 / 雌性

牙齿呈竹片状。上
颌具16—22对牙
齿，下颌具17—20
对牙齿

尾鳍较小，弯曲，中
间有凹裂，具有典型
的海豚尾鳍特征

背鳍比其他鼠海
豚要高得多，大
体上呈三角形

胸鳍相较于体形
较大，端部尖

眼部以及唇部
周围有大片黑
色的斑块

额隆微凸；近
乎垂直地与喙
部前端连接

背鳍比较
就背鳍高度与体长比例来讲，加湾鼠海豚
相比于其它鼠海豚背鳍更高且更弯曲，背
鳍平均高度在17厘米左右。

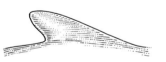

棘鳍鼠海豚

港湾鼠海豚

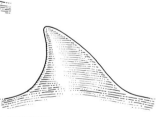

加湾鼠海豚

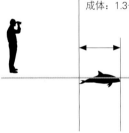

体形大小
新生幼体：0.69—0.8米
成体：1.3—1.5米

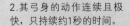

气柱
该物种体形较小，性格
内向，因此很难在海上
观察到。这种小型鲸类
的气柱在一定距离之外
是几乎看不见的。

潜水序列
1.多数情况下都无法观察到加湾
鼠海豚的喙部，但数张照片拍摄
到了眼眶以及喙部。下潜过程开
始时，它们会将背部以及非常明
显的背鳍露出水面。

2.其弓身的动作连续且极
快，只持续约1秒的时间。

3.在最终的下潜过程
中，仅可以观测到其
背鳍端部。多数情况
下无法观察到尾部。

鲸尾扬升
该物种不会将尾鳍
露出水面。

跃身击浪
该物种不会跃身击
浪。极少情况下会
露出身体的前半部。

棘鳍鼠海豚

科名： 鼠海豚科

拉丁名： *Phocoena spinipinnis*

别名： 无其他英文别名

分类： 暂无已知亚种

近似物种： 可能会与康氏矮海豚、智利矮海豚或黑眶鼠海豚相混淆

初生幼体体重： 4—7千克

成体体重： 已知最大体重为105千克（体重范围未知）

食性： 底栖和中上层的小型鱼类，偶尔捕食鱿鱼和甲壳类动物

群体大小： 2—6头，偶尔可聚集多达70头

主要威胁： 误捕，海洋污染，噪声污染

IUCN濒危等级： 近危（2018年评估）

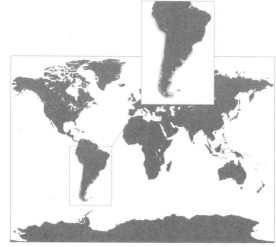

分布范围和栖息地　该物种出没于南美洲沿岸。由于洪堡寒流的影响，它们的分布范围在太平洋海岸向北延伸。

物种识别特征：
- 几乎通体黑色
- 背鳍的前侧有非常明显的结节
- 体形矮壮
- 背鳍低矮位于背部后侧，向后弯曲，前缘远长于后缘
- 无明显的喙
- 胸鳍相对较大，端部圆钝

解剖学特征

头部圆钝，无喙，具有典型的鼠海豚外形。体表呈现出深浅不同的棕色和深灰色。牙齿呈铲状，上下颌各有14—23对牙齿。

行为

棘鳍鼠海豚行踪不定，即使海况相当好的情况下也难以观察到。目前没有确定的迁移规律，但可能有与食物丰度变化相关的近岸-离岸或南北方向上的移动。它们通常在海面较为平静，经常会在进食的过程中爆发性地增速。据观测，棘鳍鼠海豚极少跃出水面或主动靠近船只。

食物和觅食

主要以小型的上层及底栖鱼类为食。也会捕食其它生物。

生活史

交配以及繁育过程一般发生在盛夏。初生幼体的体长在85—90厘米。雄性生长至1.6米左右时达到性成熟，雌性生长至1.55米左右时达到性成熟。具体的性成熟年龄还未知，可能与其它鼠海豚相似。妊娠期11—12个月，因此雌性无法每年都产崽。最大寿命尚不明确。

保育和管理

渔具使用造成的误捕是其在分布区内面临的较大威胁。此外，噪声污染以及其它干扰和污染也会威胁其生存。

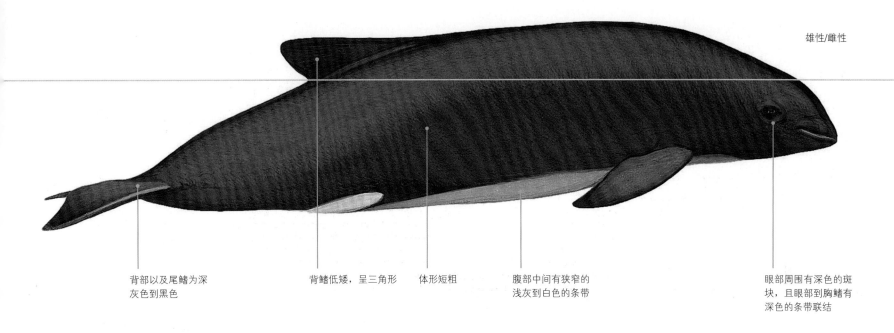

雄性/雌性

背部以及尾鳍为深
灰色到黑色

背鳍低矮，呈三角形

体形短粗

腹部中间有狭窄的
浅灰到白色的条带

眼部周围有深色的斑
块，且眼部到胸鳍有
深色的条带联结

背鳍小节
所有的鼠海豚种（白腰鼠海豚除外）的背鳍
前缘均具有小型突起状的表皮结节——在出
生后不久即会形成。结节的功能目前未知，
然而有研究显示它们可能在水动力学方面起
着关键作用。

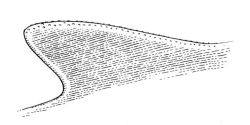

体形大小
新生幼体：0.85米
成体：最大体长2米，雌性1.4—2米，雄性1.35—1.8米

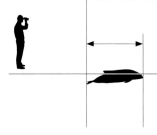

潜水序列
1.气柱不可见。头
部以及身体前端会
首先露出水面。

2.三角形背鳍随后也
会露出水面。

3.当鼠海豚在海表翻滚
时，背鳍以及背部清晰
可见。

4.出水过程迅速，通常会
在下一次长时间潜水之前
重复几次上述过程。

跃身击浪
棘鳍鼠海豚极
少跃出水面。

白腰鼠海豚

科名：鼠海豚科

拉丁名：*Phocoenoides dalli*

别名：初氏鼠海豚

分类：已识别出两个亚种，*P. d. dalli Dalli* 型（白腰型）白腰鼠海豚和 *P. d. truei Truei* 型（初氏型）白腰鼠海豚

近似物种：栖息于北太平洋沿岸的物种可能会与港湾鼠海豚相混淆

初生幼体体重：13—19千克

成体体重：雌性为70—160千克，雄性为80—200千克

食性：鱼群（例如鲭鱼、鲱鱼、鳀鱼），海洋中层鱼类（例如深海胡瓜鱼以及灯笼鱼）以及乌贼

群体大小：通常为1—10头，偶尔会聚集较大的群体

主要威胁：误捕，猎捕

IUCN濒危等级：无危

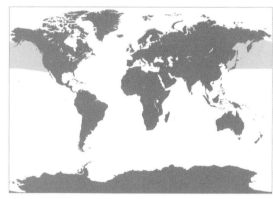

分布范围和栖息地　该物种出没于北太平洋及其邻近海域的温带和亚北极水域。它们活动在大洋性水域以及近岸深水区。

物种识别特征：

- 身体背部、前端以及头部为深灰色，几近黑色
- 下侧面后部以及腹部呈白色
- 背鳍以及尾鳍会随着年龄增长而逐渐变白
- 身形矮壮，体态健硕
- 成年雄性背鳍低矮，呈三角形且其前缘向前倾斜
- 头部小，喙部无明显分界
- 胸鳍小，端部圆钝

解剖学特征

该物种具有两种不同的体色形态，表现在体侧与腹部的白色区域向前延伸的差异上。其中一种的白色区域从胸鳍前端开始向后延伸，而另一种则从胸鳍后很远处开始延伸。雄性的体形大于雌性且成年雄性背鳍的前缘向前弯曲，有明显的肛后隆起，更厚的尾柄，尾鳍后缘外凸。同其它鼠海豚一样，白腰鼠海豚的牙齿呈铲状。它们牙齿小且不同个体的牙齿数量多变，但上下颌通常各有21—28对牙齿。白腰鼠海豚具有98节椎骨，是所有鲸类中椎骨数量最多的，这是对快速动态游泳方式的一种适应。

行为

白腰鼠海豚的游速极快且在海表活跃，它经常会在表面游弋时拍水溅出V字形的水花。当游速缓慢时，它们的行为大体与其他鼠海豚相似。该物种可能会在快速行驶的船只前乘浪，但极少跃出水面。虽然白腰鼠海豚经常组成较小的群体共同活动，但它们也会在觅食过程中聚集成较大型的群体。

食物和觅食

白腰鼠海豚主要以栖息在海洋上层的小型鱼群为食，例如鲭鱼、鲱鱼、鳀鱼以及乌贼。它们为了猎食可能会下潜超过500米。

生活史

交配以及产崽主要集中在夏季。妊娠期约为10—12个月。雌性约在体长达到1.7—1.9米时达到性成熟，而雄性则为1.8—2米，即雌性约在4—7岁达到性成熟，而雄性为3.5—8岁。雌性可以连续每年产崽，在怀孕期间哺育后代，但也可能有生产间隔。白腰鼠海豚的最大寿命可超过20年，但是多数个体的寿命不会超过12年。

保育和管理

被捕鱼工具误捕对白腰鼠海豚的威胁极大。污染、噪声以及栖息地的变更也会对该种产生影响。

雄性

侧面后部以及腹部
有大片白色区域

成体背鳍低矮,呈三角
形,边缘为白色,成年
雄性的背鳍向前倾斜

背部、头部以及身
体前部分为非常深
的灰色甚至纯黑色

身体短小矮壮
且头部小

体色型

白腰鼠海豚存在两种体色型:
一种白腰型,其白色的腹侧/腹
部斑块向前延伸至背鳍一线;
而另外一种是初氏型,其白色
斑块一直延伸至胸鳍位置。白
腰型个体在该种全部分布范围
均有出没,而初氏型个体仅出
没在日本和千岛群岛的东边沿
海水域以及鄂霍茨克海海域。

初氏型白腰鼠海豚

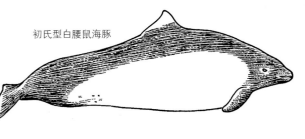

白腰型白腰鼠海豚

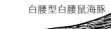

体形大小

新生幼体:0.9—1.1米
成体:雌性体长1.7—2.2米,雄性体长1.8—2.4米

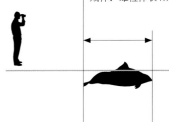

潜水序列

1.气柱不可见。在快速
游弋的过程中,其背部
以及背鳍会露在水面之
上并溅起水花。

2.在缓慢游弋的过
程中,其头部以及
三角形的背鳍会首
先露出水面。

3.当白腰鼠海豚在海
面翻滚时,背鳍以
及背部清晰可见。

4.这一系列动作较为迅
速,且通常会在下一次
长时间下潜之前重复几
次上述行为。

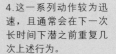

跃身击浪

白腰鼠海豚极少
跃出水面。

附录

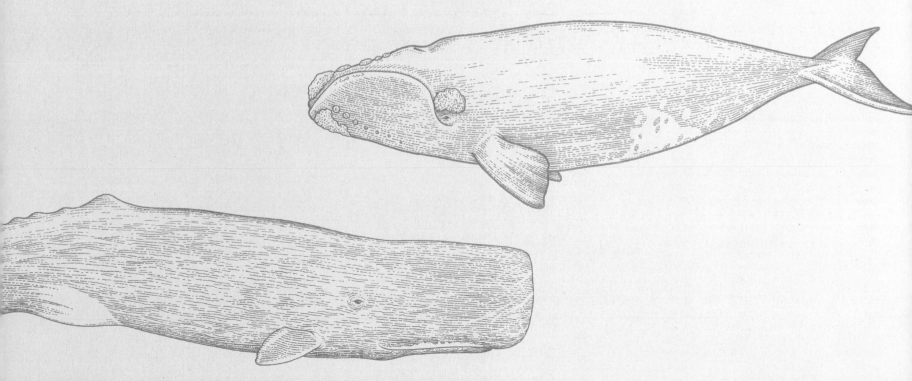

鲸目动物分类

须鲸亚目（MYSTICETI）

露脊鲸科（FAMILY BALAENIDAE）
Balaena mysticetus 一北极鲸（bowhead whale）
Eubalaena australis 一南露脊鲸（southern right whale）
Eubalaena glacialis 一北大西洋露脊鲸（North Atlantic right whale）
Eubalaena japonica 一北太平洋露脊鲸（North Pacific right whale）

灰鲸科（FAMILY ESCHRICHTIIDAE）
Eschrichtius robustus 一灰鲸（gray whale）

须鲸科（FAMILY BALAENOPTERIDAE）
Balaenoptera acutorostrata 一小须鲸（common minke whale）
Balaenoptera bonaerensis 一南极小须鲸（Antarctic minke whale）
Balaenoptera borealis 一鳁鲸（sei whale）
Balaenoptera edeni 一布氏鲸（Bryde's whale）
Balaenoptera musculus 一蓝鲸（blue whale）
Balaenoptera omurai 一大村鲸（Omura's whale）
Balaenoptera physalus 一长须鲸（fin whale）
Megaptera novaeangliae 一大翅鲸（humpback whale）

小露脊鲸科（FAMILY NEOBALAENIDAE）
Caperea marginata 一小露脊鲸（pygmy right whale）

齿鲸亚目（ODONTOCETI）

海豚科（FAMILY DELPHINIDAE）
Cephalorhynchus commersonii 一康氏矮海豚（Commerson's dolphin）
Cephalorhynchus eutropia 一智利矮海豚（Chilean dolphin）
Cephalorhynchus heavisidii 一海氏矮海豚（Heaviside's dolphin）
Cephalorhynchus hectori 一贺氏矮海豚（Hector's dolphin）
Delphinus capensis 一长吻真海豚（long-beaked common dolphin）
Delphinus delphis 一短吻真海豚（short-beaked common dolphin）
Feresa attenuata 一小虎鲸（pygmy killer whale）
Globicephala macrorhynchus 一短肢领航鲸（short-finned pilot whale）
Globicephala melas 一长肢领航鲸（long-finned pilot whale）
Grampus griseus 一瑞氏海豚（Risso's dolphin）
Lagenodelphis hosei 一弗氏海豚（Fraser's dolphin）
Lagenorhynchus acutus 一大西洋斑纹海豚（Atlantic white-sided dolphin）
Lagenorhynchus albirostris 一白喙斑纹海豚（white-beaked dolphin）
Lagenorhynchus australis 一皮氏斑纹海豚（Peale's dolphin）
Lagenorhynchus cruciger 一沙漏斑纹海豚（hourglass dolphin）
Lagenorhynchus obliquidens 一太平洋斑纹海豚（Pacific white-sided dolphin）

Lagenorhynchus obscurus 一暗色斑纹海豚（dusky dolphin）
Lissodelphis borealis 一北露脊海豚（northern right whale dolphin）
Lissodelphis peronii 一南露脊海豚（southern right whale dolphin）
Orcaella brevirostris 一伊河海豚（Irrawaddy dolphin）
Oracella heinsohni 一澳大利亚矮鳍海豚（Australian snubfin dolphin）
Orcinus orca 一虎鲸（killer whale）
Peponocephala electra 一瓜头鲸（melon-headed whale）
Pseudorca crassidens 一伪虎鲸（false killer whale）
Sotalia fluviatilis 一土库海豚（tucuxi）
Sotalia guianensis 一圭亚那海豚（Guiana dolphin）
Sousa chinensis 一印太驼海豚（中华白海豚，Indo-Pacific humpback dolphin）
Sousa plumbea 一印度洋驼海豚（Indian humpback dolphin）
Sousa sahulensis 一澳大利亚驼海豚（Australian humback dolphin）
Sousa teuszii 一大西洋驼海豚（Atlantic humpback dolphin）
Stenella attenuata 一热带斑海豚（pantropical spotted dolphin）
Stenella clymene 一短吻飞旋海豚（clymene dolphin）
Stenella coeruleoalba 一条纹海豚（striped dolphin）
Stenella frontalis 一大西洋斑海豚（Atlantic spotted dolphin）
Stenella longirostris 一长吻飞旋海豚（spinner dolphin）
Steno bredanensis 一糙齿海豚（rough-toothed dolphin）
Tursiops aduncus 一印太瓶鼻海豚（Indo-Pacific bottlenose dolphin）
Tursiops truncatus 一瓶鼻海豚（common bottlenose dolphin）

抹香鲸科（FAMILY PHYSETERIDAE）
Kogia breviceps 一小抹香鲸（pygmy sperm whale）
Kogia simus 一侏儒抹香鲸（dwarf sperm whale）
Physeter macrocephalus 一抹香鲸（sperm whale）

喙鲸科（FAMILY ZIPHIIDAE）
Berardius arnuxii 一阿氏喙鲸（Arnoux's beaked whale）
Berardius bairdii 一贝氏喙鲸（Baird's beaked whale）
Hyperoodon ampullatus 一北瓶鼻鲸（Northern bottlenose whale）
Hyperoodon planifrons 一南瓶鼻鲸（southern bottlenose whale）
Indopacetus pacificus 一朗氏喙鲸（Longman's beaked whale）
Mesoplodon bidens 一梭氏中喙鲸（Sowerby's beaked whale）
Mesoplodon bowdoini 一安氏中喙鲸（Andrews' beaked whale）
Mesoplodon carlhubbsi 一哈氏中喙鲸（Hubbs' beaked whale）
Mesoplodon densirostris 一柏氏中喙鲸（Blainville's beaked whale）
Mesoplodon europaeus 一杰氏中喙鲸（Gervais' beaked whale）
Mesoplodon hotaula 一德氏中喙鲸（Deraniyagala's beaked whale）
Mesoplodon ginkgodensis 一银杏齿中喙鲸（ginkgo-toothed beaked whale）
Mesoplodon grayi 一哥氏中喙鲸（Gray's beaked whale）
Mesoplodon hectori 一贺氏中喙鲸（Hector's beaked whale）
Mesoplodon layardii 一长齿中喙鲸（strap-toothed whale）

Mesoplodon mirus 一初氏中喙鲸（True's beaked whale）
Mesoplodon perrini 一佩氏中喙鲸（Perrin's beaked whale）
Mesoplodon peruvianus 一小中喙鲸（pygmy beaked whale）
Mesoplodon stejnegeri 一史氏中喙鲸（Stejneger's beaked whale）
Mesoplodon traversii 一铲齿中喙鲸（Spade toothed whale）
Tasmacetus shepherdi 一谢氏喙鲸（Shepherd's beaked whale）
Ziphius cavirostris 一柯氏喙鲸（Cuvier's beaked whale）

恒河豚科（FAMILY PLATANISTIDAE）
Platanista gangetica 一恒河豚（Ganges River dolphin）

亚河豚科（FAMILY INIIDAE）
Inia geoffrensis 一亚河豚（Amazon River dolphin）

白鱀豚科（FAMILY LIPOTIDAE）
Lipotes vexillifer 一白鱀豚（baiji）

拉河豚科（FAMILY PONTOPORIIDAE）
Pontoporia blainvillei 一拉河豚（franciscana）

一角鲸科（FAMILY MONODONTIDAE）
Delphinapterus leucas 一白鲸（white whale or beluga）
Monodon monoceros 一一角鲸（narwhal）

鼠海豚科（FAMILY PHOCOENIDAE）
Neophocaena asiaeorientalis 一窄脊江豚（narrow-ridged finless porpoise）
Neophocaena phocaenoides 一印太江豚（Indo-Pacific finless porpoise）
Phocoena dioptrica 一黑眶鼠海豚（spectacled porpoise）
Phocoena phocoena 一港湾鼠海豚（harbor porpoise）
Phocoena sinus 一加湾鼠海豚（vaquita）
Phocoena spinipinnis 一棘鳍鼠海豚（Burmeister's porpoise）
Phocoenoides dalli 一白腰鼠海豚（Dall's porpoise）

术语表

异母抚养（Allomaternal care）
指雌鲸除亲生幼鲸外还呵护照料非亲生的幼鲸。

前端（Anterior）
靠近身体的前部。

人为的（Anthropogenic）
由人类活动引起并可能对鲸类造成负面影响的事物。例如，来自商船、地震和石油勘探、声学研究以及海军声呐等人类活动产生的噪声。

露脊鲸科（Balaenid）
须鲸中具有共同祖先的一科，包括露脊鲸和北极鲸。

鲸须（Baleen）
又称鲸骨，指悬垂在须鲸上颚的角蛋白板（上皮组织，即与哺乳动物的毛发、爪子以及指甲等的组成物质相同）。

须鲸（Baleen whale）
须鲸是鲸类的两大亚目之一，成体须鲸亚目的动物不具有牙齿，只有鲸须。详见本书须鲸部分。

喙（Beak）
指鲸类动物向前凸出的嘴部，是部分鲸类动物的特有特征，例如喙鲸。

底栖（Benthic）
生活在海底或靠近海底。

条纹状标记（Blaze）
指动物身上的条纹状标记；通常为深色体色上的浅色条纹。例如，大西洋斑纹海豚两侧白色和赭色的条纹状标记。

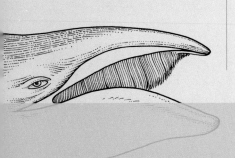

气柱（Blow）
指鲸类从呼吸孔呼出的混有水和油的空气。喷出的气体有时呈低矮树丛状，有时呈高耸圆柱状，主要取决于喷气的鲸类物种。气柱的形状是野外鲸类物种识别的有用特征。

呼吸孔（Blowhole）
指开口于鲸类头部顶上的鼻孔，用于呼吸。齿鲸只有一个呼吸孔而须鲸有两个呼吸孔。

鲸脂（Blubber）
指鲸类皮下最底层的一层厚厚的脂肪。鲸脂起到隔热以及脂肪（能量）储存的作用，同时鲸脂可以使其体形保持平滑以便在游动时减少阻力。

误捕（Bycatch）
指捕获非目标动物的渔获物，包括在渔业过程中偶尔捕获的各种海豚。

包塞（Bossae）
指在鲸类动物呼吸孔附近成对的凸出隆起物。

船舶乘浪（Bow-riding）
是部分齿鲸（如海豚）一种节省体力的行为，指乘着船舶或大型鲸类前方的波浪前行。

跃身击浪（Breaching）
指鲸类动物身躯完全跃出水面的一种行为。其潜在的行为意义包括传递信息，显示自身的优势或警示其他鲸鱼个体存在危险。

幼崽（Calf）
指年幼鲸类动物。

茧皮（Callosities）
露脊鲸头部的坚硬、增厚、凸起的皮肤斑块，通常寄居着鲸虱和藤壶。每个个体的茧皮图案都是独一无二的，是识别个体的有用特征。

披肩（Cape）
指齿鲸背部的深色区域，位于背鳍前方通常延伸至动物身体的两侧。例如短吻飞旋海豚身上的深灰色背角。

尾部（Caudal）
指鲸类动物的尾鳍或身体的后半部分。

头足类动物（Cephalopod）
一种软体动物（无脊椎动物），在其嘴巴附近有巨大的头部、眼睛和触角；这些动物包括乌贼和章鱼。头足类动物是部分鲸类（例如喙鲸）的主要捕食对象。

鲸类动物（Cetacean）

指海洋哺乳动物中的一类，包括鲸、海豚和鼠海豚。

极圈（Circumpolar）

指鲸类的分布范围，包括南北半球的高纬度区域。例如，一角鲸和白鲸在北极圈和亚北极圈水域有极圈分布。

嘀嗒声（Clicks）

齿鲸用于导航和觅食并具有典型的宽频（30—150kHz）和短时特征的声信号。窄频声音是部分海豚用于个体识别的哨叫声的特征。

反荫蔽（Countershaded）

动物保护色的一种，指鲸豚动物（如瓶鼻海豚和糙齿海豚）一种上侧（背侧）体表为深色而下侧（腹侧）表面为浅色的体色模式。这是一种伪装，因为这种体色可以消除可能由海洋上部光亮区域导致的阴影，使其可以避开捕食者的视线。

雌鲸（Cow）

指雌性鲸类动物。

底栖的（Demersal）

生活在海底附近。

背侧（Dorsal）

指背部的上表面。

背鳍（Dorsal fin）

位于多数鲸类动物的身体背侧（背面），动物能通过控制背鳍保持身体平衡。

流网（Drift nets）

指一种将渔网垂直悬挂在水中而并非锚定在海底的捕鱼方式。非目标动物包括各种海豚经常被困于网中或缠在废弃的渔网中。

棘皮动物（Echinoderms）

无脊椎动物家族中的一支，例如海星和海胆。

回声定位（Echolocation）

指发出高频声音并接收目标回声的能力，齿鲸动物用其定

位导航和捕食。

电感受器敏感性（Electroreceptor sensitivity）

指能够感知自然界的电信号刺激的生物学能力，圭亚那海豚喙部的触须被认为具有该功能。

发情期（Estrus）

雌鲸的性行为期。

广食性（Euryphagous）

食性广泛，可以吃各种各样的猎物。

镰状（Falcate）

指背鳍向后方弯曲或呈镰刀状。例如，长须鲸的特征之一就是其镰状的背鳍。

鳍肢（Flipper）

指鲸类动物的胸鳍，不同鲸类物种胸鳍的形状各异；例如，大翅鲸的鳍肢为狭长状，

以便适应快速游动；露脊鲸的鳍肢则较短，呈桨状，利于操纵和缓慢转动。

鳍肢拍水（Flipper-slapping）

指鲸类动物利用鳍肢拍击水面的行为；鳍肢拍水行为可能是一种非语言的交流方式。

尾鳍（Flukes）

指鲸类动物水平方向上扁平的尾巴。虽然多数鲸类动物都会将尾鳍高高举起，但不同种类的鲸类其尾鳍的形状也不同。随着年龄的增长，鲸类动物尾鳍底面会逐渐出现与众不同的疤痕和标记，可被用作野外动物个体的识别。

张嘴开合距离（Gape）

指在鲸类动物的嘴巴里面，张开嘴时上下颌之间的间隔。

妊娠期（Gestation）

指受精后和分娩前的这段时间。

刺网（Gill nets）

指一种将渔网垂直悬挂，网孔大小足以让鱼的头部通过却不足以让其整个身体通过，当鱼试图后退时将其缠住的一种渔业方式。非目标动物包括各种海豚经常会陷于网中（所谓"误捕"）或缠于废弃的刺网中。

杂交（Hybridization）

指由不同物种之间进行交配所产生的后代。鲸类动物中这种情况不多见，其中一个例子是短吻飞旋海豚，其为长吻飞旋海豚和条纹海豚的杂交种。

IUCN濒危状态（IUCN status）

动物濒危状态是由一个全球性保护组织——世界自然保护联盟（IUCN）基于对受威胁和濒危动物（红色名录每年都会更新）的认识而进行判断评估的。

幼鲸（Juvenile）

处于青少年阶段的鲸类动物。

磷虾（Krill）

指与对虾类似的甲壳纲生物，是许多须鲸动物的主要食物。

哺乳（Lactation）

雌性鲸类动物分泌乳汁以喂养幼崽。

侧部（Lateral）

指身体的侧面或某种结构的垂直面。

求偶场（Lek）

雄性展示炫耀自己以吸引雌性的一种交配策略或求爱展示。例如雄性大翅鲸在繁殖场歌唱的行为被认为是一种浮动求偶场。

尾叶击水（Lobtailing）

指鲸类动物利用尾巴猛力拍击水面的行为；也被称为尾巴击水（tail-slapping）。尾叶击水行为也可能行使非语言通信的功能。

浮漂（Logging）

指动物静静地漂在水面的行为。

多钩长线（Longline）

指一种使用带饵钩的长线捕鱼的渔业方式。非目标物种包括各种海豚可能会被误捕或缠在废弃的长线上。

集体搁浅（Mass stranding）

指由于海浪或退潮，三头或更多的同物种鲸类动物个体有意或无意地被困于岸滩的现象。有时候，鲸类集体搁浅事件被认为与海军声呐有关，例如2000年发生在巴哈马群岛的喙鲸集体搁浅事件。

额隆（Melon）

指齿鲸动物的球状额头，其内脂肪用于聚焦回声定位声信号。

海洋中层（Mesopelagic）

指从200米到1000米的中层海洋深度。

须鲸亚目（Mysticete）

指鲸类的两大主要类群之一——拥有鲸须的须鲸，如长须鲸和大翅鲸。

齿鲸亚目（Odontocete）

指鲸类的两大主要类群之一，名字起因于它们具有牙齿；齿鲸包含各种海豚和虎鲸等。

胸鳍（Pectoral flippers）

指鲸类动物成对的前肢。胸鳍的形状往往反映鲸类动物的游泳行为。例如，大翅鲸狭长的胸鳍有利于其快速游动，而北极鲸和露脊鲸宽阔的胸鳍则有助于其缓慢弯转。

肉茎（Peduncle）

指鲸类动物尾部的肌肉部分，位于背鳍和尾巴之间。

远洋（Pelagic）

指开阔大洋。

归家冲动（Philopatry）

指动物个体倾向于待在家域的癖好。

照相识别（Photo-identification）

指通过收集并采用反映海洋哺乳动物形态特征的照片以达到识别动物个体的一种技术。

一群（Pod）

鲸类动物的社交群体。大部分的鲸类动物群都是家庭群体。例如，虎鲸群往往由有关联的雌性个体和它们的后代组成。

鼠海豚（Porpoise）

小型齿鲸中的一科，其主要形态特性包括喙部不明显、体形粗壮、牙齿呈铲状。

跃水行为（Porpoising）

指部分鲸类动物尤其是鼠海豚科的动物在水面低身跳跃的行为。跃水行为具有在游泳过程中通过使身体与水体之间的阻力最小化而节省体力的作用。

后部（Posterior）

位于动物的后背附近。

围网（Purse seine）

指通过采用长且深的渔网布置在鱼群的周围形成一道环形的网墙，之后通过收紧底部往上拉以形成"钱包"状的一种渔业方式。在20世纪60年代，大量的热带斑海豚、长吻飞旋海豚以及真海豚被这种渔业方式围困、捕杀，这些海豚往往与黄鳍金枪鱼一起游动。

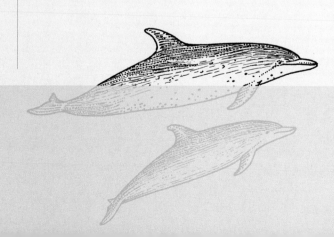

常居（Resident）

指虎鲸的一种生态型，无论在形态学、遗传学、行为学还是生态学均有其独特的特征。举例来说，常居虎鲸与暂居虎鲸不一样，前者只吃鱼类（尤其是大马哈鱼和鳟鱼）。常居虎鲸生活在北美西海岸沿岸水域。

须鲸科（Rorqual）

这个词起源于挪威语，原意指鰛鲸，指须鲸科(Balaenopteridae)动物的喉腹部褶沟，褶沟的存在使得嘴部可以在吞食时极大地扩张。须鲸科动物包括蓝鲸、鰛鲸、布氏鲸、大村鲸、小须鲸、长须鲸以及大翅鲸。

喙（Rostrum）

指鲸的喙部或吻部，包括上颌。

群体（Schools）

指齿鲸动物中的有组织的社交团体，以动物个体间的长期协作为特征。在各种海豚物种中都存在。

声呐（Sonar）

指齿鲸用于回声定位的高频声音系统。

浮窥（Spyhopping）

指鲸类动物直立其身，将头探出水面观察的行为。可能以此探查潜在的猎物或其他鲸类个体。

尾柄（Tail stock）

见肉茎（Peduncle）。

齿鲸（Toothed whale）

鲸类动物的两大类群（亚目）之一，拥有牙齿，见齿鲸亚目（Odontocete）。

暂居（Transient）

指虎鲸的一种生态型。该生态型总是从一个地方迁徙至另一个地方；通常指分布在北美西海岸海域的虎鲸。该生态型与常居虎鲸在形态学、遗传学和生态学方面都存在差异。例如，暂居虎鲸几乎专门捕食海洋哺乳动物。

脐（Umbilicus）

指胎儿上脐带留下的疤痕。

腹部（Ventral）

处于鲸类动物的下侧。

触须（Vibrissae）

指部分鲸类动物头部的感觉毛，可能具有感觉功能。

船尾乘浪（Wake-riding）

指鲸类动物紧随船尾游泳。

鲸虱（Whale lice）

指在部分鲸类动物尤其是须鲸动物皮肤上附着的甲壳纲动物，以鲸类动物的表皮为食。鲸虱与陆生哺乳动物身上的虱子实际上没有关系。

浮游动物（Zooplankton）

指在海洋上层水域出没的动物性浮游生物。

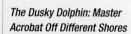

参考文献

书籍

Biology of Marine Mammals
Edited by John E. Reynolds III
and Sentiel A. Rommel
(Smithsonian Books, 1999)

The Bowhead Whale
Edited by John J. Burns, J. Jerome
Montague, and Cleveland J. Cowles
(Special Publication Number 2. Society
for Marine Mammalogy, 1993)

**Cetacean Societies: Field
Studies of Dolphins and Whales**
Edited by Janet Mann,
Richard C. Connor, Peter L. Tyack,
and Hal Whitehead
(University of Chicago Press, 2000)

**A Complete Guide
to Antarctic Wildlife**
Hadoram Shirihai
(A & C Black, 2007)

**Conservation and Management
of Marine Mammals**
Edited by John R. Twiss
and Randall R. Reeves
(Smithsonian Institution Press, 1999)

**The Cultural Lives of Whales
and Dolphins**
Hal Whitehead and Luke Rendell
(University of Chicago Press, 2014)

**The Dolphin and Whale
Career Guide**
Thomas B. Glen (Omega Publishing
Company, Chicago, 1997)

**Dolphins Down Under: Understanding
the New Zealand Dolphin**
Liz Slooten and Steve Dawson
(Otago University Press, 2013)

**The Dusky Dolphin: Master
Acrobat Off Different Shores**
Edited by Bernd Würsig
and Melany Würsig
(Academic Press, 2009)

Encyclopedia of Marine Mammals
Edited by William F. Perrin, Bernd
Würsig, & J.G.M. Thewissen
(Academic Press, 2nd edition, 2009)

**Handbook of Marine Mammals,
Volume 3: The Sirenians
and Baleen Whales**
Edited by Sam H. Ridgway
and Sir Richard Harrison
(Academic Press, 1985)

**Handbook of the Mammals of
the World, Vol 4: Sea Mammals**
Edited by Don E. Wilson
and Russell A. Mittermeier
(Lynx Edicions, 2014)

**Marine Mammals: Evolutionary
Biology**
Annalisa Berta, James L. Sumich,
and Kit M. Kovacs
(Academic Press, 3rd edition, 2015)

**Marine Mammals of the World:
A Comprehensive Guide to their
Identification**
Thomas A. Jefferson, Marc A. Webber,
and Robert L. Pitman
(Academic Press, 2nd edition, 2015)

**Marine Mammal Research:
Conservation Beyond Crisis**
Edited by John E. Reynolds, William
F. Perrin, Randall R. Reeves, Suzanne
Montgomery and Tim J. Ragen
(Johns Hopkins University Press, 2005)

**National Audubon Society Guide
to Marine Mammals of the World**
Randall R. Reeves, Brent S. Stewart,
Phillip J. Clapham, and James
A. Powell (Knopf, 2002)

**Return to the Sea: The Life
and Evolutionary Times
of Marine Mammals**
Annalisa Berta
(University of California Press, 2012)

**Starting Your Career
as a Marine Mammal Trainer**
Terry S. Samansky
(DolphinTrainer.com, 2002)

**The Urban Whale: North Atlantic
Right Whales at the Crossroads**
Edited by Scott D. Kraus
and Rosalind M. Rolland
(Harvard University Press, 2007)

**The Walking Whales: From Land
to Water in Eight Million Years**
J.G.M. 'Hans' Thewissen
(University of California Press, 2014)

Whales, Dolphins, and Porpoises
Mark Carwardine
(Dorling Kindersley, 2002)

**Whales and Dolphins of the
Southern African Subregion**
Peter B. Best
(Cambridge University Press, 2009)

**Whales, Whaling, and Ocean
Ecosystems**
Edited by James A. Estes, Douglas
P. DeMaster, Daniel F. Doak, Terrie
M. Williams, and Robert L. Brownell
(University of California Press, 2007)

用到的网站

American Cetacean Society
acsonline.org
The mission of the American Cetacean
Society is to protect whales, dolphins,
porpoises, and their habitats through
public education, research grants, and
conservation actions.

Cascadia Research Collective
www.cascadiaresearch.org
Research on endangered marine
mammals. This site contains useful
fact sheets and information.

**Cetacean Ecology, Behavior,
and Evolution Lab (CEBEL)**
www.cebel.com.au
A multi-disciplinary group that works
at the interface of animal behavior,
population ecology, and evolutionary
biology to understand the structure,
dynamics, history, and trajectories of
cetacean populations.

European Cetacean Society (ECS)
www.EuropeanCetaceanSociety.eu
Professional biologists and others
interested in whales and dolphins.

Hawaiian Odontocetes
www.cascadiaresearch.org/Hawaii/
species.htm
Research and observations
for tropical odontocetes.

**IUCN Red List of Threatened
Species**
www.iucnredlist.org/
Provides taxonomic, conservation
status, and distribution information on
plants, fungi, and animals.

**Murdoch University's Cetacean
Research Unit (MUCRU)**
www.mucru.org
An academic research group focusing
on the conservation and management
of cetaceans and dugongs. The group
strives to design and conduct rigorous
applied and empirical research that
supports industry and government in
meeting their environmental, regulatory,
and statutory responsibilities.

The Society for Marine Mammalogy
www.marinemammalscience.org
Marine Mammal Society's Committee
on Taxonomy—the authoritative list is
updated annually.

著者表

编者

Annalisa Berta has been Professor of Biology at San Diego State University, California for more than 30 years specializing in the anatomy and evolutionary biology of marine mammals. Past President of the Society of Vertebrate Paleontology and co-Senior Editor of the *Journal of Vertebrate Paleontology*, Berta has authored/co-authored numerous scientific articles and several books for the specialist and non-scientist, including *Return to the Sea: The Life and Evolutionary Times of Marine Mammals* (University of California Press, 2012) and *Marine Mammals: Evolutionary Biology, 3rd Ed.* (Academic Press, 2015).

Contribution: Introduction pp. 6–7, Phylogeny & Evolution pp.10–15, Anatomy & Physiology pp.16–19, How to Use the Species Directory pp. 64–5, Glossary pp. 278–81.

贡献者

Alex Aguilar is Professor and Director of the Institute of Biodiversity Research of the University of Barcelona, Spain. His research focuses primarily on population biology and conservation of marine mammals, although he has also conducted studies on the ecotoxicology, anatomy, and physiology of these animals, as well as on the history of whaling.

Contribution (with Morgana Vighi): Fin Whale pp. 100–101.

Renee Albertson completed her Ph.D. in 2014 at Oregon State University (OSU) where her research focused on the population structure and phylogeography of rough-toothed dolphins. She currently teaches several courses at OSU and continues to study the population structure of cetaceans, including humpback whales.

Contribution: Rough-Toothed Dolphin pp. 178–9.

Sarah G. Allen has studied marine birds and mammals for more than 30 years, mostly in California and for two seasons in Antarctica. Currently, she is the Ocean and Coastal Resources Program lead, for the Pacific West Region of the U.S. National Park Service. She received her B.S., M.S., and Ph.D. from the University of California, Berkeley. She co-authored the *Field guide to the Marine Mammals of the Pacific Coast: Baja, California, Oregon, Washington, British Columbia* (UC Press, California Natural History Guide Series).

Contribution: Rorqual Whales & Gray Whale introduction pp. 80–81, Common Minke Whale pp. 86–7, Sei Whale pp.90–91, Blue Whale pp. 94–5, Omura's Whale pp. 98–9.

Masao Amano is Professor of Marine Mammalogy at Nagasaki University, Japan. He is currently interested in the behavior and social structure of sperm whales and bottlenose dolphins, and in the biology of finless porpoises around the Nagasaki area.

Contribution: Narrow-Ridged Finless Porpoise pp. 262–3.

Ana Rita Amaral has a Ph.D. in Evolutionary Biology and is currently a Postdoctoral Research Fellow at the Center for Ecology, Evolution, and Environmental Changes (University of Lisbon, Portugal) and at the American Museum of Natural History (USA). She has been pursuing research on the evolutionary history and molecular ecology of the Delphininae.

Contribution: Long-Beaked Common Dolphin pp. 116–17, Short-Beaked Common Dolphin pp. 118–19, Clymene Dolphin pp. 170–71.

Jessica Aschettino completed her Masters degree in 2010 at Hawaii Pacific University where she researched the population size and structure of melon-headed whales in Hawaii. She is a Reseach Associate with Cascadia Research Collective and has extensive field experience with tropical odontocetes. She currently works as a marine scientist and project manager performing research and monitoring in the Atlantic and Pacific Oceans.

Contribution: Pygmy Killer Whale pp. 120–21, Short-Finned Pilot Whale pp. 122–3, Long-Finned Pilot Whale pp. 124–5, Melon-Headed Whale pp. 152–3, False Killer Whale pp. 154–5, Pantropical Spotted Dolphin pp. 168–9, Spinner Dolphin pp. 176–7.

Lars Bejder is Professor at Murdoch University, Australia, and an Adjunct Associate Professor at Duke University, USA. His research interests include analysis and development of quantitative methods to evaluate complex animal social structures, evaluation of the impacts of human activity on cetaceans (coastal development, tourism, habitat degradation), and fundamental biology and ecology, including assessing abundance and habitat use of marine wildlife. He works closely with wildlife management agencies to optimize the conservation and management outcomes of his research.

Contribution (with Krista Nicholson): Indo-Pacific Bottlenose Dolphin pp. 180–81.

Susan Chivers is a Research Scientist at NOAA's Southwest Fisheries Science Center in La Jolla, California. For more than 30 years, Susan has studied cetacean populations in the eastern North Pacific, specializing in life history studies of small dolphin species.

Contribution: Life History pp. 32–9.

Frank Cipriano is Director of the GTAC—a core molecular research facility at San Francisco State University, California. His research interests include the systematics, behavioral ecology, and conservation of cetaceans, development of tools for molecular forensics and species identification, and the factors influencing evolution, diversification, and speciation in marine ecosystems.

Contribution: Atlantic White-Sided Dolphin pp. 130–31.

Rochelle Constantine is the Director of the Joint Graduate School in Coastal and Marine Science at the University of Auckland, New Zealand. She runs the Marine Mammal Ecology Group and takes a multi-disciplinary, collaborative research approach to understanding the ecology of whales and dolphins ranging from the South Pacific Islands to Antarctica.

Contribution: Bryde's Whale pp. 92–3.

Steve Dawson received his Ph.D. in 1990 for his work on Hector's dolphin. His work, and that of his graduate students, focuses on the conservation biology, ecology, and acoustic behavior of dolphins and whales. He and his partner Professor Elisabeth Slooten lead long-term studies of Hector's dolphin (30 years), sperm whales (25 years), and Fiordland bottlenose dolphins (25 years). Dawson is a Professor in the Marine Science Department, University of Otago, New Zealand.

Contribution: Commerson's Dolphin pp. 108–109, Chilean Dolphin pp. 110–11,

Heaviside's Dolphin pp. 112–13, Hector's Dolphin pp. 114–15.

Natalia A. Dellabianca is a biologist, Assistant Researcher at the Centro Austral de Investigaciones Científicas (CADIC-CONICET), Ushuaia, Tierra del Fuego, Argentina, and a member of the research group of the AMMA project. Her main research interests include the effects of climate variability on marine mammals of southern South America and Antarctica.

Contribution (with Natalie Goodall): Peale's Dolphin pp. 134–5, Hourglass Dolphin pp. 136–7.

Louella Dolar is Adjunct Professor at the Institute for Environmental and Marine Sciences (IEMS), Silliman University, Philippines. Her research interests include marine mammal ecology and natural history, marine mammal–fishery interactions, fish biology, and fishery assessments.

Contribution: Fraser's Dolphin pp. 128–9.

Eric Ekdale is a Research Scientist and Adjunct Instructor in the Department of Biology at San Diego State University, California. His research interests include the evolution of sensory and feeding systems in baleen whales, as well as the evolutionary relationships among marine mammal species.

Contribution: Identification Keys pp. 48–55, Right Whales introduction pp. 66–7, Pygmy Right Whale pp. 78–9, Oceanic Dolphins introduction pp.

106–107, Narwhal & Beluga introduction pp. 194–5, Narwhal pp. 196–9, River Dolphins introduction pp. 250–51, Porpoises introduction pp. 260–61.

Ari S. Friedlaender is an Associate Professor at Oregon State University and his research focuses on using tag technology to study the foraging ecology of marine mammals around the world. He is particularly interested in the feeding behavior of baleen whales, specifically in Antarctica.

Contribution: Food & Foraging pp. 26–31, Range pp. 40–41, Habitat pp. 42–3.

Anders Galatius is a researcher at Aarhus University, Denmark and received his Ph.D. from the University of Copenhagen 2009. He works on the morphology, evolution, and ecology of dolphins, porpoises, and seals. He is a member of several expert groups on marine mammal ecology.

Contribution (with Carl Kinze): White-Beaked Dolphin pp. 132–3, Spectacled Porpoise pp. 266–7, Harbor Porpoise pp. 268–9, Burmeister's Porpoise pp. 272–73, Dall's Porpoise pp. 274–5.

R. Natalie P. Goodall is a botanist, zoologist, and founder and director of the Museo Acatushún de Aves y Mamíferos Marinos Australes (AMMA) at Estancia Harberton, Tierra del Fuego, Argentina, which houses a large collection of marine mammals

and birds of southernmost South America. Her museum trains 8–10 university-level interns per month during the warmer months.

Contribution (with Natalia Dellabianca): Peale's Dolphin pp. 134–5, Hourglass Dolphin pp. 136–7.

Armando Jaramillo-Legorreta is a researcher for the Marine Mammals Research and Conservation Group of the National Institute of Ecology in charge of the study of habitat use and acoustic monitoring of the vaquita population. He is the current President of the Mexican Society of Marine Mammals.

Contribution: (with Lorenzo Rojas-Bracho): Vaquita pp. 270–1.

Robert D. Kenney is mostly retired from the research faculty at the University of Rhode Island's Graduate School of Oceanography, where he spent more than three decades studying North Atlantic right whales and other charismatic marine megafauna.

Contribution: Southern Right Whale pp. 68–9, North Atlantic Right Whale pp. 70–3, North Pacific Right Whale pp. 74–5, Bowhead Whale pp. 76–7.

Carl Chr. Kinze is a cetacean specialist who holds a Ph.D. and works in the fields of taxonomy, nomenclature, history of cetology, and zoogeography. He resides in Copenhagen, Denmark.

Contribution (with Anders Galatius): White-Beaked Dolphin pp. 132–3,

Spectacled Porpoise pp. 266–7, Harbor Porpoise pp. 268–9, Burmeister's Porpoise pp. 272–3, Dall's Porpoise pages 274–5.

Tony Martin is Professor of Animal Conservation at the University of Dundee, U.K. Prior to this, he worked on aquatic mammals and seabirds at the Sea Mammal Research Unit and British Antarctic Survey, with emphasis on polar and equatorial regions.

Contribution (with Vera da Silva): Tucuxi pp. 156–7, Guiana Dolphin pp. 158–9, Franciscana pp. 254–5, Amazon River Dolphin pp. 256–7.

Krista Nicholson is affiliated with Murdoch University where she earned her M.Sc. studying bottlenose dolphins of Shark Bay, Western Australia. Her main research interests are the improvement of methods to investigate population demographics for better conservation and management of cetacean populations.

Contribution (with Lars Bejder): Indo-Pacific Bottlenose Dolphin pp. 180–81.

Greg O'Corry-Crowe is a molecular and behavioral ecologist who combines genetic analysis with field techniques to study marine mammals including the beluga whale. He is particularly interested in investigating the effects of ecosystem and climate change on marine apex predators and in applying both scientific research and local

knowledge to effective co-management and conservation.

Contribution: Beluga pp. 200–203.

Guido J. Parra is a Colombian-born biologist who currently leads the Cetacean Ecology, Behavior, and Evolution Lab (CEBEL) within the School of Biological Sciences, Flinders University, South Australia. He has broad research interests in population ecology, behavioral ecology, and conservation biology. His research seeks to understand marine mammal ecology, behavior, and evolution to address pressing conservation issues.

Contribution: Australian Snubfin Dolphin pp. 148–9, Indo-Pacific Humpback Dolphin pp. 160–61, Indian Humpback Dolphin pp. 162–3, Australian Humpback Dolphin pp. 164–5, Atlantic Humpback Dolphin pp. 166–7.

Heidi Pearson is an Assistant Professor of Marine Biology at the University of Alaska Southeast. Her research focuses on the behavior and ecology of marine mammals with an emphasis on dusky dolphins, humpback whales, and sea otters. Her particular interests include the evolution of social structure and the ecosystem services provided by marine mammals.

Contribution: Behavior pp. 20–5, Conservation & Management pp. 44–5, Surface Behaviors pp. 56–9, How & Where to Watch pp. 60–61, Common Bottlenose Dolphin pp. 182–3.

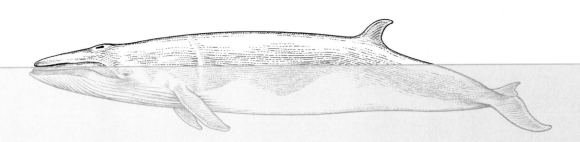

Robert Pitman is a marine ecologist at Southwest Fisheries Science Center, La Jolla, California, and during the last 40 years he has conducted marine mammal surveys throughout the world. Currently his work focuses on the status and ecology of killer whales in Australia and Antarctica.

Contribution: Killer Whale pp. 150–51.

Randall Reeves is a consultant based in Hudson, Quebec, Canada, who has served since 1996 as chairman of the IUCN Cetacean Specialist Group. His main areas of interest and expertise are marine mammal biology and conservation. He currently also serves as chair of the Committee of Scientific Advisers of the U.S. Marine Mammal Commission and the IUCN Western Gray Whale Advisory Panel.

Contribution: Northern Right Whale Dolphin pp. 142–3, Southern Right Whale Dolphin pp. 144–5, Striped Dolphin pp. 172–3, Atlantic Spotted Dolphin pp. 174-5, Beaked Whales introduction pp. 204–205, Arnoux's Beaked Whale pp. 206–207, Baird's Beaked Whale pp. 208–209, Northern Bottlenose Whale pp. 210–211, Southern Bottlenose Whale pp. 212–13, Longman's Beaked Whale pp. 214–15, Sowerby's Beaked Whale pp. 216–17, Andrews' Beaked Whale pp. 218–19, Hubbs' Beaked Whale pp. 220–21, Blainville's Beaked Whale pp. 222–3, Gervais' Beaked Whale pp. 224–5, Ginkgo-Toothed Beaked Whale pp. 226–7, Gray's Beaked Whale pp. 228–9, Hector's Beaked Whale pp.

230–31, Deraniyagala's Beaked Whale pp. 232-3, Strap-Toothed Whale pp. 234–5, True's Beaked Whale pp. 236–7, Perrin's Beaked Whale pp. 238–9, Pygmy Beaked Whale pp. 240–41, Stejneger's Beaked Whale pp. 242–3, Spade-Toothed Beaked Whale pp. 244–5, Shepherd's Beaked Whale pp. 246–7, Cuvier's Beaked Whale pp. 248–9, Indo-Pacific Finless Porpoise pp. 264–5.

Lorenzo Rojas-Bracho coordinates the Marine Mammal Research and Conservation in Mexico's INECC. He chairs the international recovery team of the vaquita (CIRVA) and has chaired different international committees, workshops, and working groups related to the management of cetaceans. He is a member of the CMS Scientific Council's Aquatic Mammals Working Group and the IUCN's Cetacean Specialist Group and The Red List Authority.

Contribution: Gray Whale pp. 82–5 (with Jorge Urbán Ramírez), Vaquita pp. 270–71 (with Armando Jaramillo-Legorreta).

Vera M. F. da Silva is a researcher at the National Institute for Amazonian Research in Brazil and Head of the Aquatic Mammals Lab and a member of the CSG/IUCN. She is an active field biologist and coordinator of the Projeto Boto, a long-term project for the conservation of river dolphins in Brazil.

Contribution (with Tony Martin): Tucuxi pp. 156–7, Guiana Dolphin pp. 158–9,

Franciscana pp. 254–5, Amazon River Dolphin pp. 256–7.

Fred Sharpe received his Ph.D. in Behavioral Ecology at Simon Fraser University, Canada and has been studying humpback whales in Southeast Alaska since 1987. Fred is a Level Four large whale disentangler and is a recipient of the Fairfield Award for Innovative Marine Mammal Research and the Society for Marine Mammalogy's Science Communication Award.

Contribution: Humpback Whale pp. 102–105.

Brian D. Smith has directed the Wildlife Conservation Society's Asian Cetacean Program since 2001 and currently serves as the Asia Coordinator of the IUCN Species Survival Commission Cetacean Specialist Group and a member of the Society for Marine Mammalogy Conservation Committee.

Contribution: Irrawaddy Dolphin pp. 146–7.

Mridula Srinivasan is a Marine Ecologist and Co-Founder and Director, Marine Mammal Program at Terra Marine Research Institute (TeMI), India, a non-profit organization. TeMI is a non-profit organization based in Karwar, India, dedicated to studying and conserving India's marine and terrestrial biodiversity through community-invested solutions.

Contribution: Risso's Dolphin pp.

126–7, Pacific White-Sided Dolphin pp. 138–9, Dusky Dolphin pp. 140–41, Ganges River Dolphin pp. 258–9.

Jorge Urbán Ramírez is a member of the Scientific Committee of the International Whaling Commission (IWC) and the Cetacean Specialist Group of the International Union for Conservation of Nature (IUCN). Since 1988 Jorge has been the Coordinator of the Marine Mammal Research Program of the Universidad Autónoma de Baja California Sur (UABCS) at La Paz, México.

Contribution (with Lorenzo Rojas-Bracho): Gray Whale pp. 82–5.

Morgana Vighi is currently completing her Ph.D. at the University of Barcelona, Spain, investigating the population structure of North Atlantic fin whale and South Atlantic right whale and the effects of whaling exploitation on this last population. She received a M.Sc. in Marine Biology and she has been working since 2007 with cetaceans, regularly taking part in Mediterranean field expeditions and collaborating with different research projects focusing on various aspects of cetacean biology.

Contribution (with Alex Aguilar): Fin Whale pp. 100–101.

Kristi West is an Associate Professor of Biology at Hawaii Pacific University where she directs the university's marine mammal stranding program. Her research interests include determining

threats to cetacean population health in Hawaii and the greater Pacific.

Contribution: Sperm Whales introduction pp. 184–5, Sperm Whale pp. 186–9, Pygmy Sperm Whale pp. 190–91, Dwarf Sperm Whale pp. 192–3.

Alexandre Zerbini is a cetacean biologist with expertise in population abundance and assessment methods and in satellite tagging technology. He holds a Joint Associate research position with Cascadia Research Collective and the National Marine Mammal Laboratory, NOAA Fisheries in the U.S. He is also the Scientific Director of Instituto Aqualie, a non-profit organization in his home country of Brazil.

Contribution: Antarctic Minke Whale pp. 88–9.

Kaiya Zhou is a Professor at Nanjing Normal University and studied the baiji from the mid-1950s until it became extinct. His primary research interests are the conservation of dolphins and porpoises in Chinese waters.

Contribution: Baiji pp. 252–3.

索引

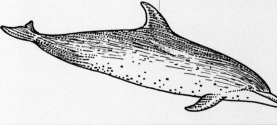

致谢

ANNALISA BERTA

I want to thank the 37 whale biologists I had the pleasure of working with over the last two years for providing accurate species accounts and fascinating highlights of whale biology. Thanks, too to the artists for their detailed illustrations and the photographers for selecting stunning images that convey the visual beauty of these magnificent mammals of the sea. Robert Boessenecker is acknowledged for his advice on the life restorations of extinct whales. Finally, I am grateful to the entire production team at Ivy Press: Kate Shanahan, Commissioning Editor; Caroline Earle, Senior Project Editor and copy-editor Ruth O'Rourke-Jones for their expert guidance, organization and editorial skills.

图片来源

The publisher would like to thank the following individuals and organizations for their kind permission to reproduce the images in this book. Every effort has been made to acknowledge the pictures; however, we apologize if there are any unintentional omissions.

Alamy: 73t: /© Naturfoto-Online.
Corbis: 72t: /©Barrett & MacKay/All Canada Photos.
Ari S. Friedlaender: 26, 28r, 31, 40, 43tl.
Getty Images: 24 /Barcroft / Alexander Sofonov.
J. C. Lanaway: 61b, 202r.
Sergio Martinez/PRIMMA-UABCS: 84t.
Nature Picture Library: 195: /Doug Allan; 67: /Franco Banfi; 18tr, 34, 34–35, 36, 37bl, 37br, 44tr, 48t, 69t (small repeat, 54), 71t (small repeat, 54, 60), 75t (small repeat 54), 75t (small repeat 11, 54) 77t (small repeat 11, 54), 77b, 79t (small repeat 11, 53), 83t (small repeat 11, 54), 83c, 85b, 87t (small repeat 53), 89b, 91t (small repeat 55), 91b, 93t (thumbnail repeat 55, 60), 93b, 95t (thumbnail page 55), 97b, 101t (thumbnail repeat 55), 101b, 103t (small repeat 55, 61), 105b, 109b, 117t (small repeat 10, 50), 117b, 119t (small repeat page 50), 119b, 121t (small repeat 51), 123t (small repeat 53), 125t (small repeat 53), 127t (small repeat 51),129t (small repeat page 51), 129b, 131t (small repeat 51), 131b, 133t (small repeat 51, 61), 133b, 135t (small repeat 51), 137t (small repeat 51), 139t (small repeat 51), 141t (small repeat 51), 143t (small repeat 50), 143b, 145t (small repeat 50), 145b, 147t (small repeat 51), 147b, 151t (small repeat 53, 60), 153t (small repeat 51), 153b, 155t (small repeat 53), 155b, 161t (small repeat 50), 167t (small repeat 50), 167b, 169t (small repeat 50), 169b, 171t (small repeat 50), 171b, 173t (small repeat 50), 175t (small repeat 50), 175b, 177t (small repeat 50), 177b, 179t (small repeat 50), 179b, 181t (small repeat 50), 183t (small repeat 50, 61), 183b, 187t (small repeat 10, 54), 187c, 189b, 191t (small repeat 51), 191b, 193t (small repeat 10, 51), 193b, 197t (small repeat 10, 53), 201t (small repeat 53), 203b, 207t (small repeat 52), 209t (small repeat 52), 211t (small repeat 10, 52), 213t (small page 52), 215t (small repeat 52), 219t (small repeat 52), 221t (small repeat 52), 235t (small repeat 52), 253t (small repeat 10, 50), 259t (small repeat 10, 50), 267t (small repeat 51), 267b, 269t (small repeat 10, 51), 271t (small repeat 51), 271b, 273t (small repeat 51), 273b, 275t (small repeat 51), 275b: /Martin Camm (WAC), 2, 44l, 49tc, 96, 251: /Mark Carwardine; 107, 185: /Brandon Cole; 59r: /Armin Maywald; 21, 58bl, 81, 105t, 189t /Doug Perrine; 57l, 205: /Todd Pusser; 188: /Luis Quinta; 64, 69b, 72–73b, 75b, 79b, 99t (small repeat 11, 53), 99b,111b, 113b, 115b, 121b, 123b, 125b, 127b, 135b, 137b, 139b, 141b, 149t (small repeat 51), 149b, 151b, 157b, 159t (small repeat 50), 159b, 161b, 163t (small repeat 50), 163b, 165t (small repeat 50), 165b, 173b, 181b, 199b, 207b, 209b, 211b, 213b, 215b, 217b, 221b, 223b, 225b, 227b, 229b, 231b, 233t (small repeat 52), 233b, 253b, 237b, 239b, 241b, 243b, 245t (thumbnail repeat 52), 247b, 249b, 253b, 255b, 257b, 259b, 263t (small page 51), 263b, 265b, 269b: /Rebecca Robinson; 59l: /Gabriel Rojo; 95bl, 97t, 104, 198, 199t, 202bl, 203t: /Doc White; 261: /Solvin Zankl.
NOAA, NMFS, Southwest Fisheries Science Center: 33br; 38; 39r: /W. Perryman; 32–33, 33tl: /D. Weller.
Dan Olsen, North Gulf Oceanic Society: 25bl.
Richard Palmer: 11tl, 12 (fossil whale restorations after Carl Buell), 14, 15 (after Robert Boessenecker), 16–17, 18cl, 19, 20, 22, 27, 28l, 29, 30, 35r, 45, 56, 58r.
Christopher Pearson: 25tl.
Heidi Pearson: 23, 25tr, 25br, 57r, 58tl.
Sandra Pond: 4–5, 18bl, 18br, 48b, 49r, 66 (all), 69cl, 71b, 72br, 75cl, 77cl, 79cl, 80 (all), 83bl, 87cl, 91cl, 93cl, 95br, 99cl, 101cl, 103bl, 103br, 106 (all), 109t (small repeat 51), 109cl, 111t (small repeat 51), 111cl, 113t (small repeat 51), 113cl, 115t (small repeat 51), 115cl, 117cl, 119cl, 121cl, 123cl, 125cl, 127cl, 129cl, 131cl, 133cl, 135cl, 137cl, 139cl, 141cl, 143cl, 145cl, 147cl, 149cl, 151cl, 153cl, 155cl, 157t (small repeat 51), 157cl, 159cl, 161cl, 163cl, 165cl, 167cl, 169cl, 171cl, 173cl, 175cl, 177cl, 179cl, 181cl, 183cl, 184 (all), 187b, 191cl, 193cl, 194 (all), 197bl, 197br, 201bl, 204 (all), 207cl, 209cl, 211cl, 213cl, 215cl, 217cl, 217t (small repeat 52), 217cl, 219cl, 219br, 221cl, 223t (small repeat 52), 223cl, 225t (small repeat 52), 225cl, 227t (small repeat 52), 227cl, 229t (small repeat 52), 229cl, 231t (small repeat 52), 231cl, 233cl, 235cl, 237t (small repeat 52), 237cl, 239t (small repeat 52), 239cl, 241t (small repeat 52), 241cl, 243t (small repeat 52), 243cl, 245cl, 245br, 247t (small repeat 52), 247cl, 249t (small repeat 52), 249cl, 250 (all), 253cl, 255t (small repeat 10, 50), 255cl, 257t (small repeat 10, 50, 60), 257cl, 259cl, 260 (all), 263cl, 265t (small repeat 51), 265cl, 267cl, 269cl, 271cl, 273cl, 275cl, 276–287.
Nick Rowland: 13 (modified from Marx and Uhen, 2010), 37t (modified from Berta et al., 2015), 39l, 41, 60–61 (map).
Shutterstock: 43tc: /James Michael Dorsey; 43tr: /guentermanaus; 46–47: /Alberto Loyo; 1: /Tom Middleton; 43br: /Jonathan Nafzger; 8–9, 43bl: /pierre_j; 42: /Kristina Vackova; 7: /Chris G. Walker; 62–63: /Paul S. Wolf; 6: /Igor Zh.
Jorge Urbán/PRIMMA-UABCS: 84b, 85t.

译者简介

李松海，博士，中国科学院深海科学与工程研究所研究员、博士生导师，该研究所海洋哺乳动物与海洋生物声学研究室主任、学科带头人。1979年生，江西宜春人。长期从事鲸类等海洋哺乳动物生物声学、生态学、演化和保护生物学研究。任国际动物学会海洋哺乳动物工作组组长、国际海洋哺乳动物学会科学指导委员会委员等职务。已在《科学》（Science）、《美国国家科学院院刊》（PNAS）等国际综合期刊或经典专业期刊发表SCI（科学引文索引）收录的学术论文100余篇。

薛天飞，英国南安普顿大学硕士，目前在德国基尔亥姆霍兹海洋研究中心攻读物理生物数值模拟方向博士。1992年生，辽宁沈阳人。曾任职于中国科学院深海科学与工程研究所海洋哺乳动物与海洋生物声学研究室，参与海洋哺乳动物科学研究以及科普宣传等相关工作。

此外，杨子欣、高映雪、李园园、欧阳明玥、刘彬帅、康慧、陈圣兰、翟玉欢、宋宇航、黄晓宇、邓万新、林明利、林文治、刘明明、张培君、董黎君等老师和同学也参与了译文的校对工作。